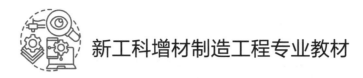

新工科增材制造工程专业教材

Structural Design for
Additive Manufacturing

增材制造结构设计

U0231051

江五贵　　陈 韬 ◎ 编著

化学工业出版社
·北京·

内容简介

　　本书系统介绍了增材制造技术在结构设计中的革新应用，从创新设计与技术的融合开篇，逐步展开对增材制造技术、工艺流程及标准的细致阐述，为读者奠定坚实的理论基础。 随后，聚焦于增材制造结构设计的基本原则与前沿策略，如拓扑优化、免组装、仿生设计和创成式设计等，这些策略不仅挑战了传统设计的边界，更为增材制造领域注入了无限创意与可能。 书中通过丰富的实例分析，将抽象的理论知识与实际设计案例紧密结合，使读者能够直观感受到增材制造技术在提升设计效率、优化产品性能方面的巨大潜力。 此外，本书还特别强调了优化设计理论的重要性，并详细介绍了拓扑优化设计软件的应用，为工程师们提供了从理论到实践的全方位指导。 同时，对质量控制与无损检测技术的讲解，也为保障增材制造产品的质量与可靠性提供了有力支持。

　　本书可作为高等教育相关专业的教材，也可供增材制造领域工程技术人员参考。

图书在版编目（CIP）数据

　　增材制造结构设计 / 江五贵，陈韬编著. -- 北京：化学工业出版社，2024. 10. -- ISBN 978-7-122-46903-8

　　Ⅰ. TB4

中国国家版本馆 CIP 数据核字第 20244WA259 号

责任编辑：陈　喆
文字编辑：蔡晓雅
责任校对：王　静
装帧设计：王晓宇

出版发行：化学工业出版社
　　　　　（北京市东城区青年湖南街 13 号　邮政编码 100011）
印　　装：北京云浩印刷有限责任公司
787mm×1092mm　1/16　印张 17½　字数 350 千字
2025 年 2 月北京第 1 版第 1 次印刷

购书咨询：010-64518888
售后服务：010-64518899
网　　址：http://www.cip.com.cn
凡购买本书，如有缺损质量问题，本社销售中心负责调换。

定　　价：69.00 元

在科技日新月异的今天，增材制造技术，亦称 3D 打印技术，正以前所未有的速度改变着制造业的面貌。它以独特的"自下而上"的制造方式，突破了传统减材或等材加工技术的局限，为产品设计、原型开发、个性化定制乃至批量化生产开辟了全新的路径。特别是随着增材制造技术作为新工科专业的兴起，众多学校纷纷开始单独招生，然而，市场上却缺乏一本系统而深入的增材制造结构设计方面的专业教材。正是基于这样的背景与需求，我们精心编写了这本《增材制造结构设计》，旨在为读者搭建一座从理论到实践的桥梁，引领他们深入探索增材制造的无限可能。

本书作为增材制造工程方向的专业图书，力求全面而深入地介绍增材制造结构设计的基本原理、方法、应用及前沿发展。我们不仅关注技术层面的细节，更重视培养学生的创新思维和设计能力，使其能够灵活运用增材制造技术的优势，设计出性能优越、结构新颖的产品。我们注重理论与实践的结合，通过大量实际案例和实验数据，帮助学生直观理解抽象概念，增强实践能力。同时，本书还注重跨学科知识的融合，拓宽学生的视野，培养其综合运用多学科知识解决问题的能力。此外，我们紧跟增材制造技术的最新发展动态，介绍最新的研究成果和技术趋势，激发学生的探索欲和创新精神。

在编写过程中，我们力求语言通俗易懂，逻辑清晰严谨，同时注重图文并茂，使内容更加生动有趣。我们衷心希望，通过这本教材的引导，能够激发更多学生对增材制造技术的兴趣与热爱，培养出更多具有创新精神和实践能力的优秀人才，共同推动增材制造技术的蓬勃发展，为制造业的转型升级贡献智慧和力量。

本书的顺利出版得益于南昌航空大学的资助。编写团队由该校增材制造工程系的教师构成，其中第 5 章"优化设计理论基础"内容得到了飞行器制造工程系孙士平教授的指导。同时，大连理工大学郭旭院士团队的杜宗亮副教授在拓扑优化方面给予了帮助。此外，笔者的研究生凌鹏航、胡晨曦和邝纤尘也为本书的图片和文字整理工作贡献了力量。在此，我们向所有支持和帮助本书出版的人员表示衷心的感谢。

由于编著者水平和经验有限，书中疏漏之处在所难免，敬请广大读者批评指正。最后，我们诚挚地邀请广大师生、专家学者及业界同仁对本书提出宝贵意见和建议，以便我们在将来的修订和完善中不断进步，共同推动增材制造结构设计领域不断发展。

编著者

南昌，2024 年 7 月

目 录
CONTENTS

第 4 章 增材制造创新结构设计 / 112

第 5 章 优化设计理论基础 / 194

第6章 增材制造优化软件介绍 / 226

第7章 增材制造结构的无损检测评价 / 253

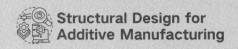
第1章

绪论

习近平总书记指出："惟创新者进，惟创新者强，惟创新者胜"。

创新思维能力于当代大学生而言极为重要。当前是我国施行创新驱动发展战略、推进产业结构调整与转型升级的关键阶段，创新设计能力薄弱已然成为掣肘我国制造业发展与国际竞争力的主要瓶颈。大力推动创新设计的发展，乃是实现我国制造业从跟踪模仿走向引领跨越，从全球价值链的中低端跃升至中高端水平的关键突破点，对于深化制造业供给侧结构性改革，提升制造业自主创新能力、产品出口竞争力以及可持续发展能力，构建智能化、绿色化、服务化的新型制造体系，切实促成"中国制造向中国创造转变，中国速度向中国质量转变，中国产品向中国品牌转变"，达成迈向制造强国的宏伟目标，具有重大的战略意义。

1.1　创新设计概述

1.1.1　创新设计发展

设计作为人类社会生产实践活动中至关重要且不可或缺的关键组成部分，在推动精神财富和物质文明的创造进程中，展现出了不可估量、无可替代的关键作用。特别是具有开创性和引领性的创新设计，它能够全方位地激发设计者的创造潜能，巧妙且有机地融合当下已积累和存在的各类科技成果，精心打造出同时兼具科学性、创造性、新颖性和实用性的杰出作品。前瞻性和突破性的设计，不仅革新了沿袭已久的传统设计观念，而且还为技术创新源源不断地注入了充满生机活力、新颖独特且强劲有力的全新动力。

工程设计，身为构建技术系统的起始点，对于产品的技术水准和经济收益有着决定性的作用。有数据表明，产品成本的绝大部分在设计阶段便已敲定，这充分彰显了设计在成本把控和产品竞争力层面的巨大影响力。故而，在工程设计进程中巧妙融入创新设计要素，不但能够推进技术创新，还能助力设计者在现代设计理论和方法的引领下，达成成本优化和产品竞争力增强的目标。

设计的流程一般可分为产品规划、方案设计、技术设计、施工设计四个阶段。每个阶段皆有其独特的目标与任务，并且彼此相互关联，共同构筑了设计的完整脉络。

① 产品规划：在产品规划阶段，深入且细致的需求调查以及精准无误的市场预测是必不可少的，它们有助于明确设计参数和制约条件，从而为后续的设计决策构建坚实的基础。与此同时，详尽的设计任务书或需求表将成为后续设计、评价和决策的重要依据。

② 方案设计：在方案设计阶段，主要任务是确定产品的工作原理，并对包括执行系统、动力系统、传动系统、测控系统等在内的各个系统进行方案性规划。这些规划需要以简图的形式来呈现。此阶段更侧重于关注产品的整体布局和功能的实现，为后续的具体设计打下良好基础。

③ 技术设计：在技术设计阶段，将展开更具体的结构化设计，涉及选材、零件外形和尺寸的确定、性能计算等内容。为增强产品的竞争力，需要运用先进的设计理论和方法，进行产品系列设计，融入人机工程原理和工业美学原则，同时要通过模型试验来检验产品的功能和性能。

④ 施工设计：在施工设计阶段，重点在于零件设计和部件装配图的细节处理，完成全部生产图样的绘制并编制相关技术文件。这一阶段的工作能够确保设计方案得以顺利实施，为产品的最终制造提供详尽且确切的指导和依据。

创新设计并非是对传统设计的简单延续，而是在其基础上的升华与突破。创新设计可以分为开发设计、变异设计和反求设计三种类型。

① 开发设计：这是一个从无到有的创造性过程。要求设计人员充分发挥想

象，提出全新且独特的方案。他们需全程参与，从产品最初的规划，到方案、技术、施工等设计环节，打造出前所未有的产品，为市场带来全新的选择。

② 变异设计：它建立在已有产品的基础之上。旨在根据市场新需求或针对原产品的不足进行改进创新。设计人员需精准洞察问题，巧妙优化，使产品更具竞争力，更好地满足消费者需求，从而在市场中占据更有利的位置。

③ 反求设计：此类型是对先进产品或设计的深入探究。设计人员通过细致分析，掌握关键技术要点。然后以此为基础，进行再开发，创造出同类型但更具创新性的产品，实现技术的吸收、转化和超越，推动行业进步。

创新设计作为推动产品升级换代的核心驱动力，其重要性毋庸置疑。在设计进程中，设计人员需要将独创性与实用性集于一身，这是保障创新设计成功的关键所在。

① 独创性：意味着设计方案应具备新颖独特的特质，勇于打破常规，提出全新的理念、原理、机构或材料。这要求设计人员拥有广阔的视野以及深厚的专业知识，能够从多元的角度思考问题，进而发现他人未曾察觉的问题，提出他人未曾设想的解决方案。

② 实用性：一个设计纵使再新颖独特，倘若无法转化为现实的生产力或商品，那也只是空想，难以对经济发展和社会进步作出贡献。故而，设计人员在设计过程当中必须全面考量市场需求、生产工艺、成本等因素，保证设计方案能够顺利转化为产品，并为用户带来切实的价值。

综上所述，创新乃是设计的生命力之源泉，更是推动产品持续升级迭代的关键要素。故而，设计人员务必要拥有创造性思维，熟练掌握基本的设计规律与方法，并在实践当中不断提升创新设计的能力。唯有如此，方可设计出更具竞争力、更契合市场需求的产品，为企业的发展奉献力量。

1.1.2　创新设计思想

设计思想是指导设计活动的核心观念，它涵盖了设计的价值取向、目的、理论要点及指导思想。自工业革命以来，设计思想经历了多次的演变和变革，逐渐形成了五种主要的设计思想。

① 以艺术为中心的设计思想：凸显工业设计的艺术性，将设计视作对产品的美化。此思想于 19 世纪极为流行，不过，伴随时代的演进，这种过度侧重外在美观却漠视产品实用性的设计思想慢慢遭到质疑。

② 以产品为中心的设计思想：把提升产品性能和机器效率当作主要目标，规定人要通过训练来适应产品。这种思想源自技术决定论，它过度彰显技术的决定性作用，忽略了人的需求和使用感受。

③ 以消费为中心的设计思想：意在激发消费，借助持续推出新款式以及加快产品更新换代来驱使消费者购置新产品。这种思想在一定程度上助推了经济的发展，然而也引发了资源浪费和环境污染等状况。

④ 以人为中心的设计思想：着重以人为本，关注人的需求与体验。它要求

设计不但要满足人的基本功能需要，还得留意人的心理、情感以及社会需求。这种思想彰显了对人的尊重与关怀，是现代工业设计的主流思想之一。

⑤ 以自然为中心的设计思想：以守护人的生存环境为宗旨，强调人类与自然的和谐共处。它要求设计者在设计进程中全面考虑环境的可持续性，降低对环境的影响。这种思想对于推动可持续发展具备关键意义。

上述设计思想各有侧重，但它们并不是孤立的，而是相互影响、相互渗透的。实际的设计过程中，设计师需要根据具体的产品，综合运用这些设计思想，创造出既实用又美观、既符合人类需求又有利于环境保护的优秀产品。

1.1.3 创新设计理论

创新设计理论研究是为了提升产品设计的效率与质量，利用新一代计算机技术为设计人员提供强大的支持。这些研究涵盖了设计过程的建模以及新环境下设计模式的发展，对推动设计科学化和系统化具有重要意义。

① Pahl & Beitz 理论：强调设计工作的条理性，认为每个设计要素都具有独立性，且各要素间存在有机联系和层次性。它将设计过程划分为明确任务、概念设计、具体化设计和详细设计，体现了设计从抽象到具体的逻辑演进。

② 公理化设计理论：将设计提升到公理法则的高度，尤其是其独立公理和信息公理，为设计的模块化与最优化提供了理论基础。通过功能域、结构域、工艺域间的映射，公理化设计构建了一个科学的设计框架。

③ 发明问题解决理论：强调创新的科学性和系统性，通过一系列方法和算法，帮助设计者解决复杂的技术问题。它提出的技术系统进化法则和发明问题解决方法，为设计创新提供了有力的工具。

④ 通用设计理论：从认知科学的角度审视设计过程，将其视为分解、映射和综合的过程，并通过元模型来描述设计对象的渐变过程。这种理论为设计的精细化和系统化提供了理论支撑。

⑤ 并行设计理论：强调设计活动的并行性和信息集成，旨在减少设计周期和提高设计质量。通过多学科团队的协同工作和生命周期数字化定义，并行设计实现了设计活动的并行推进和信息的共享与交流。

⑥ 协同设计理论：作为计算机支持协同工作的典型应用领域，注重多学科团队的共同参与和信息的交互。通过共享知识表达、冲突检测和解决以及协同式体系结构的构建，协同设计实现了设计过程的协同化和高效化。

⑦ 大规模定制设计理论：是近年来工程设计领域的重要发展方向，它代表了一种既能满足个性化需求又能保持大规模生产效率的生产模式。这意味着每个产品都需要根据客户的特定需求进行定制，从而确保产品的独特性和符合度。与此同时，为了满足大规模生产的要求，设计过程必须保持高效和标准化。

1.1.4 创新设计方法

设计方法是为实现设计目标而采取的一系列有计划、有组织、有条理的步骤、策略和技巧。它涵盖了从创意构思、调研分析、方案生成到评估改进等多个阶段，以保证设计过程的高效性、合理性和创新性。

① 基于形象思维的设计方法：如头脑风暴、仿生、类推、组合和变形等，强调了设计师的直观感知和创意能力。这些方法在产品的形态创意和概念生成阶段特别有效，能激发设计师的创造力，产生独特而富有吸引力的设计方案。

② 基于逻辑思维的设计方法：注重对产品的理性分析和功能逻辑的梳理。形态分析和功能分析等方法的运用，有助于设计师深入理解产品的内在结构和功能需求，从而确保设计的合理性和可行性。

③ 系统设计方法：将产品视为一个整体系统，注重各个部分之间的关联性和统一性。这种方法有助于设计师从全局角度把握产品设计，确保产品在技术、功能和形态上的协调一致。

④ 智能设计方法：是利用人工智能技术进行设计的创新尝试。基于规则、实例、约束满足、形状文法、神经网络和进化计算等方法的应用，使设计过程更加智能化和高效化，同时也为设计师提供了更多的创意来源和优化手段。

在制造业企业的激烈角逐中，创新能力和对市场变化的快速响应已成决胜之关键。伴随科技的迅猛发展以及设计理念的不断更新，新的设计方法接连涌现，给设计师带来了更多的选择和可能。尤其是新质生产力的加入，进一步推动了制造业的变革。增材制造技术的兴起，作为现代制造业的核心技术之一，将为企业创新设计拓展更为广阔的路径，赋予无限的潜力。

1.2 增材制造技术概述

1.2.1 增材制造技术发展

在过去的 50 年，增材制造（additive manufacturing，AM）技术经历了飞速的发展。2020 年全球增材制造的市值已超过 200 亿美元。从最初的原型件制造，到模具制造，再到当前最终零件的直接增材制造，这些跨越式的发展，不仅仅来自技术本身的进步与创新，也得益于技术人员对应用市场的不断开拓，以及上下游支撑技术和产业的成熟与完善。

20 世纪 60 年代和 70 年代的研究工作验证了第一批现代 AM 工艺，包括 20 世纪 60 年代末的光聚合技术，1972 年的粉末熔融工艺，以及 1979 年的薄片叠层技术。然而，当时的 AM 技术尚处于起步阶段，几乎完全没有商业市场，对研发的投入也很少。

到 20 世纪 80 年代和 90 年代初，AM 相关专利和学术出版物的数量明显增多，出现了很多创新的 AM 技术，例如 3DP 技术与激光束熔化工艺。同一时期，一些 AM 技术被成功商业化，包括光固化技术、固体熔融沉积技术，以及激光烧结技术。但是高成本、有限的材料选择、尺寸限制以及有限的精度，限制了 AM 技术在工业上的应用。

20 世纪 90 年代是 AM 的增长期。电子束熔化等新技术实现了商业化，现有技术得到了改进。研究者的注意力开始转向开发 AM 相关软件，出现了 AM 的专用文件格式，AM 的专用软件开发完成。设备的改进和工艺的开发使 3D 增材制造产品的质量得到了很大提高，开始被用于工具甚至最终零件。

进入 21 世纪，金属的 AM 技术成为了市场关注的重点。金属增材制造技术的设备、材料和工艺相互促进发展；多种不同的金属增材技术互相竞争，互相促进，不同的技术特点开始展现，应用方向也逐渐明朗。

近年来，增材制造技术在各个领域得到了广泛的应用和发展，包括航空航天、汽车、医疗、模具等。同时，增材制造技术也在不断创新和改进，出现了4D 打印技术、生物打印技术等。未来，增材制造技术将继续发挥重要作用，为各个领域的发展提供新的机遇和挑战。

从历史角度来看，增材制造技术在应用方面经历了多个发展阶段，其术语也随之发生演变。最初，这些技术主要用于快速原型制造（rapid prototyping，RP）。然而，需要指出的是，"快速"一词应视具体情况而定，因为原型制造所需的时间取决于产品的尺寸和所组成层的厚度。通常，生产所需的时间从几分钟到几天不等。尽管这并不意味着所有情况下都能实现快速制造，但与传统的原型制造或传统制造工艺相比，增材制造技术在时间效率上确实展现出了明显的优势。如图 1-1 所示，尤其增材制造技术在制造复杂形状产品时，能够显著减少生产时间，提高生产效率。

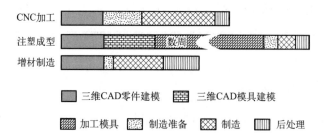

△图 1-1　传统制造工艺（如 CNC 加工和注塑成型）与增材制造在时间上的对比

1.2.2　增材制造技术理论

增材制造技术基于离散/堆积原理。

离散，指的是将所需制造的物体的三维模型在计算机中进行数字化处理，分解成一系列微小的单元或"切片"。这些切片通常具有特定的厚度和形状，将原本连续的三维物体转化为一系列离散的二维信息。

堆积，就是依据这些离散的二维切片信息，通过逐层添加材料的方式，从下往上逐步构建物体。具体的堆积方式会因不同的增材制造工艺而有所差异。这种离散/堆积的原理使得增材制造能够实现复杂形状的制造，突破了传统减材制造在形状和结构上的限制，同时减少了材料的浪费，提高了设计的自由度和制造的灵活性。

增材制造技术的理论基础涉及数字化模型、分层制造、材料添加、材料性能与工艺参数关系、热传递与凝固理论、精度控制理论等方面。

（1）数字化模型

计算机辅助设计（CAD）：这是创建三维数字模型的主要途径，它通过使用各种绘图和建模工具，如草图、实体建模、曲面建模等，精确地定义零件的几何形状和尺寸。

逆向工程：对于现有的实物零件，可以通过扫描设备获取其表面数据，然后利用逆向工程软件将这些数据转换为增材制造可用的三维数字模型，为后续的增材制造提供基础。

模型的优化：在创建数字模型后，还可以进行结构优化，以减少材料使用、提高强度或改善性能。例如，通过拓扑优化算法，可以在满足力学性能要求的前提下，去除不必要的材料，实现轻量化设计。

（2）分层制造

切片算法：这是将三维模型转换为二维薄片的关键步骤。切片算法会根据设定的层厚，将模型沿着特定方向（通常是 Z 轴）进行切割，生成一系列具有轮廓信息的二维切片。

层厚的选择：层厚是一个重要的参数，较薄的层厚可以提高制造精度，但会增加制造时间和成本；较厚的层厚则相反。因此，需要根据零件的精度要求、复杂程度和制造效率等因素来综合选择合适的层厚。

分层方向的影响：分层方向会影响零件的表面质量、力学性能和制造时间。对于具有复杂结构的零件，选择合适的分层方向可以减少支撑结构的使用，降低后处理难度。

（3）材料添加

材料输送系统：根据所使用的材料和制造工艺，需要有相应的材料输送系统。例如，在粉末床熔融工艺中，通过铺粉装置将粉末均匀地铺在工作台上；在熔融沉积成型工艺中，通过挤出头将熔融的材料挤出并逐层堆积。

成型路径规划：确定材料添加的具体路径和顺序，以确保零件的结构完整性和精度。路径规划需要考虑材料的流动特性、热影响区域和成型速度等因素。

多材料制造：随着技术的发展，增材制造能够实现多种材料在同一零件中的集成制造，这需要更复杂的材料添加策略和控制方法，以实现不同材料之间的良好结合和性能匹配。

（4）材料性能与工艺参数关系

材料的热物理性能：包括熔点、热导率、热膨胀系数等。这些性能会影响材料在加热和冷却过程中的相变、热应力分布和微观结构形成。

工艺参数对材料微观结构的影响：例如，激光功率、扫描速度、扫描间距等参数会改变材料的凝固速度和冷却速率,从而影响晶体生长、孔隙率和微观组织的形成,进而决定零件的力学性能、物理性能和化学性能。

材料的选择与优化:不同的增材制造工艺适用于不同类型的材料,如金属、聚合物、陶瓷等。同时,还可以通过对材料进行改性或开发新型材料,满足特定的应用需求。

(5)热传递与凝固理论

热传导和对流:在增材制造过程中,热量通过传导和对流的方式在材料和周围环境中传递。了解热传递的规律有助于预测温度分布和热应力的产生,从而采取相应的措施来控制零件的变形和裂纹。

凝固过程的动力学:包括凝固前沿的推进速度、溶质再分配和偏析等现象,这些都会影响零件的微观结构和性能。

残余应力与变形:由于不均匀加热和冷却,零件内部会产生残余应力,可能导致零件在制造后发生变形或开裂。通过热传递和凝固理论的研究,可以优化工艺参数,减少残余应力的产生。

(6)精度控制理论

设备精度的影响:增材制造设备的精度包括运动精度、定位精度、喷头或激光束的精度等,这些都会直接影响零件的制造精度。

工艺参数的优化:通过对工艺参数的精确控制和优化,如调整激光功率、扫描速度、层厚等,可以减小制造误差,提高零件的精度。

后处理对精度的提升:制造完成后的后处理工艺,如打磨、抛光、热处理等,可以进一步提高零件的尺寸精度、形状精度和表面质量。

综上所述,增材制造技术的理论基础涵盖了材料科学、机械工程、计算机科学、物理学、化学等多个学科领域的知识,通过对这些理论的深入研究和不断创新,可以推动增材制造技术在更广泛的领域得到应用,并实现更高的制造质量和效率。

1.2.3　增材制造技术方法

在当今日新月异的科技浪潮中,增材制造技术以其独特的优势,正逐步改变着传统制造业的面貌。表 1-1 列出了材料挤出、立体光固化、材料喷射、薄材叠层、粉末床融熔等主要增材制造方法的简要描述,这些增材制造方法各自以其独特的方式,实现了从数字模型到实体产品的快速转变,为工业设计、医疗、航空航天等领域带来了革命性的创新。增材制造的出现,极大地缩短了新产品从概念构思到实际生产的时间与成本。

表 1-1　主要增材制造技术的简要描述

序号	增材制造方法	特性描述
1	材料挤出（MEX）	材料通过喷嘴或孔以连续细丝的形式选择性地分配到构建平台上,逐层堆积形成最终产品

序号	增材制造方法	特性描述
2	立体光固化（VPP）	液态光敏树脂被置于一个容器（即还原釜）中，通过特定光源（如紫外光）选择性照射，使树脂在照射区域发生聚合反应而固化
3	材料喷射（MJT）	该工艺通过喷嘴选择性沉积构建材料的液滴，这些液滴随后固化形成固体层。常见的材料包括光敏树脂和蜡
4	薄材叠层（LOM）	材料以薄片形式提供，并通过逐层叠加和黏合形成最终产品
5	粉末床熔融（PBF）	该工艺涉及使用热能（如激光束或电子束）选择性熔化粉末材料床中的局部区域，逐层累加形成实体
6	定向能量沉积（DED）	这类工艺使用聚焦的热能（如激光、电子束或等离子弧）在沉积过程中熔化材料，逐层构建物体
7	黏结剂喷射（BJT）	在此工艺中，液态黏结剂选择性沉积在粉末材料床上，将粉末颗粒黏结在一起形成层状结构，随后经过后处理固化得到最终产品

注：详细工艺特性及技术特点请参考第 2 章。

1.2.4　增材制造技术影响

增材制造工艺通常无须开发和生产工具和模具，使得设计师能够摆脱传统制造工艺的束缚，充分发挥创造力，创造出更加复杂和独特的产品。

（1）产品开发

在产品开发阶段，制造原型能及早发现设计错误，减少后期成本。它将为产品开发提供更多迭代机会，还能预先检查组件和连接点，评估产品强度和耐久性，有力支持开发和生产规划。同时，增材制造提高了团队沟通质量，加强了与市场的连接。通过制造样品，可分析产品是否符合标准，进行认证流程。

（2）产品质量

凭借增材制造，我们能够在产品、工具以及模具的开发阶段就敏锐地发现并有效地消除潜在的各类难题，进而为最终产品的高质量产出提供坚实的保障。另外，实物原型相较于抽象的设计图纸或者复杂的数字模型，更易于理解和评估，有利于我们更直观、清晰地对产品的设计思路和实际性能进行检查。

（3）生产效率

增材制造有助于我们提前规划和消除生产系统中的潜在错误，优化生产流程。通过模拟和预测可能出现的模具问题，我们可以优化工具和模具的设计，减少生产过程中的问题和停机时间。此外，增材制造还可以改善工具和模具元件的热性能，提高生产效率。

（4）市场竞争

增材制造显著缩短了产品从创意到发布的时间，这种快速的进程能够助力公司在市场竞争中抢占先机，增强竞争力。同时，利用增材制造生成的产品副本开展市场调查，所得结果真实可信，利于公司做出决策。增材制造还允许公司提前筹备好产品推广所需的营销材料，为产品的市场推广做好充分准备。

（5）环境保护

随着环境要求的日益严格，增材制造工艺在产品开发中的优势愈发凸显。它允许我们在产品开发的早期阶段就考虑到其回收和处置的可能性，通过模型和原型的使用，我们可以分析复杂产品的拆卸过程，检查其生态包装，从而确保产品在整个生命周期内都符合环保要求。

此外，一些先进的增材制造工艺还允许在制造过程中混合和分级使用多种材料。这为设计师带来了全新的设计机遇，如功能梯度材料（FGM）的潜在应用。然而，这一领域的发展仍受到现代 CAD 建模程序对非均匀材料产品支持不足的限制。

当然，增材制造的产品在成本上并不总是具有优势。其价格受到制造时间、机器成本、维护费用、操作人员工作、后处理、材料价格以及支撑结构材料价格等多种因素的影响。因此，在决定何时应用增材制造以及制造多少产品以最大化效益时，需要进行综合考量，如图 1-2 所示。

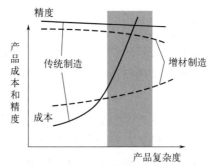

∧图 1-2　增材制造与传统制造的对比

总的来说，随着产品复杂性的增加，传统方法的开发和生产成本呈指数级增长，而增材制造工艺则能够应对这种挑战。最复杂的几何形状也可以通过增材制造工艺制造，而不会显著增加生产成本。因此，随着产品复杂性的提升，使用增材制造工艺的理由也愈发充分。

1.3　增材制造创新结构设计及应用

1.3.1　增材制造创新结构设计

根据产品设计与增材制造技术特性的融合程度，考虑工艺适用性、结构与性能一体化、材料与功能的匹配等方面因素，可将增材制造结构设计分为简单工艺替换、适应 AM 的设计、面向 AM 的设计等三个层次，如图 1-3 所示。

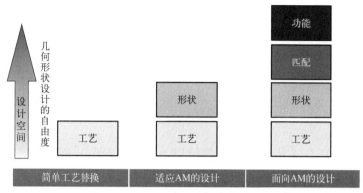

︿图 1-3　增材制造结构设计的层次

（1）简单工艺替换的结构设计

设计不变，工艺替代——当需要完整地维持零件形态，并且复制的零件要最大程度地还原原始零件时，便采用这种方法。交付时间短是应用此方法的一个关键原因，特别是在交付时间被视作备件的情况下。例如，在某些紧急的生产场景中，时间紧迫，若能迅速交付符合要求的零件，对于保障整个生产流程的顺利进行至关重要。

（2）适应增材制造的结构设计

局部优化，装配不变——通常会在内部对零件的形状予以更改，以便让零件更易于通过增材制造生产。零件的外部形状或许也会有所更改，不过其用途、功能以及它在产品中的装配方式不会改变。例如，在汽车发动机的零部件生产中，内部结构形状可能会被优化，使其更适合增材制造生产流程，而外部形状即使调整，也不会影响该零件在发动机中的正常用途和装配方式。

（3）面向增材制造的结构设计

全局优化，联动变化——面向增材制造的设计（design for additive manufacturing，DfAM）是设计领域的一种新兴方法，它打破了传统制造的限制，允许设计师创造出以往难以实现的独特结构，例如具有复杂内部通道或轻量化的几何形状。例如，在航空航天领域，利用 DfAM 可以制造出更轻、更强的零部件，提高飞行器的性能。同时，与之装配的零部件也可能需要同步变更设计。

1.3.2　增材制造创新结构设计应用

增材制造技术作为当今制造业领域的一项前沿技术，正以前所未有的速度拓展着应用的广度和深度。增材制造技术凭借其能够快速实现复杂结构的制造、高度定制化生产以及材料的高效利用等优势，大幅提升了生产效率，为创新设计提供了广阔的空间，有力推动了各行业的技术进步和产业升级。

（1）航空航天

航空结构创新研发具有小批量、多品种、高性能等特点。突破现有设计极限对结构创新设计技术及快速试制技术提出了更高的要求。增材制造作为一种"无模敏捷制造"技术，可大幅降低研发周期和成本，是"快速试制"的核心技术。研究面向增材制造的航空结构设计需要解决两个方面的问题：

① 如何充分利用增材制造技术所提供的设计空间，发展拓扑优化方法设计优质结构构型；

② 在拓扑优化时考虑增材制造技术其独特的制造约束，保证设计结果的可制造性。

2022 年 5 月 14 日，中国商用飞机有限责任公司迎来了一项里程碑式的成就——首架 C919 大飞机成功完成了首次飞行试验，这标志着国产大飞机正式踏上了商用之路。这款中短程单通道喷气式民用飞机，不仅是我国航空工业的巨大突破，更是国家科技创新能力的卓越体现。C919 大飞机以其 158 人的标准载客量和 0.99 亿美元（折合 6.53 亿元人民币）的定价，彰显了与国际航空巨头竞争的实力与决心。

在 C919 的研发与制造过程中（图 1-4），中国商飞公司积极拥抱先进的科技手段，其中 3D 打印技术发挥了举足轻重的作用。通过 3D 打印技术，飞机零部件的制造实现了前所未有的精确性和高效性，同时能够生产出传统工艺难以企及的复杂结构。这一技术的应用不仅提升了飞机制造的效率，也降低了成本，为 C919 的成功研发奠定了坚实的基础。

⌃图 1-4　总装中的 C919 大飞机

西北工业大学黄卫东团队、北京航空航天大学王华明团队、西安交通大学卢秉恒团队等在金属增材制造上取得突破性成果，实现了部分大型复杂航空结构件的制备。拓扑优化作为先进的设计理论，可为航空结构创新设计提供强大的动力，大连理工大学程耿东院士和刘书田教授团队、西北工业大学张卫红院士团队等已成功将其应用在航空结构关键零部件设计中。

西北工业大学将激光立体成型技术应用于 C919 中央翼缘条的制造（图 1-5）中，这一关键部件的成功打印和性能测试，为 C919 的安全飞行提供了有力保障。这种技术的应用不仅展示了我国在 3D 打印技术领域的领先地位，也为航空制造业的未来发展提供了新的可能性。

C919 大飞机的研发过程中，机头挡风窗框这一结构复杂且尺寸大的零件，曾是国内飞机制造厂面临的巨大挑战。传统的制造方法无法满足要求，而欧洲某公司的加工费用高达 50 万美元，且交货周期长达两年，这无疑给 C919 的成本带来了巨大压力。2009 年，北京航空航天大学利用增材制造技术，仅用了 55 天便完成了这一零件的制造（图 1-6），不仅大大缩短了制造周期，而且零件成本还不足欧洲锻造模具费的十分之一。这一技术突破不仅体现了我国在增材制造领域的领先地位，也为 C919 的顺利研发和生产奠定了坚实基础。

︽图 1-5　3D 打印的中央翼缘条

︽图 1-6　3D 打印的 C919 机头挡风窗框

在 GE 航空航天业务中，增材制造技术的应用同样取得了显著成果。通过生产轻量化零部件以及利用产品设计优化和免组装的整体式制造，GE 成功提升了航空零部件的性能。2015 年 2 月，GE-T25 传感器壳体（图 1-7）获得了美国联邦航空局的认证，并于同年 4 月首次应用于飞机发动机中。目前，该零部件已安装在超过 400 个 GE90-94B 发动机中。通过 3D 打印技术，GE 的工程师对传感器外壳的几何形状进行了优化设计和生产，使其能够更好地保护传感器上的电子设备免受潜在破坏性的气流和结冰的影响。这一创新不仅提高了传感器的性能，还缩短了产品的开发周期。

︽图 1-7　GE-T25 传感器外壳

此外，GE-LEAP 发动机的燃油喷嘴采用 3D 打印技术制造（图 1-8），为发动机的性能提升做出了贡献。虽然燃油喷嘴只有核桃般大小的结构（方框内），但里面却有 14 条精密的流体通道。这些复杂的冷却流道大大提升了冷却效果，降低了燃油喷嘴积炭的速度。最终，3D 打印燃油喷嘴质量比传统方式减轻了 25%，寿命提高了 5 倍，成本效益上升了 30%。国产 C919 客机也采用了这款带有 3D 打印燃油喷嘴的 LEAP 发动机。目前，带有 3D 打印燃油喷嘴的 LEAP 发动机已获得超过 11000 个订单，展现了增材制造技术在航空领域的广阔应用前景。

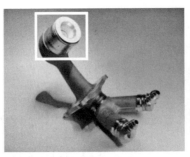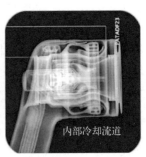

∧图 1-8　GE-LEAP 发动机喷油嘴

（2）晶格结构

晶格结构，作为一种新型多孔结构，巧妙地融合了拓扑优化原理和增材制造技术，展现出极高的设计灵活性。其宏观特性犹如晶体学中的点阵单元，通过精确的周期性堆垛组合而成，节点与晶胞阵点相对应，支柱则模拟了阵点间的原子键。这一创新设计使得我们可以通过调整点阵的相对密度、单胞的构型以及连杆的尺寸，来精确调控结构的强度、刚度、韧性、耐久性、静力学性能以及动力学性能，实现性能的完美平衡。

近年来，几何拓扑学在宏观和介观尺度下的结构优化中取得了显著成果，为复杂多孔晶格结构的快速发展提供了有力支撑。同时，增材制造技术的持续迭代和更新，为复杂晶格结构的堆砌式制造提供了可靠的工艺保障。与以往在热交换器和矩形滤波器中应用的简单晶格设计相比，如今的几何拓扑算法结合增材制造技术，能够制造出更为复杂、精细的晶格结构和镶套几何图形，进一步拓宽了晶格结构的应用领域。

微型立方体卫星（Cube Sats）是晶格结构应用的一个典型案例。这种小型卫星在模块化系统中制造和部署，具有轻便、小巧的特点，能够作为二级有效载荷轻松进入太空。通过采用晶格结构设计，Cube Sats 实现了质量的大幅减轻，不仅增加了有效载荷的小型卫星数量，还降低了将这些卫星送入轨道的成本。以粉末床激光熔化机上制成的 Inconel 718 微型立方体卫星总线结构为例，通过结合拓扑优化和增材制造技术，该结构实现了 50% 的质量减轻，同时将 150 个组件缩减到了不到 25 个组件，显著提高了结构的刚度和可靠性，如图 1-9 所示。

∧图 1-9　nTopology 和美国空军技术学院合作的微型立方体卫星总线结构

飞机发动机通过燃烧燃料获得强大的推力，在燃烧过程中产生大量需要消散的热量。在现代飞机中，一方面，燃油会在机翼中停留而导致温度降低，可能产生结晶从而阻塞系统；另一方面，这些冷却的燃料可用于调节飞机燃烧室、机械和电气系统的温度。通过燃油滑油热交换器在机油和燃料之间传递热能，将使机油冷却到足以润滑和冷却系统，同时防止燃料结晶，使燃油接近点火温度。如图 1-10（a）所示，通过增材制造技术生产的具有 gyroid 晶格结构的燃油滑油热交换器表面积增加 146％，而壁厚减少一半，使得相同体积燃油滑油热交换器的总热量传递相比传统设计增加大约 300％。

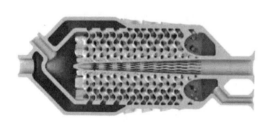

(a) 用于飞机的燃油滑油热交换器　　　　　　　　(b) 卫星夹层板"双相散热器"

(c) 方程式赛车高压牵引逆变器的散热器

∧图 1-10　晶格结构

传统的散热器通常采用热挤压方法制造，但这种方法存在明显的局限性：难以实现合金成分的梯度变化，且结构设计受到挤压截面的限制。然而，通过采用具有多路送粉系统的金属增材制造方法，结合晶格结构设计，这些问题得到了有效解决。如图 1-10（b）所示，新型散热器在结构强度和换热性能方面均实现了显著提升。晶格结构的加入不仅提高了散热器的结构强度，还有效地提升了其换热性能。如图 1-10（c）所示，米兰理工大学为方程式赛车的高压牵引逆变器开发了一种轻巧且更高效的冷却系统，并采用成分接近纯铝的材料进行3D 打印。这种具有特殊结构的散热器将传热表面积增加了 300%，质量减轻了 25%。

此外，晶格结构在金属增材制造中的一个常见但鲜有报道的应用就是组件内部的几何填充。拓扑优化设计在给组件"去壳"以实现极致减重的同时会带来新的挑战——由内部孔洞引发的若干问题。这些孔洞通常出现在组件悬伸部分的支撑结构中，因其内部的未加工粉末通常难以去除，导致其结构质量发生难以量化的增加。图 1-11 展示了使用晶格填充物替代实心设计以减轻内部质量的典型案例。这一设计中的叶轮/叶片转动惯量减小，性能反而增加。尽管晶格结构设计还处于初级阶段，但它的性能提高正受到越来越多的关注。

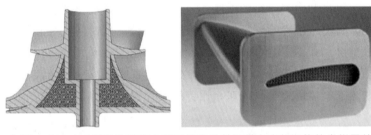

⚠图 1-11　AM 制造的带有内部网格的叶轮和带有内部网格的类似零件

由于大多数火箭发动机再生冷却通道的复杂性，热力优化和结构优化技术在火箭发动机设计中的应用越来越受到关注。Hyperganic 使用自上而下的方法演示了概念火箭喷管的优化应用，将燃烧室、喷管和冷却通道等几个部件集成到一个单独的部件中，喷嘴使用金属 AM 技术印刷。如图 1-12 所示，喷嘴的外表面采用回转式最小表面晶格设计。这些晶格结构在自然界中是存在的，并且通常是自支撑的，在其表面上的任何点都具有零平均曲率的特征，使得应力在结构内的分布更加均匀。

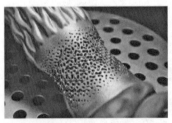

⚠图 1-12　Hyperganic 设计的既有内部冷却也有外部晶格的喷嘴

（3）工业模具

① 缩短模具生产周期　传统模具制造一般需要经过开模具、铸造或锻造、

切割、部件组装等过程。考虑到还需要投入大量资金制造新的模具，公司有时会选择推迟或放弃产品的设计更新。增材制造技术可以将计算机中的三维设计直接转化为实物模型，具有自动、快速、直接和准确等特点。通过降低模具的生产准备时间，以及使现有的设计工具能够快速更新，增材制造技术使企业能够承受得起模具更加频繁地更换和改善，有利于促进企业产品的更新换代，促进企业发展。

② 降低制造成本　与传统数控机床成型不同，增材制造技术成型过程不是去除材料，而是逐层添加材料来完成成型过程。这种颠覆传统的成型工艺，材料利用率极高，在制造过程中将为企业节省大量原材料。而且增材制造成型工艺不需要传统的刀具、夹具，降低了制造过程中造成的额外成本。同时，使用增材制造技术进行模具的制造，能够帮助工程师尝试无数次的迭代，并可以在一定程度上减少因模具设计修改产生的前期成本，有利于促进制造成本的进一步降低。

③ 模具的定制化有利于实现最终产品的定制化　随着人们生活质量的提升，越来越多的人追求个性化的产品。从手机、笔记本电脑到汽车，个性化和创新化的需求和趋势逐渐明显。增材制造技术具有更短的生产周期，能制造更复杂的几何形状，使企业能够制造大量的个性化模具来实现产品定制化。增材制造模具非常利于定制化、小批量生产，比如医疗设备和医疗行业，它能够为外科医生提供增材制造的个性化器械。如外科手术导板和工具，使他们能够改善手术效果、减少手术时间。

④ 为产品的设计、性能的提高提供更多的可能性　增材制造技术的出现，极大地拓展了产品设计和性能提升的可能性。相较于传统加工制造业，该技术不再受制造能力的限制，使得创意设计空间变得更为宽广。它不仅缩短了产品的开发周期，降低了生产成本，更能让计算机设计的创意产品直接通过增材制造设备迅速变为现实，实现产品的并行设计制造。此外，增材制造技术能够成型任意形状的冷却通道，实现模具的随形冷却，优化了模具的温度控制，使其更为均匀。

（4）复杂管路

冷却水道在注塑模具中具有至关重要的作用。它通过循环流动的冷却液，迅速带走模具在注塑或压铸过程中产生的热量，从而有效地控制模具温度，确保生产过程中塑料制品的质量和生产效率。

如图 1-13(a) 所示，传统方式制造冷却水道时（左图），由于技术限制，水道往往只能是直线形状，并且必须避开零部件的最外层，以免对模具型腔造成干扰。这种设计方式导致了冷却水道与模具型腔表面之间的距离不一致，在冷却时容易引发零部件温度变化失调。不均匀的冷却效果不仅影响了产品质量，还可能导致生产过程中的一系列问题。增材制造技术使得随形冷却模具的设计和制造不再受交叉钻孔的限制（右图）。设计师可以创建出更加复杂、更加贴近模具冷却表面的内部通道。这些通道不仅可以更快速地流动冷却液，提高冷却效率，还可以根据具体的冷却要求进行不同的冷却回路设计。

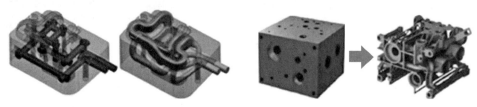

(a) 优化设计的随形冷却模具　　　　　　　　　(b) 优化设计的液压阀

⌃图 1-13　复杂流体管道设计的应用案例（一）

　　液压阀是液压系统中的重要控制元件，具有调节和控制液压油的压力、流量和方向的功能。液压阀通常具有复杂的内部流道和多样化的连接接口，以此实现精确的液压油流动控制和压力调节。

　　如图 1-13(b) 所示，传统的加工方法制造液压阀时（左图），通常采用多道次钻孔，工序复杂、成本高昂，且钻孔会产生难以去除的毛刺。这些毛刺不仅影响零件的精度，更会在高压流体流经孔道交汇区域时造成能量损失，导致流体效率低下，增加了管路堵塞和泄漏的风险。基于增材制造技术设计制造的液压阀具有显著优势（右图）。增材制造设计提供了极大的管路设计自由度，使得设计师能够消除管道死角和尖锐角落，优化流体流动路径，减少能量损失和湍流现象，不仅可以提高液压阀的性能，还可以减少管路堵塞和泄漏的风险。

　　进气歧管是发动机的重要部件（图 1-14），负责燃料和空气混合物的流动，对发动机的动力输出、燃油经济性有着重要的影响。排气歧管则将各气缸排出的废气汇集到一起，并引导废气排出，以减少排气阻力，提高发动机的性能（图 1-15）。进气/排气歧管的传统制造方式为压力铸造或者分段焊接，压铸方法生产效率高，但对于模具的要求很高，可能存在内部气孔等缺陷。焊接方法可以降低模具成本，但焊接部位的强度、耐久性、密封性和批产稳定性可能存在问题。该类产品的定型需要经过多轮次的设计、生产、组装和测试，调整设计可能会严重影响功率。

⌃图 1-14　复杂流体管道设计的应用案例（二）

　　增材制造技术可以简化和加快进气/排气歧管的设计和制造，减少生产步骤并降低生产成本，同时减少周转时间，实现高水平的零件定制。某赛车研发

(a) 多段式焊接的排气歧管　　　(b) 增材制造的排气歧管模型　　　(c) 增材制造的排气歧管

︿图 1-15　复杂流体管道设计的应用案例（三）

公司利用增材制造技术为某款赛车定制进气歧管，仅用几天时间就完成了设计和制造，并且通过优化内部结构，显著提高了进气效率。总体而言，传统制造方法适合大规模量产，成本相对较低，但灵活性不足；增材制造方法在设计自由度、小批量生产和定制化方面具有优势，但在大规模量产时的成本和效率还有待进一步提高。

（5）铸造砂型

如图 1-16 所示，传统的砂型制造流程涉及多个环节，从 CAD 设计到铸造完成，往往需要较长的时间周期和大量的人力投入。引入增材制造技术后，流程得到了极大的简化。设计师只需完成 CAD 设计和工艺仿真，然后通过 3D 打印机快速制造出砂型，即可进入铸造环节。这一变革不仅大大缩短了生产周期，从一个月缩短至几天，而且减少了大量的人力工作，提高了生产效率。

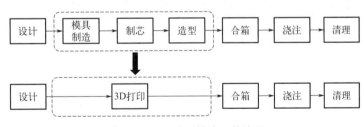

︿图 1-16　砂型铸造工艺流程

此外，3D 打印的砂模和型芯有助于创建合理的浇冒口系统，从而可以制备具有更少内部缺陷的高性能的金属零件，零件的材料强度最高可提高 15%；增材制造消除了对工艺装备和铸造模具的需求以及相关的几何限制，这有利于生产具有复杂几何形状的高性能的优化零件；3D 打印和其他数字制造技术有助于改变传统铸造厂的形象，吸引年轻人才和新的劳动力进入该领域。

如图 1-17 所示，铸造砂型 3D 打印在新产品研发领域、复杂产品制造、小批量生产领域，以及高附加值产品领域上的应用工艺已经越来越成熟，无论国外与国内均有非常多的成功案例，其工艺可行性不需质疑。随着技术的发展进步、现代经济发展的趋势、环境保护压力、技能工人迭代趋势等，接受砂型 3D 打印的用户会越来越多。

△图 1-17 采用增材制造方法打印的铸造砂型

（6）医学领域

统计数据显示，我国 35～44 岁人群中，牙齿缺失率约为 37.0%；65～74 岁人群中，牙齿缺失率高达 86.1%。补牙修复时，通常采用人工牙冠套在改小的原生牙冠上的方法来恢复牙齿功能。如图 1-18 所示，增材制造技术可基于口腔的三维扫描数据、医学 CT/MRI 影像数据，根据顾客的实际情况和牙科医生的诊断，快速编辑牙冠的高度、大小、厚度，以及牙桥的宽度、加强带等设计参数，制作出适配度极高的氧化锆陶瓷或金属人工牙冠。目前已成功应用于牙医行业，并有望实现低成本推广。

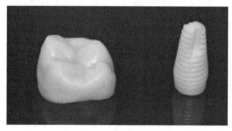

(a) 氧化锆铸牙冠、种植体　　　　(b) 颌面外科支架

△图 1-18 采用增材制造方法个性化定制的医疗产品

据不完全统计，全世界股骨头坏死患者约 3000 万人。随着病情进展，患者会逐渐感到髋关节疼痛，尤其是在活动或负重时疼痛加剧，可能还会出现髋关节活动受限、跛行等症状。如图 1-19 所示，基于患者髋关节的医学影像数据，通过计算机软件进行三维重建，获得髋关节的精确模型。然后根据模型设计并 3D 打印出适合患者的髋关节部件，最后由外科医生进行植入修复。目前该方法尚处于临床试验阶段，但已获得大量成功案例，有望在未来成为更常规和可靠的治疗选择。

（7）文创领域

增材制造技术适合个性化定制，能为文创领域带来更多创意和跨界整合的机会。它可以替代传统手工制模工艺，提高作品精细度和制造效率，还能为文物和艺术品建立数字档案，方便复制和传播，为文化产业注入了新的活力。增材制造与文创领域的结合，能够更好地保护和传承传统文化，使其在现代社会中焕发出新的光彩。

如图 1-20 所示，被称为"马踏飞燕"的东汉铜奔马为我国古代雕塑艺术史

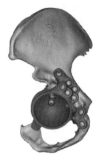

(a) 髋关节坏死治疗方案　　　　　　　　(b) 髋臼和股骨头

⚠图 1-19　采用增材制造方法定制的产品

上神奇而稀有的瑰宝。1986 年被定为国宝级文物，该文物保护等级高，不便于外出展示。但是，随着增材制造技术的兴起，其数字模型已由博物馆开源展示，全世界的中华文化爱好者都可以自行下载，并采用增材制造方法实现精准复刻，以此可以促进中华文化的传播和交流。

(a) 国宝级文物"马踏飞燕"　　　　　　(b) 采用增材制造技术复刻的"马踏飞燕"

⚠图 1-20　增材制造文创产品

　　　　　　　　　　　　思考题

1. 根据设计内容的特点，创新设计可以划分为哪几种类型？创新设计的特点是什么？
2. 简述创新设计的理论和方法。
3. 简述增材制造的重要性。
4. 简述增材制造结构设计在航空航天中的应用案例。
5. 简述增材制造优化设计的进展并举例说明。
6. 讨论增材制造在模具设计中的优势和应用。

第2章

增材制造技术

新质生产力是由技术革命性突破、生产要素创新性配置、产业深度转型升级而催生的当代先进生产力。增材制造技术无疑在新质生产力的形成中扮演着举足轻重的角色，不仅代表了现代制造业的革新与突破，更体现了人类智慧的结晶。通过学习增材制造技术，我们不仅要掌握其技术细节和操作方法，更要深刻理解其背后的科学精神与创新思维。增材制造是传统产业优化升级、新兴产业培育壮大的重要引擎，对推动制造业高端化、智能化、绿色化发展具有重大意义。我们要充分认识到这一技术的重要性，将其与国家战略需求相结合，为我国的制造业转型升级和高质量发展贡献自己的力量。

2.1　增材制造分类

　　增材制造过程可根据多个维度进行分类，这些维度包括工艺方法、所用材料、机器类型、表面质量、可制造的几何形状以及所需的后处理步骤等。多年来，增材制造行业一直缺乏统一的分类体系，这在一定程度上增加了在教育、技术交流以及非技术领域的沟通难度。建立明确的分类有助于我们更清晰地讨论不同机器类型，而不必涉及大量具体工艺方法的商业变体。根据国际标准化组织（ISO）、美国材料试验学会（ASTM）的 ISO/ASTM 52900：2021 标准和我国的 GB/T 35351—2017 标准，增材制造主要可分为以下七类（见表 1-1，图 2-1）。

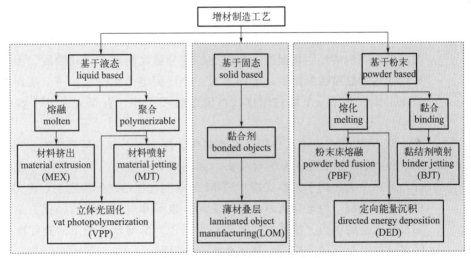

⌃图 2-1　增材制造技术的分类

2.1.1　材料挤出（MEX）

　　材料挤出（material extrusion，MEX）增材制造技术，指的是材料细丝被引导至特制喷嘴，经加热熔化后精准地挤出。3D 打印机根据软件生成的工艺路径，将这些熔化的材料逐层放置在构建平台上，待其冷却并固化，最终形成预期的固体物体。这种技术构成了当今最广泛应用的 3D 打印形式之一。

　　挤出的材料种类繁多，涵盖塑料、金属、混凝土、生物凝胶以及各类食品，这一广泛性为 3D 打印技术带来了无限可能。市场上的 3D 打印机价格各异，从经济型的百元设备到高端的专业级设备，价格跨度巨大，满足了从个人爱好者到专业制造商的广泛需求。

　　在精度方面，材料挤出技术通常能达到 ±0.5% 的尺寸精度，上下限约为 ±0.5mm，这一精度水平对于大多数应用场景而言已足够满足需求。其常见应用广泛，包括原型制作、电气外壳、形状和配合测试、夹具和夹具制造、熔模铸造模型，甚至包括建筑领域中的房屋打印等。

材料挤出技术的优势在于其成本效益和材料的广泛适用性。相较于其他 3D 打印技术，它通常成本较低，且能够处理多种不同类型的材料。然而，这一技术也存在一些局限性，如材料性能相对较低（如强度和耐用性），以及在某些情况下尺寸精度可能不够高。尽管如此，材料挤出技术依然凭借其高效、灵活和经济的特性，在 3D 打印领域占据着举足轻重的地位。

材料挤出技术包含了多种细分领域，如熔融沉积成型（fused deposition modeling，FDM）、建筑 3D 打印、微型 3D 打印以及生物 3D 打印等，每一项都在其特定领域内发挥着重要作用。而原材料的选择也极为丰富，塑料、金属、食品、混凝土等材料均可被用于这一技术中。

如图 2-2 所示，FDM 增材制造技术由美国学者 Dr. Scott Crump 于 1988 年研究成功，由美国 Stratasys 公司商业化之后逐渐成为 MEX 技术的主流。FDM 将各种热熔性的丝状材料（如蜡、工程塑料和尼龙等）加热熔化，然后通过由计算机控制的精细喷嘴按 CAD 分层截面数据进行二维填充。由于热熔性材料的温度始终稍高于固化温度，而成型的部分温度稍低于固化温度，因此热熔性材料通过加热喷嘴喷出后，随即与前一个层面熔结在一起。一个层面沉积完成后，工作台下降一个层的厚度，再继续熔喷沉积，直至完成整个实体零件的打印。

FDM 工艺在原型制作同时需要制作支撑，为了节省材料成本和提高制作效率，新型的 FDM 设备采用双喷头，如图 2-3 所示。一个喷头用于成型原型零件，另一个喷头用于成型支撑。FDM 的成型过程是在供料辊上，将实心丝状原材料进行缠绕，由电动机驱动辊子旋转，辊子和丝材之间的摩擦力是丝材向喷嘴出口送进的动力。喷嘴在 XY 坐标系运动，沿着软件指定的路径生成每层的图案。待每层打印完毕后，挤压头再开始打印下一层，直至加工结束。

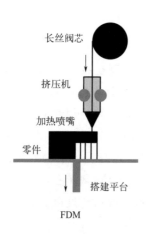

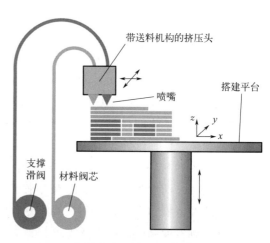

︽图 2-2　FDM 工艺原理　　　　　　　︽图 2-3　FDM 工艺过程

　　FDM 技术有相对较低的成本和易于操作的特点，因此市场上涌现出众多基于 FDM 技术的消费级 3D 打印机（图 2-4）。创意爱好者可以使用这种打印机打印出个性化的装饰品、小摆件；教育领域中，学生们能够通过亲手操作 3D 打印机，将抽象的概念转化为具体的实物模型，加深对知识的理解。

∧图 2-4　各种 FDM 3D 打印机

　　图 2-5(a) 展示了采用桌面级 FDM 打印机制作的龙形雕塑，图 2-5(b) 则展示了西班牙 Indaero 航空公司为空客定制的直升机机翼内部固定部件，该部件采用 FDM 技术结合工程塑料制作，相较于传统铝合金部件，不仅质量减轻至 3kg，而且能够完全贴合机翼曲率，且成本更为低廉，充分彰显了 FDM 技术的卓越性能和创新价值。

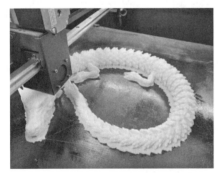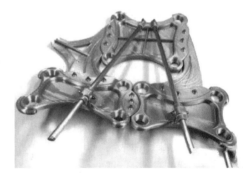

(a) 桌面级FDM打印机打印的龙　　　　(b) 西班牙Indaero航空公司为空客提供的定制部件

∧图 2-5　FDM 的典型应用

FDM 技术的优势显著：

① 其环境友好，污染小，且材料具备可回收性；

② 成型材料种类繁多，选择广泛；

③ 成型速度快，效率高；

④ 更为重要的是，FDM 技术能够制造出任意复杂程度的零件，满足了制造业的多样化需求。

　　然而，FDM 技术也存在一些不足：

① 在打印过程中，有时需要设计并制作支撑结构以确保模型的稳定性；

② 成品表面相对粗糙，可能需要后续处理；

③ 相较于其他技术，FDM 的加工周期可能较长。

目前，材料挤出系统已经能够兼容更多种类的材料，特别是高性能复合材料，极大地增强了 FDM 技术的打印能力，使其能够生产出更高强度、更轻质量、结构更复杂的物体，进一步拓宽了 FDM 在制造业中的应用领域。总而言之，基于材料挤出的增材制造技术，特别是 FDM 技术，凭借其高效、精确、灵活的特点，在制造业中发挥着日益重要的作用。无论是在桌面化办公用品、模具制作还是家用电器等领域，FDM 技术都展现出了广泛的应用前景。

2.1.2　立体光固化（VPP）

立体光固化（vat photopolymerization，VPP）增材制造技术的工作原理是通过紫外线或其他光源照射液态光敏树脂，使其逐层固化，从而构建出三维物体。在 20 世纪 70 年代末和 80 年代初，快速原型制作的概念崭露头角，其核心在于通过光聚合物表面层的选择性交联来逐层构建三维物体。这一开创性的技术，也被称为光聚合，于 1987 年迎来的第一台商业化立体光刻机的诞生，标志着增材制造领域的一个里程碑式的突破。

光聚合增材制造技术包括以下几种。

（1）立体光刻（stereo lithography，SLA）

SLA 技术是世界上最早的 3D 打印技术之一，由 Charles Hull 在 1984 年发明。如图 2-6 所示，它使用运动轨迹受控的紫外激光光束（355nm）辐照液态光敏树脂表面，使之由点到线，由线到面发生光固化交联，完成一个层面的绘图作业后，成型台在垂直方向移动一个分层的高度再固化另一个层面，循环往复，层层叠加，形成三维实体。在此过程中，刮刀会仔细清理产品表面，确保无气泡干扰打印质量。由于产品是在液态环境中构建的，因此需要使用支撑结构来确保其稳定性，这些支撑结构在打印完成后会经过专门处理被移除。SLA 分辨率高，打印的物件细节清晰、表面光滑。此外，光聚合物树脂可与多种热塑性塑料相匹配，使得 SLA 用途广泛，其典型设备如图 2-7 所示。

（2）直接光处理（direct light processing，DLP）

DLP 技术利用数字投影仪屏幕将每个打印层一次闪烁成像到整个打印平台。DLP 技术与 SLA 技术几乎相同，不同之处在于它使用数字光投影仪屏幕一次闪烁每一层的单个图像。由于投影仪是一个数字屏幕，所以每一层的图像都是由正方形像素组成的，从而形成一层被称为体素的小矩形砖块组成的层。数字微镜器件能够提供清晰、锐利的图像投影，打印出极其精细的结构和复杂的细节，能够实现微米级别的精度。直接光处理可以为某些部件实现比 SLA 更快的打印速度，因为每一层都是一次性曝光，而不是用激光一点一点绘制出来的，一次固化一整层树脂，大大提高了打印速度。DLP 广泛用于医疗行业中牙齿矫正器、假肢零部件的制造。

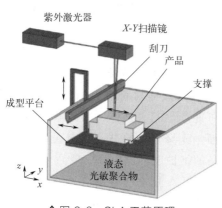

︽图 2-6　SLA 工艺原理

︽图 2-7　典型 SLA 设备

（3）连续液体界面打印法（continuous liquid interface production，CLIP）

CLIP 技术的核心是创造连续的液体界面，即死区。死区是通过树脂底部的高透氧窗口持续的氧气供应（由一种光聚合抑制剂提供）来维持的。这种持久的液体界面可防止树脂附着在窗口上。当紫外线光束透过窗口照射，照亮物体的精确横截面，使树脂发生光聚合固化。与标准的立体光刻不同，连续液体界面打印法的 3D 打印过程是连续的，比其他商业 3D 打印方法快 25～100 倍。CLIP 技术广泛应用于半导体制造、生物医学、感应器技术、给药技术以及片上实验室（lab-on-a-chip）等领域。目前，CLIP 技术为设计和制造新型的、具有可调节的各向异性或指向性性能的压电 3D 压电超材料提供了可靠的平台。

（4）日光聚合物打印（daylight polymer printing，DPP）

DPP 技术通常采用 LCD 液晶屏作为光源，通过 LCD 图案显示控制光敏聚合物固化，从而逐层构建三维物体，这种技术也称为液晶显示 3D 打印。与其他光聚合技术相比，DPP 技术采用的是世界上最敏感的树脂来实现固化。它使用的光源更易获得，并非传统的紫外光和激光，这使得该技术在一定程度上有别于其他光聚合技术。采用日光聚合物打印技术的设备价格相对较低，并且对人的眼睛相对无害，为光固化 3D 打印机的普及提供了可能。DPP 技术为 3D 打印领域提供了一种新的选择，在降低成本的同时，也能满足一定的精度和效率要求。然而，DPP 技术也可能存在一些局限性，其物料投入为极其敏感的光敏聚合物，存在材料保存条件苛刻等问题。

以上这些内核为光聚合反应的增材制造技术中，最成熟的当属 SLA 技术，其优点为：成型精度高，能实现超薄层（0.05～0.15mm）的打印，能够快速制造出具有复杂形状的零件；表面质量好，固化后的零件表面光滑度较好，通常不需要过多的后期处理就能达到较高的表面质量；可以使用多种材料，尽管相比其他一些技术，SLA 可用的材料种类可能不是最丰富的，但仍然有多种性能各异的光敏树脂可供选择，以满足不同的机械性能、耐热性和化学抗性等要求，还可适用于透明产品的制造；技术成熟稳定，作为较早发展起来的光固化技术之一，SLA的工艺相对成熟，设备和材料的性能经过了长期的优化和验证，生产过程的稳定性较高。

然而，SLA工艺也存在一些局限性：材料成本较高；对支撑结构的依赖；严格的材料存储条件；有限的材料选择（主要为光聚合物）；固化后可能产生的收缩导致产品变形；产品脆性较大以及液体材料可能困于封闭表面等问题。此外，由于光聚合物在固化过程中可能产生有害气体，因此需要为设备提供特殊的通风和排放设施。在后处理方面，光聚合物的进一步交联和支撑结构的移除是必不可少的步骤，同时激光设备的维护成本也相对较高。

如图2-8所示，在航空航天领域，SLA技术能够制造复杂且精确的零部件模型，用于风洞试验和飞行模拟，以优化设计和减少开发周期。在汽车行业，SLA技术被用于制造汽车零部件的原型和模具，支持快速迭代和验证设计。此外，SLA技术还广泛应用于医疗领域，如制造隐形牙套、假肢和医疗设备等，其高精度和高复制性为患者提供了更好的治疗效果。在消费电子和玩具行业，SLA技术能够生产出复杂结构且外观精美的产品原型，加速产品开发过程。

(a) 航空航天的应用　　　　　(b) 汽车研发的应用　　　　　(c) 医疗的应用

⌃图2-8　SLA技术的典型应用

2.1.3　材料喷射（MJT）

材料喷射（material jetting，MJT）增材制造技术通过喷头将液态的材料逐滴喷射到构建平台上，然后通过紫外线或加热等方式使其固化，层层堆积形成三维物体。与喷墨打印机将墨水逐层放置在一张纸上的方式相同，材料喷射将材料沉积到构建表面上，然后使用紫外光固化或硬化该层，逐层重复，直到对象完成。由于材料以液滴形式沉积，因此材料仅限于光敏聚合物、金属或蜡，它们在暴露于紫外线或高温时会固化或硬化。材料喷射制造工艺允许在同一部件内3D打印不同的材料，其工作原理如图2-9所示。

MJT技术将光聚合物材料从打印头中的数百个微型喷嘴喷射出，允许材料喷射操作以快速、线性的方式沉积构建材料。当液滴沉积到构建平台时，用紫外线直接将其固化。材料喷射过程需要的支撑结构，通常也是在构建过程中同时使用可溶解材料来进行3D打印的，然后在后处理步骤中去除支撑材料。

MJT技术具有其独特之处。材料喷射部件在MJT工艺中展现出了均匀的

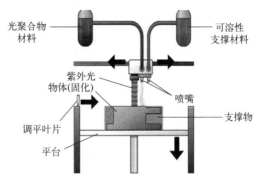

光聚合物
材料

可溶性
支撑材料

紫外光
物体(固化)

喷嘴

调平叶片

支撑物

平台

∧图 2-9　材料喷射增材制造示意图

机械性能和热性能。这得益于 MJT 对材料喷射和光聚合过程的精确控制，确保了每一层材料都能达到最佳的固化效果。此外，由于 MJT 技术采用的层高度极小，通常在 $16 \sim 32 \mu m$ 之间，因此所制造的产品无须额外的后固化步骤即可达到优异的性能。类似于彩色喷墨打印机，MJT 技术能够同时喷射多种不同材料和颜色的材料，实现多种性能和外观效果的集成。这在需要功能性梯度材料或彩色模型展示的领域，如医疗模型中的不同组织标识、产品设计中的多彩概念模型等方面具有独特价值。

材料喷射增材制造技术分为几类，细分如下所示。

（1）按需滴注（drop on demand，DOD）

DOD 打印机有两个打印喷嘴：一个用于沉积构建材料，另一个用于可溶解的支撑材料。与所有增材制造机器一样，基于 DOD 技术的 3D 打印机遵循预先确定的路径并以逐点方式沉积材料的方式以构建组件的横截面积。这些机器还采用飞刀切割每一层之后的构建区域，以确保在打印下一层之前形成完美平坦的表面。按需滴注技术通常用于在失蜡铸造、熔模铸造和模具制造应用中生产蜡状模型，使其成为一种间接 3D 打印技术。

（2）多头喷射（Polyjet）

Polyjet 打印技术首先由 Objet 公司获得专利，现在是 Stratasys 的品牌（图 2-10）。多个喷头同时工作，能够在同一时间内沉积更多的材料，大大缩短了打印时间。与喷墨文档打印相似，感光聚合物材料以与喷墨文档打印类似的方式将超薄层喷射到构建托盘上，每个光敏聚合物层在喷射后立即通过紫外线固化，一层又一层地重复喷射和固化步骤，产生完全固化的模型。凝胶状支撑材料专为支撑复杂的几何形状而设计，可以用手或水射流轻松去除。

（3）纳米粒子喷射（nano particle jetting，NPJ）

NPJ 材料喷射技术专利由 XJet 公司获得。其技术特点为将纳米级粒子分散在特定的液体介质中，将该液体介质作为墨盒装入打印机并以极薄的液滴层喷射到目标基底上，喷射速率可超过 1 亿滴/s。高温导致液体介质蒸发，留下纳米级粒子制成零件。由于喷射后的纳米粒子能够与基底形成牢固的结合，因此 NPJ 技术制备的金属和陶瓷产品的致密度明显高于其他增材技术，且具有极佳

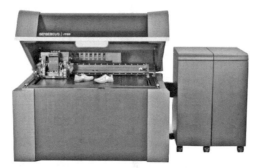

⚞图 2-10　Polyjet 3D 打印设备

的稳定性和耐久性，显著提高了部件的性能并降低了烧结效应。

目前，MJT 技术是制作逼真原型的绝佳选择，它可提供出色的细节、高精度和光滑的表面。材料喷射允许设计师在一次打印中打印多种颜色和多种材料。为了指定设计零件的特定区域为不同的材料或颜色，必须将模型导出为单独的 STL 文件。当用混合颜色或材料特性以创建数字材料时，必须将设计导出为 OBJ 或 VRML 文件，因为这些格式允许在每个面或每个顶点上指定特殊属性（例如纹理或全色）。使用材料喷射技术进行打印的主要缺点是成本高，并且紫外线活化的光敏聚合物会随着时间的推移而变脆。

2.1.4　薄材叠层（LOM）

薄材叠层（laminated object manufacturing，LOM）增材制造技术是一种早期的快速成型技术。使用一定厚度的薄片材料，如纸张、塑料片、金属片等，将每一层薄片进行切割、冲压或者激光加工，形成所需的形状和轮廓。通过黏结剂、加热或者其他连接方式将各层薄片牢固地黏结在一起，最终堆积形成完整的三维物体。其原理如图 2-11 所示。

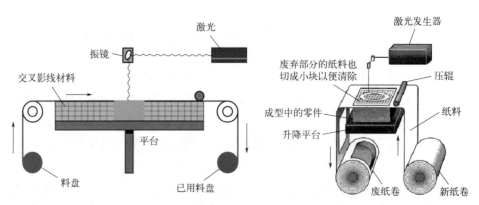

⚞图 2-11　薄材叠层增材制造示意图

薄材叠层增材制造技术主要包括层压物体制造（LOM）和超声波增材制造（UAM）两种。

（1）层压物体制造

LOM 与人们熟悉的覆膜机基本相同，若要层压一张纸，则将纸张放入由两种塑料组成的层压机袋中：外层为聚对苯二甲酸乙二醇酯（PET），内层为乙烯-醋酸乙烯酯（EVA）。然后，一个加热的滚筒将袋子的两侧黏结在一起，使纸张完全包裹在塑料中。LOM 构建对象的基本过程与此相同，典型设备如 Helisys 公司的 LOM-2030 机型（图 2-12）。

☆图 2-12　Helisys 公司的 LOM-2030 机型

（2）超声波增材制造

UAM 通过熔合和堆叠金属条、片或带来构建金属物体，这些层通过超声波焊接结合在一起。该过程是在能够在构建层时对工件进行铣削的计算机数控 CNC 机床上完成的。该过程需要去除未结合的金属，通常是在焊接过程中。UAM 使用铝、铜、不锈钢和钛等金属。该过程可以结合不同的材料，快速构建，并实际制造大型物体，同时由于金属没有熔化，因此需要的能量相对较少。

LOM 的最新发展使采用碳纤维板和各种复合材料的打印成为可能，Impossible Objects 公司和 Envision TEC 公司已经掌握了这些技术，但这些技术仍处在制造商的继续开发中，尚未广泛应用。

美国初创公司 Impossible Objects 获得了基于复合材料的增材制造（composite based additive manufacturing，CBAM）技术的专利。该技术采用超薄的纤维布作为打印基材，通过打印头喷射黏结剂到纤维布上；将尼龙、PEEK 等高分子粉末材料喷洒在纤维布上，利用真空吸附和黏结剂将材料与纤维布融为一体；剪裁后放入堆叠仓中，等待每个零件切片打印完成；打印完成后，将堆叠仓移入高温高压设备，完成切片压缩；最后进行喷砂或者化学方法去除无用的纤维布得到最终的零件。纤维增强复合材料与热塑性塑料熔合可形成非常坚固的部件。

Envision TEC 公司开发了选择性层压复合物体制造技术（selective lamination composite object manufacturing，SLCOM）。该技术的核心在于有选择地将复合材料层进行层压，从而构建出所需的三维物体。根据要制造的物体的三维模型，将其在软件中进行分层处理。然后，准备好复合材料层，这些材料层通常为碳纤维预浸料，也可能是已经部分固化或处理过的复合板材。在制造过程中，有选择性地将材料层进行堆叠和层压。这一过程可能涉及加热、加压或者使用黏合剂来确保各层之间的良好结合。在层压完成后，需要进行后续的加工，如切割、修整、钻孔等，以获得最终精确的形状和尺寸。

2.1.5 粉末床熔融（PBF）

粉末床熔融（powder bed fusion，PBF）增材制造技术的工作原理是在一个构建平台上均匀铺设一层薄薄的金属或塑料粉末，然后通过能量源（如激光或电子束）按照预先设计的模型路径，选择性地熔化或烧结粉末颗粒，使其形成一个坚固的二维截面。接着，构建平台下降一层的高度，再次铺上粉末，重复上述过程，层层堆积，最终形成三维实体部件。工作原理与典型设备分别如图 2-13 和图 2-14 所示。

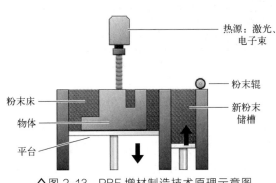

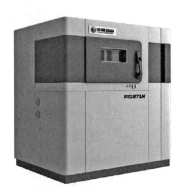

∧图 2-13　PBF 增材制造技术原理示意图　　　　∧图 2-14　PBF 典型设备

PBF 作为增材制造领域中的一项关键技术，以其独特的原理和应用领域，正逐渐成为现代制造业的重要支柱。该技术利用粉末材料作为构建基础，通过逐层累加的方式精确制造出三维实体，为产品设计、原型制作以及小批量生产提供了高效、灵活的解决方案。

在 PBF 技术中，粉末材料的选择至关重要。这些粉末可以是金属、陶瓷、聚合物等多种材料，具有广泛的应用范围。PBF 技术的核心在于能源的施加与粉末的熔融。PBF 技术的主要变化来自不同的能源，例如激光或电子束，以及过程中使用的粉末，例如塑料或金属。由于粉末床本身可提供一定程度的支撑，设计的工艺支撑结构较少（甚至可以实现无支撑打印），因此创建具有复杂几何形状的对象变得更加容易。PBF 打印的金属和塑料产品通常都坚固且坚硬，其力学性能可与基体材料相媲美，有时甚至更好。出于这个原因，PBF 技术通常用于制造航空航天、汽车、医疗和牙科行业的功能性金属部件。

几种主要的粉末床熔融方法如下。

（1）选择性激光烧结（selective laser sintering，SLS）

选择性激光烧结 3D 打印技术是工业应用中最常见的增材制造技术，它起源于 1980 年代后期的美国得克萨斯大学奥斯汀分校。多年来，这项技术取得了显著的进步。基本上，该过程使用激光逐层烧结或聚结粉末材料以形成固体结构。最终产品被包裹在松散的粉末中，然后用刷子和加压空气清洁。SLS 3D 打印过程中使用的主要材料包括聚酰胺（尼龙）、铝化物、灰色铝粉和聚酰胺的混合物，以及类橡胶材料。尼龙坚固耐用，但具有一定的柔韧性，使其非常适合打印按扣、支架、夹子和弹簧等，设计人员应在起初阶段就考虑薄部件材料收缩和翘曲的敏感性。与 SLA 和 FDM 相比，SLS 不需要对象具有支撑结构，这是因为未熔合的粉末在打印过程中支撑着零件。这使得 SLS 非常适合具有复杂几何形状的对象，包括内部特征、底切和负特征。使用 SLS 打印生产的零件通常具有出色的机械特性，这意味着它们非常坚固。薄壁物体不能打印，因为有最小 1mm 的限制，大型模型中的薄壁冷却后可能会翘曲。低成本、高生产率和成熟材料的结合使 SLS 成为功能原型设计工程师的热门选择。

（2）激光粉末床熔融（laser powder bed fusion, LPBF）

为了制造具有极其复杂结构的高性能金属零件，弗劳恩霍夫激光技术研究所 Meiners 研究组和大阪大学 Abe 研究组在 1996 年首次提出了 LPBF 技术的概念。然而，在 LPBF 技术的早期发展阶段，由于粉末熔合不完全以及熔化后易发生粉末球化，构建部件的密度和强度不足，因此难以实际应用。随着采用高性能光纤激光器和对 LPBF 工艺的优化，LBPF 构建的钛合金、高温合金、钢和铝合金的成型精度、密度和力学性能得到了显著提高，因此 LPBF 技术逐渐成为医疗、汽车、航空航天等领域的主流商业化增材制造技术之一。

LPBF 在早期也称选择性激光熔化（selective laser melting, SLM）或金属激光直接烧结（direct metal laser sintering, DMLS）。LPBF 和 DMLS 具有相同的技术原理，仅在激光系统、扫描策略工艺参数的设置、粉末的特性要求等方面有所差异。如今两种技术统称为 LPBF 技术，可使用铝、铜、钛、钢、镍等金属及合金粉末来制造轻质、坚固的备件和原型。

（3）电子束熔化（electron beam melting, EBM）

EBM 技术通过高能电子束而不是激光来诱导金属粉末颗粒之间的熔合。聚焦的电子束扫描一层薄薄的粉末，导致特定横截面的局部熔化和凝固。电子束系统的一个优点是它们在物体中产生的残余应力较小，这意味着对支撑结构的需求较少，从而减少变形。EBM 还使用更少的能源，可以比 SLM 和 DMLS 更快地生成层。粉末颗粒尺寸、层厚度和表面粗糙度通常低于 LPBF 和 DMLS。然而，EBM 要求在真空中生产物体，受限于真空腔的大小，产品尺寸通常较小，并且该工艺只能使用导电材料。

（4）多射流聚变（multijet fusion, MJF）

MJF 技术是一种新兴的增材制造技术，本质上是 SLS 和材料喷射（MJT）技术的结合，它使用喷墨阵列来应用熔合剂和细化剂，然后通过加热将其熔合成固体层，不涉及激光。带有喷嘴的托架，类似于喷墨打印机中使用的托架，经过打印区域，将熔合剂沉积在一层薄薄的塑料粉末上。同时，在轮廓周围喷射抑制烧结细化剂，以提高零件分辨力，从而使打印逼真的物体成为可能。高功率红外辐射能量源通过构建床并烧结分配熔剂的区域，同时保持粉末的其余部分不受影响。该过程一直重复，直到对象完成。

PBF 技术已成为航空航天、国防军工、交通运输等领域发展得最快、最有行业价值的增材技术门类，典型产品如图 2-15 所示。然而，SLS 技术能处理多种非金属材料，但零件精度和表面质量一般。SLM 可制造复杂精细且力学性能良好的金属部件，但设备昂贵，制造速度较慢。EBM 技术适用于高熔点金属，但其真空环境要求和设备成本是限制因素。MJF 技术生产效率高，零件质量佳，但目前存在设备和操作维护成本较高等问题。

(a) SLS尼龙塑件　　(b) LPBF航发整体叶盘　　(c) EBM航发叶片　　(d) MJF彩色塑件

⌃图 2-15　PBF 增材制造技术大类下的典型打印产品

2.1.6　定向能量沉积（DED）

定向能量沉积（directed energy deposition，DED）增材制造技术，通过聚焦的能量源（如激光、电子束或等离子弧）将金属粉末或金属丝材同步熔化，并按照预定的路径逐层堆积在基板或已有的零件表面上，从而构建出三维物体。DED 增材制造技术名称繁多，不同的研究机构独立研究并独立命名，常用的名称包括 LENS、LDED、LDMD 等，这些子技术类别之间仅在材料特征和能量输入形式上有轻微差别，图 2-16、图 2-17 为其原理示意图。

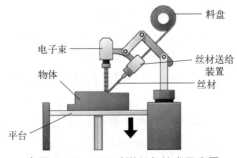

⌃图 2-16　DED（送丝）技术示意图

典型的 DED 打印机由安装在封闭框架内的多轴机械臂、能量输出系统、物料输送系统组成。如图 2-18 所示，大多数 DED 打印机占地面积非常大，需要在受控的惰性气体环境下运行。DED 技术适用于大型和超大型金属构件的 3D

（图中标注）
粉末喷嘴　激光束
保护气　粉
沉积材料　熔池
熔合区　基体平台

︿图 2-17　DED（同轴送粉）技术示意图

打印，除了能够从基板从头开始构建零件，DED 技术还能修复复杂的损坏零件，例如涡轮叶片或螺旋桨等（图 2-19）。

︿图 2-18　DED 打印设备示意图　　︿图 2-19　DED（同轴送粉）加工桨叶产品

以下介绍几种由不同机构各自研究的定向能量沉积 DED 技术。

（1）激光近净成型（laser engineered net shaping，LENS）

激光近净成型由美国桑迪亚国家实验室命名。该工艺使用由激光头、粉末分配喷嘴和惰性气体管组成的沉积头。激光在构建区域形成一个熔池，粉末被喷射到熔池中被熔化然后固化。一旦沉积了单层，沉积头就会移动到下一层，通过构建连续的层来制造整个部件。LENS 工艺必须在充满氩气的密闭室中进行，氧气和水分含量保持在非常低的水平，可以保持零件清洁并防止氧化。

（2）激光定向能量沉积（laser direct energy deposition，LDED）

激光定向能量沉积也称激光直接金属沉积（laser direct metal deposition，LDMD），其原理与 LENS 技术基本相同。但 LDED 可以使用丝材或粉末（或两者）作为原料输送到熔池。该技术具有热影响区小、成型速率快、材料浪费少及成本效益高等优点，是进行机械零件局部损伤修复的理想方法，因此在装备智能制造与维修领域具有十分广阔的应用前景。

（3）气溶胶喷射（aerosol jet）

气溶胶喷射技术先将功能性材料制备成微小的气溶胶颗粒，然后通过气体将这些气溶胶颗粒输送到喷头，并在喷头处聚焦成细小的射流，按照预设的路径沉积在基板上，从而形成所需的图案或三维结构。气溶胶喷射技术可用于多种材料，包括导电纳米颗粒金属油墨、介电浆料、半导体和其他功能材料。

（4）电子束增材制造（electron beam additive manufacturing，EBAM）

电子束增材制造使用电子束通过将金属粉末或金属丝焊接在一起来制造金属物体，最初是设计用于太空的真空下工作。与使用激光的 LENS 技术相比，电子束效率更高，材料沉积速率为 3～9kg/h。与隶属于 PBF 技术的 EBM 选区铺粉相比，EBAM 技术特点为同轴送粉。

（5）激光沉积焊接（laser deposition welding，LDW）

德马吉森精机公司（DMG MORI）的激光沉积焊接技术使用粉末喷嘴进行金属沉积，并将其 LDW 增材制造技术集成到 5 轴铣床上实现了混合制造（hybrid manufacturing）。这种创新的混合解决方案将激光金属沉积工艺的灵活性与切割工艺的精度相结合，从而实现了铣削质量的增材制造。这种组合使得制造各种尺寸的高精度金属零件成为可能。

2.1.7 黏结剂喷射（BJT）

黏结剂喷射（binder jetting，BJT）增材制造技术使用两种材料：粉末和黏结剂。它将黏结剂沉积在粉末材料的薄层上。黏结剂通常是液体，粉末材料是陶瓷基（例如玻璃或石膏）或金属（例如不锈钢）。在黏结剂喷射 3D 打印过程中，3D 打印头在构建平台 X 轴和 Y 轴上水平移动，沉积黏结剂液滴，以类似于在纸上打印墨水的 2D 打印机的方式打印每一层。当一层完成时，支撑打印物体的粉末床的平台会向下移动，一层新的粉末散布到构建区域上。该过程逐层重复，直到所有部分完成。打印后，零件处于生坯或未完成状态，需要经过额外的后期处理后才能使用。黏结剂喷射非常适合需要良好美学和形状的应用，例如建筑模型、包装、玩具和小雕像。由于零件的脆性，它通常不适合功能性应用。其成型原理如图 2-20 所示。

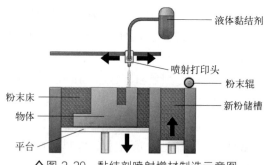

〉图 2-20 黏结剂喷射增材制造示意图

不同制造商开发了多种黏结剂喷射 3D 打印工艺技术。最有名的是 3D Systems 的彩色喷墨打印技术（Color Jet Printing，CJP）。Color Jet Printing 原是 ZCorp 公司的商标，现在属于 3D Systems 公司。彩色喷墨 3D 打印是全彩色的，最终部件类似于砂岩，并呈现出一些多孔的表面。砂岩材料是喷墨着色的，并在 3D 打印过程中黏结在一起。在 3D 打印结束时，需要进行渗透以固化和黏结零件。它有数十万种颜色可供选择，几乎是完整的 CMYK 光谱。但是最终的打印品不适合功能性应用，因为它们仍然是多孔的，并且必须远离潮湿环境，以避免变色。基于该技术打印的快速产品原型如图 2-21 所示。

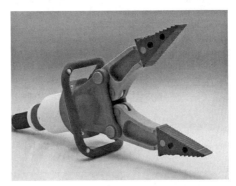

^图 2-21　基于 CJP 全彩色喷射打印的产品原型

2.2　增材制造的一般工艺流程

增材制造（AM）是一个复杂而精细的工艺流程，从设计构思到最终产品的完成，需要遵循一系列有序的步骤。这一过程的关键在于精确控制每一层的制造，以实现产品的高精度和高质量。其一般工艺流程如图 2-22 所示。

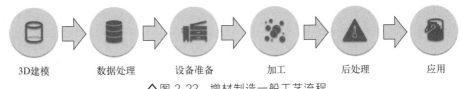

3D建模　　数据处理　　设备准备　　加工　　后处理　　应用

^图 2-22　增材制造一般工艺流程

2.2.1　3D 建模

采用增材制造技术进行打印的起点是获得三维数字模型。适用于增材制造的三维数字模型的通用格式为 ＊.STL，STL 文件中包含零件的尺寸、颜色、材料以及其他有用的特征信息，以便分层软件进行识别和进一步分层。

了解如何获得三维数字模型之前，有必要参照图 2-23 知晓三维数据的三种表示方法：

① 点云（point cloud）：也就是三维坐标系统中点的集合，这些点通常以 x、y、z 坐标来表示。大多数的点云是由 3D 扫描设备获取的。

② 网格（mesh）：是由一组凸多边形顶点以及凸多边形表面组成的，也叫作非结构化网格。

③ 体素（voxel）：概念上类似于二维空间中的最小单位——像素，体素可以看作是数字数据在三维空间分区中的最小单位。

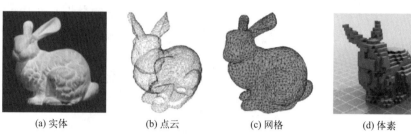

(a) 实体　　　　　(b) 点云　　　　　(c) 网格　　　　　(d) 体素

△图 2-23　三维数据的表示方法

如图 2-23(c) 所示，STL 文件定义物体的表面网格由众多三角形面片组成，每个三角形面片由其三个顶点的坐标和法向量来定义：

```
solid cube //表示整个模型的名称
 facet normal 0.0 0.0 1.0 //定义了第一个三角形面片的法向
  outer loop //开始定义第一个三角形面片的顶点
  vertex 0.0 0.0 1.0
  vertex 1.0 0.0 1.0
  vertex 0.0 1.0 1.0 //三个顶点的坐标
  endloop
 endfacet //一个三角面片定义结束,以下类似部分为另一个三角面片的定义
 facet normal 0.0 0.0 -1.0
  outer loop
  vertex 0.0 0.0 0.0
  vertex 0.0 1.0 0.0
  vertex 1.0 0.0 0.0
  endloop
 endfacet
 // 其他面的定义...
endsolid cube //定义结束
```

获得三维模型主要有如下三种途径。

（1）使用绘图软件建立三维模型

现有的计算机辅助设计软件如 PROE、3DMAX、SOLIDWORKS、UG 等都可以绘制三维模型，这些软件输出的模型文件输出格式有多种，常见的有 IPGI、HPGL、STEP、DXF 和 STL 等，需要将三维模型输出/另存为增材制造行业通用的 *.STL 文件格式。

（2）利用网络下载三维模型

为了增加用户对 3D 打印机的使用能力，不少 3D 打印机制造商开始提供模型下载及打印服务。他们会在网上建立一个平台，自己绘制或者激励懂得绘图的专业人员绘制模型并上传至平台，用户可以直接下载这些模型，用 3D 打印机打印出来。通过这种方式，让越来越多的潜在用户发现 3D 打印的乐趣。

（3）使用三维扫描获得三维模型

三维扫描是集光、机、电和计算机于一体的高新技术，通过对物体空间外形、结构及色彩进行扫描，获得物体表面的坐标信息。得到大量坐标点的集合，如图 2-23(b) 所示，称为点云。点云数据经过优化和面片化处理，最终生成适用于增材制造的 ∗.STL 文件格式。

2.2.2　数据处理

增材制造的第二步就是数据处理，主要包含：数据转换及传输、三维模型的切片处理等。目的是生成喷嘴、沉积头、激光振镜、电子束励磁镜等相关机电结构可执行的坐标数据，驱动物料输入和能量输入系统在二维截面内移动，以及联动成型平台在 Z 轴方向上的位移。

增材制造的数据处理流程如图 2-24 所示，包括三维模型转换及传输、三维模型切片处理等内容。

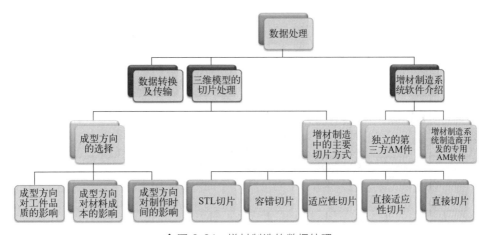

︿图 2-24　增材制造的数据处理

（1）三维模型转换及传输

目前为止，大部分增材制造系统中，打印模型都会转换成 STL 文件格式。这种格式是和早期 3D 打印工艺相配合的一种较为简单的语言，已经成为当前的增材制造技术标准。自从 1990 年以来，几乎所有的 CAD/CAM 制造商都在他们的系统中整合了 CAD-STL 界面。

如前所述，STL 格式数据是一种用大量的三角面片逼近曲面来表现三维模型的数据格式。STL 数据的精度直接取决于离散化时三角形的数目。一般地，在 CAD 系统中输出 STL 文件时，设置的精度越高，STL 数据的三角数目越多，文件就越大。特别是，面积大的表面需要采用数量较多的三角形逼近，这就意味着弯面部件的 STL 文件可能非常大。STL 文件格式也有很多缺点，如使用小三角形平面来近似接近三维实体，存在曲面误差，缺失颜色、纹理、材质、点阵等属性。

2010 年，一种更完善的 AMF（additive manufacturing file format）语言格式开始兴起，逐渐取代 STL，便于打印机固件读取更为复杂、海量的 3D 模型数据。AMF 作为新的基于 XML 的文件标准，弥补了 CAD 数据和现代增材制造技术之间的差距。这种文件格式包含用于制作 3D 打印部件的所有相关信息，包括打印成品的材料、颜色和内部结构等。标准的 AMF 文件包含 object、material、texture、constellation、metadata 等五个顶级元素，一个完整的 AMF 文档至少要包含一个顶级元素。它解决了日益增长的可提供产品详细特性的合规且可互换的文件格式需求。以下为一个简单的 AMF 文件：

```
<?xml version="1.0" encoding="UTF-8"?>
<amf unit="millimeter">
 <object id="1">
  <mesh>//开始定义包含对象的网格信息
   <vertices>//定义顶点列表
    <vertex x="10.0" y="20.0" z="30.0" />
    <vertex x="40.0" y="50.0" z="60.0" />
    <vertex x="70.0" y="80.0" z="90.0" />
   </vertices>
   <triangles> //定义三角形面列表
    <triangle v1="0" v2="1" v3="2" />
   </triangles>
  </mesh>
  <color> //定义指定对象的颜色
  < r> 255</r>
  <g>0</g>
  <b>0</b>
  </color>
 </object>
</amf>
```

数据传输过程很直观。其目的在于将储存于 CAD 计算机中的 STL/AMF 文件导入增材制造系统设备的计算机中。CAD 计算机与增材制造系统计算机通常放在不同地点。CAD 计算机作为设计工具，一般在设计办公室内。而增材制造系统的计算机作为制造机器，通常在生产车间里。但是近年来出现的很多增材制造系统，通常是概念模型打印机，可以放置在设计办公室内，通过兼容的数据格式，如 STL 或 AMF，用 U 盘、邮件或者局域网（LAN）完成数据传输。这一阶段通常不需要对三维数据文件的质量进行校验。

（2）三维模型切片处理

如图 2-25 所示，切片是将三维模型以片层的方式来描述，无论模型形状多么复杂，对于每一层来说都是简单的平面矢量组，其实质还是一种降维处理，即将三维模型转化为二维片层，为分层制造做准备。

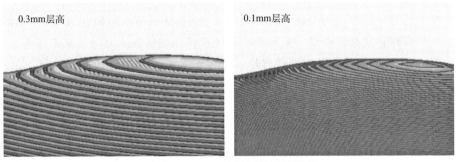

0.3mm层高　　　　0.1mm层高

⌃图 2-25　三维模型的切片处理

　　首先，将需要打印的三维模型导入切片软件中；根据打印机的性能和材料的特性，设置合适的切片参数，如层厚、填充率、温度等；切片软件根据设置的参数，将三维模型切成一系列二维切片，并生成一种用于控制 3D 打印机、数控机床等设备的指令代码——Gcode 文件。Gcode 文件包含了一系列精确的指令，告诉设备如何移动喷头、挤出材料、改变速度、调整温度等操作，以逐层构建出所需的三维物体。Gcode 文件中的指令通常具有特定的格式和语法。常见的指令包括：移动指令——指定喷头在 X、Y、Z 轴上的移动位置和速度；挤出指令——控制材料的挤出量。以下是一个简单的 Gcode 指令示例：

```
G21；设置单位为毫米

G90；使用绝对坐标

G28；归位

M104 S200；设置喷头温度为 200℃

M190 S60；等待床温达到 60℃

G1 E10 F200；挤出 10mm 的材料,速度为 200mm/min

G1 X0 Y0 Z0.2；移动到起始位置

G1 X100 Y0 Z0.2；打印第一层的一条边

G1 X100 Y100 Z0.2；打印第一层的另一条边

G1 X0 Y100 Z0.2；打印第一层的第三条边

G1 X0 Y0 Z0.2；打印第一层的第四条边

M107；关闭风扇

M104 S0；关闭喷头加热

M84；关闭电机
```

　　增材制造中的主要切片方法包括以下几种：

　　① STL 切片　1987 年 3D Systems 公司结合当时计算机技术软硬件水平，开发了 STL 文件格式及其相应的切片方法。该切片方法就是将几何体与一系列平行平面求交，切片的结果将产生一系列实体截面轮廓。在获得交点后，可以根据一定的规则，选取有效顶点组成边界轮廓环。但是 STL 文件存在数据冗

余、文件庞大、缺乏拓扑信息等问题；容易出现悬面、悬边、点扩散、面重叠、孔洞等错误；用小三角平面来近似一曲面，存在面误差；大型 STL 文件的后续切片将占用大量的计算时间；当 CAD 模型不能转化成 STL 模型或者转化后存在复杂错误时，重新造型将使快速原型的加工时间与制造成本急剧增加。

② 容错切片 容错切片（tolerate-errors slicing）避开 STL 文件三维层次上的纠错问题，直接在二维层次上进行修复。由于二维轮廓信息十分简单，并具有闭合性、不相交的简单约束条件，特别是对于一般机械零件实体模型而言，其切片轮廓多为简单的直线、圆弧、低次曲线组合而成，因此能容易地在轮廓信息层次上发现错误。如此一来，即使模型存在一些小的错误或不完整，也能生成可行的切片方案，避免打印中断或失败。

③ 适应性切片 适应性切片（adaptive slicing）根据零件的几何特征来决定切片的层厚，在轮廓变化繁杂的地方采用小厚度切片，在轮廓变化平缓的地方采用大厚度切片，与统一层厚切片方法比较，可以减小 Z 轴误差、阶梯效应与数据文件的长度。适应性切片研究，以用户指定误差（或尖锋高度）与法向矢量决定切片层厚，可以有效处理具有平面区域、尖锋、台阶等几何特征的零件。

④ 直接切片 直接切片（direct slicing）利用适应性切片思想从 CAD 模型中直接切片，可以同时减小 Z 轴和 X-Y 平面方向的误差。在工业应用中，有些原始 CAD 模型本来已经精确表示了设计意图，使用 STL 切片方法反而会导致文件巨大、切片费时，模型的精度也无法保证。在加工高次曲面时，直接从 CAD 模型中获取截面描述信息，获得的切片数据明显优于 STL 方法。

（3）成型方向的选择

增材制造中成型方向的选择是一个重要的决策。不同的成型方向会对工件品质（尺寸精度、表面粗糙度、强度等）、材料成本和制作时间产生很大的影响。支撑结构的设计是成型方向的一个重要考虑因素，不同的工件成型方向可能导致不同的支撑结构的数量，继而影响成型时间。如果设计不得当，甚至可能导致成型失败。例如，在打印一个机械零件时，可能会优先考虑强度和稳定性，而在打印一个外观展示模型时，表面质量可能是首要因素。又比如打印一个带有倾斜面和内部空洞的复杂结构，需要综合评估支撑需求、打印时间和材料使用等方面来确定成型方向。

如图 2-26 所示工件，可有右边(a)、(b) 和 (c) 所示的三种成型方向，当采用不同的工艺时，对各种指标的影响分析如下：

对于 SLA 工艺，优化的成型方向如图 2-26(a) 所示，采取这种成型方向时，支撑结构少，材料成本低。

对于 FDM 工艺，优化的成型方向也如图 2-26(a) 所示，理由同上。

对于 LOM 工艺，优化的成型方向则如图 2-26(b) 所示，采取这种成型方向时，工件的成型高度小，材料成本低。

对于 SLS 工艺，优化的成型方向如图 2-26(c) 所示。虽然图 2-26(a) 和

图 2-26（b）所示的成型方向所用材料成本相同，但按图 2-26（c）所示方向成型时高度小，层数少，因此成型时间短；无大截面的基底，防止了大截面的基底成型时的卷面，因此工件的精度较高。

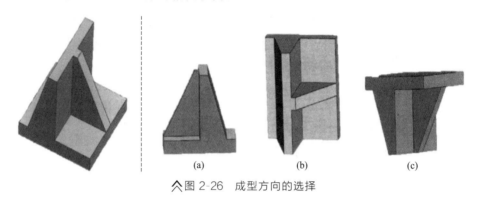

(a)   (b)   (c)

︽图 2-26　成型方向的选择

2.2.3　设备准备

图 2-27 以 FDM 为例，给出了典型增材制造设备准备的一般流程。

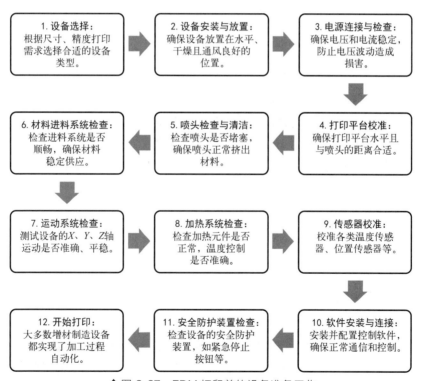

︽图 2-27　FDM 打印前的设备准备工作

2.2.4　加工

大多数增材制造系统中都实现了加工过程的完全自动化。打印加工过程中根据零部件大小和数量可耗费数小时。可打印部件的数量由各整体打印尺寸面设定，并受增材制造系统的打印体量限制。打印加工一般分为脱机打印和联机打印两种。

（1）脱机打印

将存储模型 Gcode 代码的 SD 卡插到机器右侧的卡槽中。在机器中选择要打印的模型 Gcode，按下旋钮。待温度升高到指定 Gcode 内设置温度后，机器自动开始打印，直到结束。

（2）联机打印

当设计电脑和打印机处于同一空间内时，也可以用数据线将打印机和电脑连接起来后，进行联机打印。选择正确的串口，设置联机打印选项。当喷头和平台温度到达设定值后机器开始打印，直到停止。

2.2.5　后处理

零件通过增材制造工艺制作好之后，就需要将零件周边的多余材料清理干净，也要将零件与制造平台分开。同时成型完成后，零件上会有明显的逐层堆积纹路，同时也可能存在若干表面缺陷。此外，制件可能在机械强度方面还不能完全满足最终产品的要求。例如，由材料本身的胀缩导致的微小形变或应力产生的问题以及由于机械精度原因导致表面的不光洁问题等。这些问题都需要通过后处理予以解决。一般的后处理方式有：剥离基板、去除支撑、表面处理、强化处理等。

（1）剥离基板

剥离是指将增材制造构件与成型基板分开，对于一些较小或较容易剥离的打印件，通常使用镊子、刮刀等手工工具进行手工剥离。对于一些较大或较难剥离的打印件，如金属等与基板结合强度较高的情况，则采用电动工具、切割机、电火花加工等方式进行机械剥离。

（2）去除支撑

去除支撑时要小心，避免造成零件的裂纹或损坏。对于高精度要求的零件，要谨慎选择化学或热去除方法，以免影响零件的尺寸精度和表面质量。值得一提的是，由于孔洞/封闭内腔的支撑难以/甚至无法去除，在设计时，应选择合适的成型方向，尽量避免在这些位置设计支撑。

（3）表面处理

修补、打磨、抛光是为了提高表面精度和表面光洁度；表面涂覆是为了改变表面颜色，提高刚度、强度和其他性能；采用电化学沉积则是为了在增材制造件的表面形成一层均匀的金属涂层，对于金属增材制件，还可能涉及喷丸处理、激光重熔、阳极氧化等表面处理工艺。

（4）强化处理

树脂打印的增材产品通常使用紫外灯照射或者水浴加热进行二次固化；对于陶瓷粉末、浆料打印的增材件采用烧结方式进行强化；金属增材制件则根据对应的材料体系进行热处理强化；或者在惰性气体环境中对制件在高温和高压下进行热等静压处理，通过消除内部微孔等缺陷来提高力学性能。

 ——————————— 思考题

1. 按照国标，增材制造可以分为哪 7 类？各自的成型原理和工艺特点是什么？
2. 阐述复合增材制造技术。
3. 论述增材制造技术在生产高质量零件中的应用与考量。
4. 简述从 CAD 模型到增材制造获得实体零件的工艺流程。
5. 增材制造后处理主要有哪些内容？
6. 谈一谈增材制造技术与传统制造业（如数控机床等）的关系。
7. 增材制造制件的精度包括哪些内容？
8. 论述并比较 SLA、SLM、SLS、LOM 和 FDM 增材制造技术各有哪些技术特点。

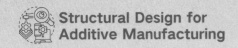

第3章
增材制造结构设计指导原则

本章将进入"增材制造结构设计指导原则"学习，这一章所传授的不仅仅是技术层面的指导方针，更是对工匠精神与时代使命的深刻诠释。增材制造技术，以其独特的制造理念和无限的设计可能性，正引领着制造业的深刻变革，而结构设计指导原则，则是这一变革中不可或缺的智慧灯塔。

在学习这些指导原则的过程中，我们不仅要掌握其背后的科学原理和实践技巧，更要领悟到其中蕴含的匠心独运与责任担当。每一个设计细节的优化，每一次结构强度的提升，都是对精益求精、追求卓越工匠精神的生动体现。正如我国历代工匠所传承的"如切如磋，如琢如磨"的精神，增材制造结构设计同样需要我们以严谨的态度、创新的思维，不断挑战自我，追求卓越。

同时，我们也应意识到，增材制造结构设计不仅关乎技术的进步，更与国家的未来发展紧密相连。它是国家创新驱动发展战略的重要组成部分，是推动制造业转型升级、实现高质量发展的关键力量。因此，作为未来的工程师和设计师，我们肩负着重要的历史使命和责任担当。我们要将个人的理想追求与国家的发展需要紧密结合，以高度的责任感和使命感，投身于增材制造结构设计的研究与实践之中，为国家的科技进步和经济发展贡献自己的力量。

3.1 面向增材制造的设计导论

面向增材制造的设计（DfAM）是设计领域的一种新兴方法，其核心在于利用增材制造（AM）技术的独特优势来优化产品设计。在这一过程中，设计师必须严格遵守 AM 技术的特定工艺约束，以确保设计的可行性和高效性。本章旨在引导工程师和设计师在深入详细设计之前，充分认识和利用 AM 的战略性优势。

随着全球范围内对增材制造技术的兴趣和需求日益增长，确保零部件设计能够充分利用 AM 技术的优势变得至关重要。虽然某些应用领域（如备件制造）中的传统制造方法仍占有一席之地，但总体而言，AM 技术以其独特的制造方式，为各类零部件的生产提供了前所未有的可能性，有助于最大限度地减少打印时间和成本。

在增材制造领域，面向 AM 的设计并不仅仅意味着对零部件的简单修改。实际上，这一过程可以细分为几个层次：仅调整 AM 生产工艺参数的设计、修改零件形状以适应 AM 工艺但功能未变的设计，以及完全重新设计零件形状和功能以充分发挥 AM 优势的真正面向 AM 的设计。这三种方法分别对应着不同的设计理念和应用场景，它们分别被称为直接零件替换的 AM、适应 AM 的设计和真正的面向 AM 的设计（图 3-1）。

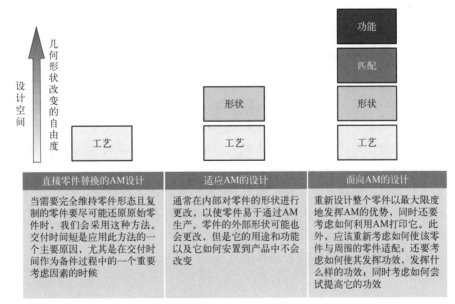

⌃图 3-1 区分直接零件替换的 AM、适应 AM 和面向 AM 的设计

值得注意的是，AM 技术作为一种先进的制造技术，其成本相对较高，且由于其"串行"的制造方式，在某些情况下，其生产效率可能无法与某些传统制造技术相媲美。因此，在考虑将 AM 技术应用于零件生产时，必须进行深入的分析和评估，确保 AM 技术的应用能够真正为产品带来增值。

在开始单个零件的设计之前，工程师和设计师应对待设计的产品进行全面分析，明确采用何种增值策略，这将直接影响产品的整体结构和零件配置。完成这一步骤后，便可以针对特定的 AM 工艺进行精细化设计，参考相关的技术手册和指南，确保设计的可行性和优化效果。

以图 3-2 所示的例子来展示歧管的各种设计选项。该歧管设计在面向 AM 的过程中，通过不同的设计策略，实现了功能和制造效率的优化。歧管的三种不同设计选项，分别代表了直接零件替换的 AM、适应 AM 的设计和真正的面向 AM 的设计这三种层次。

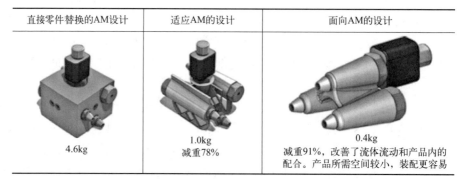

直接零件替换的AM设计	适应AM的设计	面向AM的设计
4.6kg	1.0kg 减重78%	0.4kg 减重91%，改善了流体流动和产品内的配合。产品所需空间较小，装配更容易

⌃图 3-2　歧管的设计方法

首先，直接零件替换的 AM 设计保留了传统歧管的基本形状和结构，仅仅通过调整 AM 工艺参数来适应增材制造的特性。这种方法的优点在于可以快速地将传统歧管转换为 AM 制造，但可能无法充分利用 AM 技术所带来的设计和制造优势。适应 AM 的设计对歧管的形状进行了一定的修改，以适应 AM 工艺的制造约束。例如，可能通过减少支撑结构、优化内部结构或改变某些角度和曲率，来减少打印时间和材料浪费。这种设计比直接零件替换更加灵活，但可能仍然受到传统设计思维的限制。面向 AM 的设计完全打破了传统歧管的形状和功能限制，充分利用了 AM 技术能够自由构建复杂形状的能力。设计师可以创造出具有独特内部结构、优化流体路径或集成其他功能的歧管。这种设计不仅提高了制造效率，还可能带来产品性能的提升和创新。

通过图 3-2 中的例子，可以清晰地看到歧管在面向 AM 设计过程中的不同选项和变化。这些设计选项不仅展示了 AM 技术的灵活性和潜力，也提醒设计者在实际应用中需要根据具体需求和约束来选择最合适的设计策略。

3.2　增材制造技术的能力

与传统制造技术相比，增材制造技术展现出了一系列独特的优势。

（1）可以成型复杂特征结构

增材制造技术以其独特的优势，能够制造具有复杂特征结构的制件。不论制件的结构多么复杂，增材制造技术都能通过逐层叠加的方式，将每一层厚度的截面轮廓精确构建出来。这种特性使得增材制造技术在处理复杂结构时，能够展现出其卓越的优越性。相比之下，传统的减材和等材加工技术在面对复杂结构时，加工难度会随之增加，这在一定程度上限制了它们的应用范围。

然而，当面对复杂结构的批量生产时，目前尚未找到一种既能满足加工效率要求，又能降低加工成本的合适加工工艺。宝马 DTM 赛车动力系统安装的高精度铝合金水泵轮便是一个典型的例子。该水泵轮通过增材制造技术成型，成功取代了之前使用的塑料零件，满足了在极端环境下维持工作的严苛条件。这一应用不仅证明了增材制造技术在小批量生产方面的优势，还展示了其以需求为导向的生产模式所带来的成本效益。

图 3-3 展示了宝马公司通过增材制造技术制造的水泵轮。从图中可以看出，该水泵轮具有复杂的结构和精细的细节，充分展示了增材制造技术在制造复杂结构方面的卓越能力。在制造这 500 个水泵轮的过程中，增材制造技术无须依赖复杂的加工设备或模具，使生产过程更加灵活高效。同时，由于增材制造技术可以根据实际需求进行定制化生产，因此能够有效降低库存成本，提高生产效益。

△图 3-3　宝马公司增材制造的水泵轮

（2）可以成型多孔结构和中空结构

在制造领域中，传统方法所生产的零部件内部往往以实心金属为主，这样的设计虽然保证了零件的坚固性，但也增加了其整体质量。为了在满足强度要求的同时实现质量的减轻，轻量化设计理念应运而生。在这一背景下，增材制造技术展现出了巨大的优势。

增材制造技术具备成型几乎任意形状复杂结构的能力，使得它在轻量化设计领域的应用前景广阔。借助计算机的拓扑优化设计和多孔结构设计等方法，可以精确地调整零件的结构布局，确保在满足使用要求的前提下，最大限度地减轻零件的质量。这不仅提高了材料的利用率，降低了生产成本，还有助于实现零件的轻量化，从而提升产品的整体性能。

图 3-4 展示了经过拓扑优化结构设计的摩托车架和多孔结构零件。在摩托车架的设计中，通过合理的拓扑优化，使得车架结构在保证强度的同时，实现了质量的减轻和布局的优化。而多孔结构零件则充分利用了增材制造技术的特点，通过形成内部多孔结构，既保持了零件的强度和刚度，又显著降低了其质量。这些实例充分展示了增材制造技术在轻量化设计方面的巨大潜力。

⌃图 3-4　拓扑优化结构设计的摩托车架和多孔结构零件

另外将零件设计成中空结构成为了减重理想的选择。增材制造技术凭借其独特的优势，能够轻松实现这一设计目标。中空结构的设计不仅显著减轻了零件的质量，提高了材料的利用率，而且在制造过程中产生的热量也较少。这是因为空心模型使用的材料相对较少，减少了热量产生，从而有助于实现更稳定的制造工艺。此外，减少热量还有助于降低制造变形的潜在风险，提高了零件的质量和可靠性。

（3）可以成型一体化零件

传统的加工工艺通常需要通过焊接、铰接、栓接等方式将多个零件装配成结构件或部件。这种装配过程不仅烦琐，而且可能引入装配误差，影响整体性能。相比之下，增材制造技术能够实现结构的一体化成型，大大简化了装配过程。

一体化零件的设计不仅提高了结构的整体性和稳定性，还能够减少装配过程中的潜在问题。更重要的是，增材制造技术还能够通过免装配设计实现整个部件的一次性成型。这种设计方式不仅提高了生产效率，而且减少了因装配引起的性能损失。如图 3-5 和图 3-6 所示，增材制造技术能够制造出结构复杂且高度一体化的零件，展示了其在制造领域的强大能力。

（4）可以成型复合材料与多材料

每种材料都具有自身的功能特点，采用单种材料成型的传统零件制造方法已不能满足工业及生活需求。例如，航天航空与机械工程领域、电气领域、热力学领域以及生命医学领域等迫切需要具有特殊功能或性能的机械零件或产品。

增材制造技术凭借其独特的材料添加原理，展现出了在成型复合材料和多材料方面的巨大优势。在成型过程中，仅需增加所需的材料种类，即可实现多材料的实体成型。这一特性使得增材制造技术在众多材料成型工艺中脱颖而出。

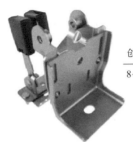

创成式设计和增材制造
8个部件合并成1个零件
质量减轻40%
强度提升20%

へ图 3-5　结构一体化
　　　 AM 火箭推进引擎

へ图 3-6　结构一体化的
　　　 AM 座椅支架

　　目前，国内外在梯度功能材料的研发方面已取得显著进展，涵盖了金属-金属、金属-非金属、非金属-非金属等多种材料的连接。研究人员对增材制造技术成型功能梯度材料的组织和性能演变进行了深入的研究，建立了从设计到最终零件成型的完整流程，并构建了相应的梯度材料设计及成型数据库。这些成果为增材制造技术在多材料成型领域的应用提供了有力的支持。如图 3-7 所示，SLM（选区激光熔化）技术已成功应用于多材料结构零件的成型。通过精确控制不同材料的添加顺序和位置，实现了多种材料的无缝连接和高效成型。

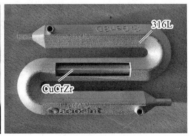

(a) CuSn10/玻璃吊坠

(b) CuCrZr/316L热交换器

(c) IN718/316LSS热交换器

へ图 3-7　SLM 打印的多材料零件

（5）缩短制造周期

　　与传统加工方式相比，增材制造技术能够针对不同的结构特点，灵活选择多种加工方式配合生产，从而得到最优的生产解决方案。以气缸盖的成型为例，传统加工方式需要经过多道工序和长时间的等待，而采用增材制造技术则能够大幅缩短制造周期。

如表3-1所示，传统气缸盖成型工序流程烦琐，涉及多个环节和长时间的等待。而采用增材制造技术，除了在设计阶段能够节省大量时间外，制造周期也得到了显著缩短。如表3-2所示，通过增材制造技术，可以大幅减少工序数量和时间成本，实现高效、快速的生产。

表 3-1　采用传统制造工艺制作 465Q 气缸盖的工序流程

序号	主要加工内容	设备	备注
1	缸盖毛坯压力铸造	压力铸造机	设计者相关
2	粗铣顶面、气缸盖罩结合面，钳螺栓位平面，钻孔	立式加工中心	设计者相关
3	粗铣底面、钻扩铰底面孔及攻螺纹	立式加工中心	设计者相关
4	粗精铣端面、圆弧面，钻前后端面孔及攻螺纹	立式加工中心	设计者相关
5	铣轴承座侧面	数控(NC)专机	设计者相关
6	精铣顶面、气缸盖罩结合面，扩镗工艺孔	立式加工中心	设计者相关
7	精铣圆弧面，粗镗凸轮轴孔、止口，钻镗前后端面销孔	立式加工中心	设计者相关
8	铣进排气侧面，钻进排气侧面孔	立式加工中心	设计者相关
9	钻、攻火花塞孔	立式加工中心	设计者相关
10	水道试漏	试漏机	—
11	回油道、内腔试漏	试漏机	—
12	锪弹簧座，钻气门导管底孔	立式加工中心	设计者相关
13	粗、精锪进排气门座孔和气门导管底孔	立式加工中心	设计者相关
14	中间清洗	清洗机	—
15	压装气门导管、气门座	压装机	—
16	镗气门导管孔、钩镗气门座锥面	立式加工中心	设计者相关
17	燃烧室试漏	试漏机	—
18	钻摇臂轴孔	数控(NC)专机	设计者相关
19	水道试漏	试漏机	—
20	精铣凸轮轴孔	数控(NC)专机	设计者相关
21	镗摇臂轴孔	数控(NC)专机	设计者相关
22	精铣底面	数控(NC)专机	设计者相关
23	最终清洗	清洗机	—
24	压装水堵塞	压装机	—
25	完工检验、入库	—	—

表 3-2　基于 SLM 3D 打印直接制造工艺的缸盖生产工序流程

序号	主要加工内容	设备	备注
1	3D 打印直接快速成型气缸盖	3D 打印直接制造	设计者相关
2	精加工导管孔与气门座锥面	立式加工中心	设计者相关
3	精加工凸轮轴孔	立式加工中心	设计者相关
4	精加工摇臂轴孔	NC 专机	设计者相关
5	精加工底面	NC 专机	设计者相关
6	精加工销孔	立式加工中心	设计者相关
7	打磨抛光其他面、孔	喷砂机	—
8	水道试漏	试漏机	—
9	回油道、内腔试漏	试漏机	—
10	中间清洗	清洗机	—
11	压装气门导管、气门座	压装机	—
12	燃烧室试漏	试漏机	—
13	最终清洗	清洗机	—
14	压装水堵塞	压装机	—
15	完工检验、入库	—	—

（6）改变制造模式

随着增材制造技术的不断发展，生产制造以及销售模式都发生了深刻的变革。传统的装配、配送、仓储等繁杂流程得到了简化，降低了经济成本。虽然材料和设备成本相比传统加工有所提高，但时间成本和设计成本的明显减少使得整体经济效益得到了显著提升。

这些变化不仅带来了丰厚的经济效益，还推动了社会进步。增材制造技术的广泛应用促进了制造业的转型升级，提高了生产效率和质量，为工业发展注入了新的活力。同时，它也改变了人们的消费观念和生活方式，推动了社会的可持续发展。

3.3　增材制造技术的约束因素

在充分利用增材制造技术的优势并成功完成零件设计的过程中，了解并考虑到其固有的约束条件是至关重要的。这些约束不仅关乎设计的可行性，还直接关系到最终产品的性能、成本以及生产效率。以下是增材制造技术在应用过程中需要特别关注的一些主要约束因素。

（1）成本约束

增材制造技术以其高度灵活性和定制化能力而著称，特别适合制造结构复杂、多种材料复合或定制化需求高的零件。然而，对于大批量生产的简单形状零件，传统制造方式通常具有更高的效率和更低的成本。因此，在决定采用增材制造技术时，必须综合考虑产品的生产量以及量产后的成本效益。在某些情况下，即使对于精细复杂结构件或小尺寸结构件，如果需要进行大规模生产，增材制造技术可能仍然不是最优选择。因此，设计者需要在设计之初就充分评估产品的生产需求，确保所选技术能够在满足性能要求的同时，实现成本效益最大化。

（2）性能约束

增材制造技术的性能受到原材料种类、制造工艺以及工艺参数等多种因素的影响。不同材料和工艺下的增材制造产品可能表现出截然不同的力学性能和物理性能。因此，设计者必须充分了解所选材料和工艺的性能特点，确保最终产品能够满足使用要求。此外，即使在相同材料和工艺条件下，不同的工艺参数也可能导致性能差异。因此，工艺的可变性也是设计过程中需要考虑的重要约束条件。为了获得理想的性能表现，设计者可能需要对材料和工艺进行深入研究和优化。

值得注意的是，增材制造产品在某些方向上可能表现出各向异性。例如，在某些工艺中，成型平面（X、Y 方向）的性能可能与成型方向（Z 方向）的性能存在差异。这种各向异性可能导致产品的某些力学性能优于传统制造方法，但在抗疲劳和抗冲击强度等方面可能有所不足。因此，在设计过程中，设计者需要充分考虑到这种各向异性对性能的影响，并采取相应的措施进行补偿或优化。

（3）数据约束

计算机辅助设计和电子计算机断层扫描（CT）等技术在增材制造过程中提供了丰富的数据源。然而，这些数据在转化为 STL 或 AMF 文件用于实际制造时，可能会受到多种因素的限制。例如，CT 切片扫描的层厚和分辨率、扫描仪的点云质量以及其他扫描数据的分辨率都可能影响数据的质量。此外，STL 或 AMF 文件由三角形定义的几何图形组成，三角形的尺寸直接影响表面的平滑度和精度。较小的三角形尺寸虽然可以提高精度，但会导致文件体积增大，进而增加数据处理和制造成本。因此，在数据准备阶段，设计者需要权衡精度和成本之间的关系，选择合适的三角形尺寸以优化制造过程。

（4）成型尺寸约束

每种增材制造工艺都有其特定的成型范围。当需要制造的零件尺寸超出这一范围时，就需要考虑采用特殊的解决方案。例如，可以将大型零件分解为多个子零件进行分别制造，然后再进行组装。然而，这种分解和组装过程可能带来新的技术挑战和成本问题。此外，不同的增材制造设备和工艺也可能对零件尺寸有不同的要求。因此，在设计过程中，设计者需要充分了解所选工艺和设备的能力限制，确保设计的零件尺寸符合技术可行性和成本效益的要求。

（5）几何形状约束

在增材制造过程中，零件设计的几何形状受到多种因素的制约。这些约束不仅影响了零件的成型过程，还可能对零件的性能和使用寿命产生深远影响。

悬垂几何结构是一个重要的约束因素。在某些增材制造工艺中，为了防止悬垂部分在成型过程中塌陷或产生翘曲，通常需要引入支撑结构。然而，支撑结构的引入和去除可能会带来额外的挑战，特别是在设计具有复杂功能性的零件（如桁架、中空结构等）时。为了有效解决这一问题，设计者需要在设计阶段就考虑支撑结构的布局和去除方案。这可能包括在零件内部设计特定的孔洞、调整零件的成型方向以减少对支撑的需求，或者与增材制造技术供应商密切沟通，了解所选工艺对支撑结构的具体要求。

突变几何结构也是一个需要关注的约束条件。在采用热源作为能量源的热驱动工艺中（如粉末床熔融、定向能量沉积等），零件厚度的突变可能导致变形或精度降低。较厚的区域由于热量保留时间较长，容易引起变形，这与传统注塑成型和压铸工艺中突变几何结构的影响类似。因此，设计者在设计零件时，应尽量避免厚度突变，或者通过优化工艺参数来降低这种影响。

封闭几何结构也是一个需要注意的约束因素。如果设计不当，未成型的材料可能会滞留在零件的封闭腔体中，导致零件质量增加，甚至产生安全隐患。为了解决这个问题，设计者可以在设计中预留孔洞或槽道，以便在成型后清除未成型材料。如果可能的话，这些孔洞可以通过后续加工（如焊接或填补）进行封闭。另外，设计两个开口孔并使用压缩空气或溶剂来完全清除未成型的材料也是一种有效的解决方法。

（6）分层约束

在增材制造过程中，零件的几何形状需进行离散化处理，以适应逐层制造的工艺特点。然而，这种离散化过程也带来了一系列约束和挑战。首先，由于层与层之间的明显界限，零件的外表面可能显得不够光滑，甚至有时存在微小的内部孔洞。这些缺陷不仅影响零件的外观质量，还可能对其性能产生不利影响。

其次，零件的 STL 文件模型在离散化过程中，会沿着高度 Z 方向被切片成具有一定厚度的层。这一处理过程会导致连续表面信息被切片层的外轮廓包络面所取代，从而产生所谓的"台阶效应"。如图 3-8 所示，原本平滑的弧形表面在离散化后被阶梯状的外轮廓所取代。台阶效应不仅增加了零件的成型误差，还可能成为应力集中点或裂纹起始点，对零件的疲劳寿命产生潜在影响。

台阶效应的形成与切片层的厚度密切相关。切片层厚度越大，丢失的连续表面信息就越多，成型误差也越大。这种原理性误差虽然无法根本消除，但可以通过减小切片层厚度的方式来降低其影响。需要注意的是，即使通过机械加

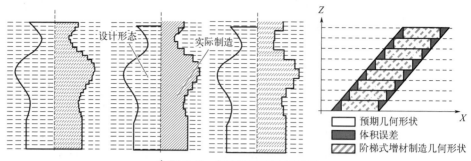

图 3-8　台阶效应产生示意图

工或抛光等后续处理可以去除外表面的台阶纹，但内表面的台阶纹往往难以消除，且可能对零件的疲劳寿命和断裂性能产生不良影响。

此外，几何形状的离散化还可能对其他方面产生影响。例如，细小的特征在离散化过程中可能丢失；相对于成型方向倾斜的薄壁或支柱在成型后可能因层与层之间的重叠部分减少而变厚；水平放置的薄壁和细柱由于层间重叠不足，其结构强度可能显著降低；小的负荷特征（如孔、洞）在成型后可能因尺寸缩小和变形而无法满足设计要求。

因此，设计者在进行增材制造零件设计时，应充分考虑分层约束对零件几何形状和性能的影响。通过优化设计方案、选择合适的切片层厚度和工艺参数，以及采用适当的后续处理方法，可以有效降低分层约束带来的负面影响，提高零件的成型质量和性能。

（7）最小分辨率约束

不同增材制造工艺与设备因其工作原理和性能差异，其成型精度也各不相同。这些精度受到多种因素的影响，如成型速度、光斑尺寸、像素等。以光斑约束为例，光斑的尺寸直接决定了零件成型的最小尺寸，如图 3-9 所示。

图 3-9　光斑约束

在选择性激光熔化（SLM）成型工艺中，激光聚焦光斑在粉末层上进行选区扫描。在激光的作用下，熔池的宽度决定了成型几何特征的极限。当设计的几何特征尺寸小于熔池宽度时，最终成型零件的尺寸会大于设计尺寸。而熔池的宽度通常不会小于激光聚焦光斑的直径，因此，激光聚焦光斑的直径实际上限制了 SLM 成型的最小尺寸。在设计薄壁、尖角等微细结构时，必须充分考虑 SLM 的实际成型能力。

激光光斑的直径主要由 SLM 设备的硬件决定。例如，某些设备采用特定功率的光纤激光器，具有特定的波长、焦距和光束质量因子。经过扩束处理和透镜聚焦后，理论上可以计算出光斑的最小直径。然而，在实际应用中，由于光学传输设计精度、机械精度等因素的影响，实际测量的激光光斑直径可能大于理论值。

因此，在增材制造过程中，应充分考虑工艺本身的尺寸最小分辨率对成型精度带来的约束。这对于需要高精度和微小特征的零件成型尤为重要。了解并优化设备的最小分辨率，有助于实现更精细、更准确的零件成型。

（8）后处理约束

① 残留的粉末/颗粒，很难完全清除，需要采用额外的措施来确保增材制造零件达到要求。例如，在泵液压系统中，残留的粉末可能损坏系统；在医疗应用中，植入物或需要消毒/非活性的零件必须确保无粉末或树脂污染。在多孔结构中，粉末颗粒可能难以完全清除，特别是在微细多孔结构中。

② 一些增材制造工艺在成型零件时需要使用支撑结构，成型后有些支撑结构需要去除。有些支撑可以使用溶剂移除，但有些支撑需机械方法去除，设计者应考虑这些额外操作需要的时间。此外，设计者还需了解支撑结构可能会影响被支撑表面的表面粗糙度或精度。除了移除支撑结构，可能还需要其他后处理，包括粉末清除、表面抛光、机械加工、热处理和添加涂层等。

③ 根据精度和表面粗糙度要求，零件可能需要精加工、抛光、磨削、喷丸处理（例如，金属零件可能要求热处理以消除残余应力），也可能需要涂装、电镀或树脂浸渗等，零件的细小特征可能会被破坏，表面微小特征也可能会被破坏，因此，任何后处理方式都会带来一定的设计约束。

3.4　增材制造设计的总体思考过程

许多行业往往将增材制造视为传统制造技术的直接替代品，然而，这种观念并未充分发掘增材工艺所独有的优势。譬如，直接将为 3 轴计算机数控（CNC）量身打造的部件转至增材制造路径，往往会遭遇成本不经济的困境，因为忽略了增材制造特有的适用场景与价值。

实践中，即便是通过 3D 打印技术成型的部件，也可能需借助传统机械加工进行后续处理，以满足严苛的表面光洁度和工程公差要求。因此，更恰当的理解是将增材制造视为一种互补性的制造策略，它开辟了全新产品或设计形态的探索空间。需要认识到，不是所有的零件都适合用增材制造去生产，也没必要对所有零件的设计进行强制的修改去匹配增材制造。

通常而言，增材制造技术的采用应基于其能为产品带来显著的价值增值，足以抵消其在生产效率上的相对不足及较高的初始成本。这一判断标准与既定的制造技术设计考量相契合，即增材制造的最佳效能亦紧密关联于具体设计方案的实施。

通过增材制造设计的运用，我们能够突破传统制造的技术限制，实现几何复杂度前所未有的部件制造。设计师得以自由探索复杂的内凹结构、精细的晶格排列及拓扑优化所孕育的各类复杂几何形态，这些在传统制造方式下往往难以企及或成本高昂。

此外，增材制造还解锁了传统工艺中难以实现或成本高昂的设计特性。其独特的逐层构建方式，允许我们在不依赖复杂工具或拆分部件的前提下，直接创造出内部空洞，如模具内的共形冷却通道，极大地提升了生产效率和零件质量。同时，该技术还能实现多部件/组件的一体化制造，省去了后续的烦琐组装步骤。

然而，值得注意的是，增材制造固有的逐层累加特性导致其制造速度相对缓慢，特别是与高效率的注射成型、铸造等传统工艺相比，这在一定程度上推高了其成本。因此，在决策采用增材制造技术时，必须进行详尽的成本效益分析，确保该技术能为生产过程带来实质性的价值提升，并有效抵消高昂的零件制造成本。

在重新设计适合增材制造的零件时，应遵循一套整体且系统的思考过程，以确保设计能够充分利用增材制造技术的优势。以下是一个有益的设计流程：

首先，应着重减少非功能性的特征。在传统制造技术中，为了减少材料浪费，我们倾向于保留尽可能多的原始材料。然而，在增材制造中，任何不直接参与零件功能实现的材料都是多余的，会增加制造成本和制造时间。因此，设计师应仅保留具有实际工程功能的特征，去除所有不必要的部分。这不仅可以减少材料的使用，还能降低残余应力，减少所需的支撑结构和热处理过程。

其次，在将零件简化为仅包含功能特征后，需要考虑如何连接这些断开的特征。设计师可以运用增材制造独特的逐层堆积能力，创造出无缝连接的结构，从而避免传统制造中可能需要的复杂组装过程。

再次，确定最合适的打印方向是一个至关重要的决策过程。打印方向将直接影响零件的表面质量、机械性能和所需的后续处理工作量。在选择打印方向时，设计师需要权衡各种因素，以找到最优方案。这可能涉及对零件不同区域的优先级的考虑，以及如何在保证零件性能的同时最小化后处理工作量。

之后，将设计导入支撑生成软件以查看所需支撑结构的情况。这一步对于预测打印过程中可能出现的问题至关重要。通过观察支撑结构的分布和数量，设计师可以了解哪些区域在打印过程中需要额外的支撑，以及这些支撑如何影响最终零件的质量和成本。

在优化支撑结构时，一种有效的策略是考虑将临时支撑替换为永久壁。支撑材料在打印过程中起到临时固定的作用，但在打印完成后需要被移除。然而，如果将这些临时支撑设计为零件的一部分（即永久壁），不仅可以减少后处理的工作量，还可能增强零件的结构强度。

此外，通过改变需要支撑的特征的角度，也可以减少支撑结构的使用。例如，如果某个特征是水平的，那么在其下方通常需要添加支撑材料。但是，如果通过设计调整，将这一特征的角度稍作改变（如添加 45°的倒角或加强筋），可能就不再需要额外的支撑了。

最后，设计过程通常是一个迭代的过程。在完成初步设计并通过软件模拟打印过程后，设计师需要根据模拟结果进行调整和修改。这可能涉及对零件特征的重新设计、打印方向的调整、支撑结构的优化以及临时支撑与永久壁的替换等。通过反复迭代，设计师可以逐渐完善设计，实现增材制造的最佳效果。

总的来说，增材制造的设计自由度非常高，设计师应充分利用这一优势，不断探索新的设计方法和思路。通过遵循上述整体思考过程，并结合实际需求和约束条件进行灵活调整，可以创造出既符合功能要求又具有成本效益的增材制造零件。

在全面考量增材制造设计因素后，对材料选择、零件尺寸适应性以及零件特征（如定制化、轻量化、复杂几何结构）是否适宜采用增材制造技术，需要进行详尽的评估。这一评估流程旨在决定是否采用增材制造工艺，其流程如图 3-10 所示。此外，为了进一步提升增材制造产品的质量和效率，对增材制造产品设计策略进行细致的规划至关重要。

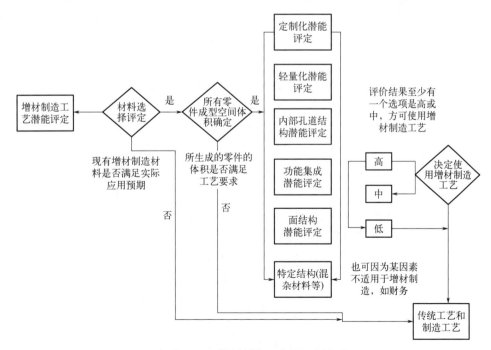

∧图 3-10　增材制造工艺的评定流程

　　参考典型的机械零件结构设计流程，增材制造工艺设计的总体策略如图 3-11 所示。在这一策略中，成本是一个核心的决策因素。在条件许可的情况下，设计者可以根据实际情况，灵活选择质量、交货周期或其他相关因素作为决策依据，以替代成本。然而，无论选择何种决策依据，都需确保最终选择的增材制造工艺能够满足产品的功能需求和生产效率要求。

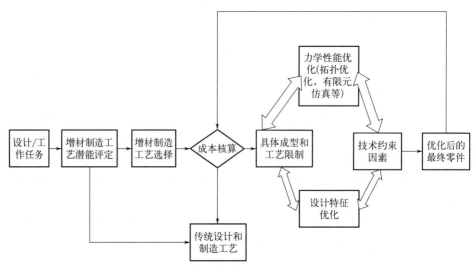

︿图 3-11　增材制造工艺设计总策略

　　在进行决策时，设计者除了要考虑功能特性、力学性能和工艺特性等关键的技术因素外，还应充分评估选择增材制造工艺可能带来的风险。这些风险可能包括技术成熟度、设备稳定性、材料可靠性以及生产过程中的不确定性等因素。通过全面评估这些风险，设计者可以更加准确地预测和应对潜在问题，确保增材制造过程的顺利进行。

　　当前，尽管 AM 技术在设计空间的高效填充和材料使用方面取得了显著进展，但关于零件性能的工艺设计尚未得到足够关注。传统的 AM 工艺设计主要侧重于以最有效的方式填充整个设计空间，以满足"原型几何要求"，而往往忽视了"零件性能要求"。实际上，零件性能的提升需要材料的分布和走向与零件在实际工况下所需的性能相协调。

　　通过深入研究基于零件应力的工艺设计，可以建立零件"工艺-结构-性能"（process-structure-property，PSP）关系模型。这一模型能够揭示工艺参数、结构以及零件性能之间的内在联系，为优化工艺设计提供有力支持。通过这一模型，设计师可以更加精准地预测和控制零件的性能，实现 AM 零件从"几何"到"性能"的智能化定制，技术路线如图 3-12 所示。

　　需要指出的是，图 3-12 展示了这一技术路线的详细过程，包括零件应力分析、材料分布设计、工艺参数优化以及性能验证等关键环节。通过这一技术路线，设计者可以更加系统地研究 AM 工艺设计与零件性能之间的关系，为实际生产中的工艺优化提供理论依据和实践指导。

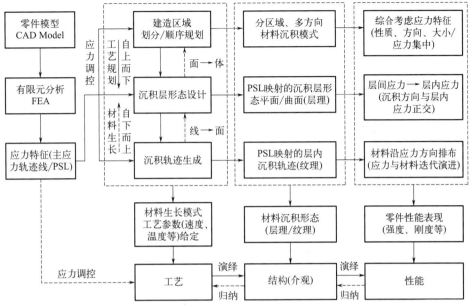

∧图 3-12　面向零件性能的 AM 工艺设计技术路线

以下以重新设计一个 100mm×100mm×100mm 的钢制歧管为例,逐步了解设计过程中的思考过程。在重新设计时,设计师需遵循一系列逻辑严密的步骤,以确保最终设计不仅满足功能需求,而且适应增材制造的工艺特点

（1）消除歧管中所有非功能性部分

在设计 100mm×100mm×100mm 钢制歧管时,消除所有非功能性部分是首要步骤。这一步旨在去除歧管中所有不直接参与流体传输的部件,仅保留必要的管道网络。经过这一处理,得到一个结构简洁的"块状"歧管,仅包含传输液压流体的通道,如图 3-13 所示。

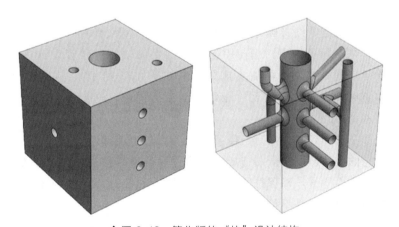

∧图 3-13　简化版的"块"设计结构

随后,利用 CAD 软件的"壳"功能,进一步去除立方体的多余材料,仅保留构成歧管通道的管道。通过移除立方体的外表面并应用"壳"功能,获得

一个仅由管道构成的歧管结构，如图 3-14 所示。在此过程中，通道结构的厚度设定为 2mm，以平衡结构强度和材料使用效率。

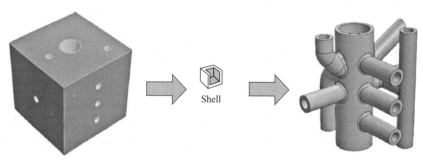

⌃图 3-14　基于块设计抽壳改造后的歧管设计

经过上述步骤，歧管设计得以简化，减少了制造过程中所需的材料和时间，同时确保了其功能性的完整性。接下来，需考虑如何优化此设计以适应增材制造的要求。这包括分析管道结构，寻找进一步简化的可能性，以及考虑合并或重新排列管道以减少支撑结构的需求。

在确定打印方向时，需综合考虑表面光洁度、机械性能及后处理需求。使用支撑生成软件模拟打印过程，有助于确定是否需要添加支撑结构，并探讨将临时支撑替换为永久壁的可能性，以简化后处理流程。

通过上述设计优化步骤，最终得到的歧管设计既满足功能需求又适应增材制造特点。这种设计策略有助于降低制造成本和时间，同时提升产品的性能和质量。

（2）确定打印方向

在设计增材制造产品时，确定打印方向是至关重要的一步，因为它对零件的各个方面有着深远影响。打印方向不仅决定了各向异性、机械性能、表面光洁度以及孔的圆度，还会影响支撑材料的分布。因此，在进行增材制造设计时，应根据零件将被打印的特定方向来制定设计策略。

在实际操作中，当使用支撑结构生成软件对歧管设计进行分析时，水平管道之间常常需要添加支撑结构（如图 3-15 所示）。尤其当大直径管道水平放置时，支撑结构甚至可能延伸至管道内部，这无疑增加了制造的复杂性和成本。

在选择打印方向时，需要综合考虑多个关键因素。首先，应尽量减少支撑结构的使用，以降低制造成本并简化后处理流程。其次，应关注零件的机械性能和表面质量，确保打印方向能够满足产品的性能要求。此外，打印时间和材料使用效率也是不可忽视的因素。

对于歧管设计而言，一种可能的优化策略是将大直径管道和主要通道竖直放置。这样做可以有效减少内部支撑的需求，并可能提高零件的机械性能和表面质量。然而，这种策略也可能导致其他区域的支撑需求增加，因此需要进行综合评估。

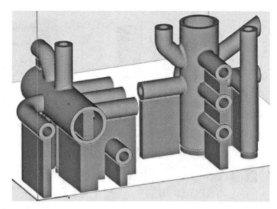

︿图 3-15　两种不同打印方向下壳状块设计所需的支撑材料

需要注意的是，没有绝对的最佳打印方向。在选择打印方向时，必须根据具体的设计要求和约束条件进行权衡和决策。设计师应全面分析软件生成的支撑结构，并考虑零件的各方面性能，以选择最合适的打印方向。

此外，无论选择哪种打印方向，都需要在打印后去除支撑材料，并对支撑材料与真实零件接触的区域进行表面处理以改善表面光洁度。这增加了后处理的复杂性和成本，因此需要在设计过程中予以充分考虑。

综上所述，在选择打印方向时，设计师应综合考虑零件的几何形状、功能需求、支撑结构的数量和位置、后处理的复杂性和成本等因素。最佳打印方向的选择应基于整体优化，而非单一标准的考量。通过实验验证和模拟分析，可以评估不同打印方向对零件性能和质量的影响，为决策提供有力支持。

最终，设计师需要权衡所有因素，并根据具体情况选择最适合的打印方向。这可能需要进行多次迭代和优化，以确保在满足功能需求的同时，尽可能降低制造成本和时间，并提高零件的最终性能和质量。

（3）消除支撑材料

支撑材料作为增材制造过程中的临时性结构，其关键作用不可忽视，但打印完成后需要被移除。在设计过程中，一个值得深入探讨的策略是将水平通道下方的支撑材料替换为永久性壁，从而彻底消除对额外支撑材料的需求。这种方法的核心理念在于，通过添加成为零件永久特征的壁结构，实现支撑功能的同时优化整体设计。

以歧管设计为例，完全可以将所有支撑材料替换为永久性壁，从而彻底避免使用额外的支撑材料。为了确保零件的顺利打印，底部壁被设计成 45°的倒角，这是基于设定的支撑材料使用临界角度。此外，为了减轻零件质量并进一步优化设计，还可以在壁上添加椭圆、菱形或泪滴形的孔，这些孔不仅有助于减轻质量，而且无须在孔内使用支撑材料。如图 3-16 所示，唯一需要的支撑材料是一小部分，用于将零件稳定地固定在构建平台上。

通过这种方法，不仅能够简化后处理流程，提高生产效率，还能有效降低制造成本。然而，需要注意的是，在设计中添加永久性壁可能会对零件的整体

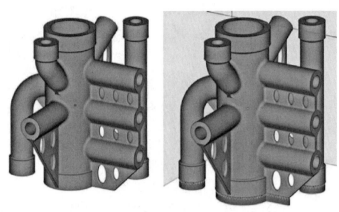

∧图 3-16 金属 AM 设计优化后所需的支撑材料

性能产生一定影响。因此，在决策过程中，需要进行充分的测试与验证，确保设计方案满足各项性能要求。同时，还需要在零件的轻量化和结构完整性之间寻求平衡，以制定出最优的设计方案。

以歧管案例为例，原始设计的 100mm×100mm×100mm 钢块质量高达 7.4kg。而经过金属增材制造优化后的设计，其质量仅为 600g，实现了超过 94％ 的质量减轻。这一显著成果不仅降低了打印时间和成本，还提升了产品的整体性能。

综上所述，通过合理的设计决策，可以有效减少甚至消除对支撑材料的需求。这不仅有助于简化后处理流程，降低制造成本，还能提高最终产品的质量。因此，在金属增材制造的设计过程中，应综合考虑零件的几何形状、功能需求、打印方向以及支撑结构的设计，以制定出最优的制造方案。

3.5 AM 零件设计的一般指导原则

在增材制造领域，设计零件时需要遵循一系列指导原则，以确保零件的功能性、制造可行性和最终质量。这些原则是基于 AM 技术的特性和限制而制定的，并作为设计过程中的重要参考。需要注意的是，由于 AM 技术的多样性和复杂性，这些指导原则可能因不同的几何形状、材料、技术和应用而有所不同。因此，在实际应用中，设计者需要参考相关手册和具体案例，以获得更加详细和准确的设计指导。

（1）AM 设计规则 1：可变性

首先，AM 设计的一个核心原则是"可变性"。这意味着很少有普遍适用的设计规则可以涵盖所有情况。许多设计参数是相互关联的，并且受到其他设计参数和打印条件的影响。因此，很难为每种情况提供精确的数值。设计者在应用这些指导原则时，需要根据具体情况进行灵活调整。

以粉末床熔融零件为例，其设计就涉及多个可变因素。最小孔或槽的尺寸是一个关键设计参数，它通常取决于零件的壁厚（如图 3-17 所示）。随着壁厚的增加，狭窄孔中的粉末可能会部分熔合在孔中，导致无法完全去除。此外，不同的粉末床熔融机器在不同的温度、层厚和激光扫描参数下运行，也会影响到最终零件的质量。因此，最小孔或槽的尺寸需要综合考虑零件的壁厚、打印层厚、打印方向以及所使用的机器等因素。

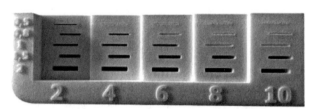

∧图 3-17　孔的尺寸取决于材料的厚度

同样地，移动部件之间的间隙设计也是一个需要考虑可变性的方面。零件近距离接触的表面积越大，热量保持能力就越强，从而可能导致移动部件之间的粉末熔化。为了避免这种情况，设计者需要适当增加接触表面之间的间隙，以确保粉末不会因过热而熔化。

需要注意的是，特定 AM 工艺的设计指南中给出的许多数值应仅作为一般性参考。由于零件设计的其他参数可能会对给定数值产生影响，因此在实际应用中，这些数值可能需要进行调整。为了确保设计的准确性和可行性，最好打印一个测试零件，以验证这些数值是否适用于特定的情境。

综上所述，AM 零件设计的一般指导原则强调了可变性和灵活性。设计者在应用这些原则时，需要根据具体情况进行综合考虑和调整。同时，参考相关手册和具体案例也是确保设计成功的关键。通过遵循这些指导原则，设计者可以更加有效地利用 AM 技术的优势，实现高质量、高性能的零件制造。

（2）AM 设计规则 2：传统加工与 AM 的选择

在决定采用何种制造技术来生产零件时，设计者需要仔细权衡传统加工与 AM 之间的利弊。通常情况下，如果零件是为 3 轴 CNC 机床加工而设计的，那么 CNC 加工往往比 AM 更为经济且高效。尽管存在例外情况，但这一指导原则在多数情况下都是适用的。

在实际生产过程中，只有当零件的复杂性和结构特点使得其他制造技术难以实现时，才应考虑采用增材制造技术。与几乎所有其他制造技术相比，增材制造的生产速率较慢，且经济效益相对较低。因此，从成本角度来看，如果传统技术（如 CNC 加工）能够更快地制造几何形状简单的零件，那么使用这些传统技术几乎总是更经济的。

然而，当零件的复杂度达到传统方法无法有效处理的程度时，增材制造技术的优势就凸显出来了。例如，在图 3-18 中，斜线左侧的简单零件可以通过激光切割、水射流切割、冲孔或 CNC 加工等传统方法轻松制造。然而，对于斜线右侧所展示的更为复杂的零件，传统制造技术往往难以胜任，此时增材制造便成为理想的解决方案。

△图 3-18　复杂度选择过滤器

在选择制造技术时，设计者需要综合考虑零件的几何复杂性、材料需求、生产批量以及成本效益等因素。对于简单形状的零件，传统加工技术通常更为合适；而对于复杂形状或具有特殊结构需求的零件，增材制造则可能更具优势。通过合理选择制造技术，设计者可以确保零件的高效、高质量生产，同时实现成本的有效控制。

（3）AM 设计规则 3：AM 极大的设计自由度

增材制造（AM）以其无与伦比的设计自由度著称，能够制作出几乎任何可以想象出的形状。这种特性为设计师提供了极大的创意空间，使他们能够创作出具有独特美感的产品。在零件上添加有用的外观细节、徽标、说明、零件编号等也变得轻而易举，无须额外成本。此外，AM 设计还可以优化产品的组装过程，使其更加便捷，同时帮助品牌辨识以及简化库存管理。

利用 AM 的设计自由度，设计师可以突破传统制造的限制，创造出具有复杂内部结构和创新外形的零件。这种灵活性使得 AM 成为许多行业的理想选择，特别是在需要高度定制化和个性化的产品领域。

（4）AM 设计规则 4：圆角处理的重要性

在 AM 设计中，对所有尖锐的边缘进行倒角处理（即圆角处理）是一项至关重要的步骤。这一做法不仅消除了锋利边缘可能带来的安全隐患，提高了产品的人体工程学性能，使其更加舒适易用；同时，还降低了尖锐角落和过渡处因应力集中而导致产品强度下降的风险。

特别是内部尖角，往往是应力集中的高发区。如果没有必要保留尖角，建议将内部的角设计成圆角。对于外部角而言，由于尖角比圆角的打印成本更高（因为圆角所需熔化的材料更少），因此将外部的角也设计成圆角是一种常见的做法。在实际操作中，一个有效的经验法则是将圆角设计成零件厚度的 1/4，以确保既符合设计要求又兼顾打印效率。

（5）AM 设计规则 5：打印方向对性能的影响

在 AM 工艺中，零件的打印方向对其质量（包括强度、材料性能、表面质量和支撑量等）具有直接影响。因此，在设计过程中，设计师应充分考虑零件的打印方向。打印方向决定了各向异性的方向，该方向通常与 Z 轴或竖直打印方向一致。

　　如果各向异性是一个关键因素,那么零件应该定向打印,以确保零件的特征在最大强度方向上成型(即水平方向)。此外,如果对孔的圆度要求较高,建议采用竖直方向进行打印。因为水平打印的孔可能会受到阶梯效应的影响,呈现出轻微的椭圆形。

　　构件的总高度决定了所需打印层数和打印时间的长短,进而影响制备成本。因此,在没有其他关键考虑因素的情况下,最佳的打印方向通常是使构件总高度最小的方向。图 3-19 展示了在聚合物粉末床熔融系统上沿不同方向打印时,零件质量的一些差异。这些差异进一步强调了打印方向在 AM 设计中的重要性。

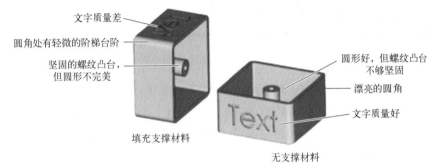

　　∧图 3-19　以两个不同方向打印零件的效果图

（6）AM 设计规则 6：避免设计大块材料

　　在 AM 设计中,应尽量避免零件中出现大块材料。大块材料不仅增加了制造成本,还会引入大量的残余应力,而这些残余应力往往对零件的强度和性能产生不利影响。在设计过程中,任何违反“均匀厚度规则”的特征都可能导致不必要的材料添加,进而增加成本,并可能导致更大的残余应力。因此,在设计时,应尽量避免这种不合理的设计,以减少材料的浪费和成本的增加。

　　与 CNC 加工不同,AM 技术对于材料的利用更为敏感。在 CNC 加工过程中,出于时间和经济效率的考量,往往会选择保留较大量的原材料,以规避频繁换刀和工艺调整所带来的成本增加和时间延误。然而,在 AM 中,任何不必要的材料都会增加打印时间和成本,因此应尽量避免使用。设计师应通过优化设计,减少零件中的大块材料,以提高制造效率并降低成本。

（7）AM 设计规则 7：最小化支撑材料的使用

　　支撑材料在 AM 过程中起着关键作用,用于支撑悬垂部分并传递热量。然而,支撑材料的使用也会带来一系列问题,如增加成本、影响零件质量等。因此,在设计过程中,应尽量减少支撑材料的使用。

　　支撑材料的使用与人工操作成本直接相关,同时也会影响零件的整体质量。大多数 AM 技术都需要使用支撑材料,但支撑材料的放置和数量对零件质量和后处理成本具有显著影响。因此,设计师在规划打印方向时,应充分考虑支撑材料的需求，并通过优化设计来减少支撑材料的数量和位置。

此外，合理的零件设计和打印方向可以有效减少支撑材料的使用。例如，通过调整零件的形状和角度，可以减少悬垂部分的数量，从而降低支撑材料的需求。同时，优化打印方向也可以减少支撑材料与零件之间的接触面积，使得支撑材料更容易去除。

在设计过程中，设计师应综合考虑零件的几何形状、功能需求以及制造工艺等因素，以制定出最佳的支撑材料使用策略。通过合理的设计和优化，可以降低 AM 制造过程中的成本并提高零件质量。

3.6 DfAM 的经济学解析

过去数十年间，增材制造技术的吸引力主要源自其展现出的潜在成本削减能力。诚然，在特定应用场景中，这一优势得以显著体现。然而，从更广泛的视角审视，AM 技术普遍面临着成本较高和生产速度相对较慢的挑战。因此，仅当 AM 技术能为产品带来远超传统制造方式的独特价值增值时，它才被视为一个经济上切实可行且具竞争力的生产选择。

图 3-20 常被用来说明一个观点：随着生产数量的增加，传统制造的成本逐渐降低，而 AM 的成本则相对保持恒定。然而，许多人误解了这一点，误以为 AM 总是比传统制造更便宜。实际上，这种情况并不常见。许多行业在尝试引入 AM 技术时，仅将其视为传统制造技术的简单替代品，而忽视了 AM 的独特优势。例如，使用 AM 制造专为三轴数控加工设计的部件，其成本往往更高，并可能需要进一步的数控加工才能达到 AM 无法直接实现的特定表面质量。为了充分发挥 AM 的价值，必须采用 DfAM 理念。

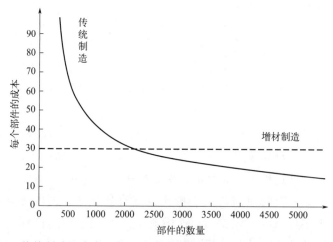

⚠图 3-20 传统制造的成本随着数量的增加而降低，而 AM 的成本却保持相对恒定

　　DfAM 理念的重要性在于其能够显著提升产品的功能和美学价值，特别是通过"复杂性零额外制造成本"的特性，使得复杂设计得以轻松实现。然而，其核心优势在于经济效益的显著提升，特别是在金属 AM 领域，通过优化设计减少材料浪费、缩短生产周期并提高产品质量，从而降低成本并增强市场竞争力。实施 DfAM 不仅是针对特定行业和产品需求的一种可行选择，更是在追求高效、灵活和定制化生产的现代制造业中不可或缺的战略手段。尽管本节以金属 AM 为例，但其原理同样适用于其他 AM 技术，特别是金属 AM 因其打印时间和后处理活动的复杂性而显得尤为重要。为了进一步阐明这些理念，本节将通过一项案例研究进行说明。该案例展示了之前讨论的歧管零件在制造过程中如何应用 DfAM 技术。

3.6.1　机器成本分析

　　在评估增材制造的经济性时，机器成本是不可或缺的考虑因素。尤其是未应用 DfAM 理念的打印零件，常常由于忽视 AM 技术的高昂购置费用以及较低的生产率而遭受成本上的压力。通常，工业级金属增材制造系统的购置成本介于 200 万元至 1000 万元之间。

　　在评估金属增材制造机器的经济效益时，一个关键指标是其高效运行时间，这通常占据机器总运行时间的显著比例，高达 80%，每年累计可达 7000h。为了全面衡量投资的价值，投资回报期（ROI）成为一个至关重要的考量因素，它代表了企业预期收回技术基础设施投资成本的时间框架，理想状态下，这一周期被设定为两年，但实际情况可能因企业策略、市场环境及运营效率的不同而有所调整。

　　除了直接的投资回报期外，企业在规划时也需将融资成本纳入视野，如基于贷款的潜在利息支出（假设年利率为 5%），这些额外费用会直接影响到项目的总体成本效益。同时，虽然相对于机器购置与运行成本而言，安装所需的劳动力成本以及长期运营中的耗电量等支出可能显得较为次要，但它们作为持续性的开支，同样不容忽视，需纳入整体经济分析模型中，以确保投资决策的准确性和全面性。

　　为了量化这一成本，可以使用以下方程来计算每小时的机器运行成本：

每小时机器运行成本＝（机器采购成本＋利息）/（投资回收期×运行时间百分比×每年运行时间）

　　通过这一方程，可以计算出不同价格区间内增材制造系统的每小时运行成本，为企业的成本决策提供有力依据。表 3-3 展示了不同价格增材制造系统的每小时运行成本示例，这些数据有助于企业更清晰地了解 AM 技术的成本结构。

表 3-3　机器成本举例

机器采购成本/万元	机器运行成本/（元/h）
300	224.70
390	292.14

机器采购成本/万元	机器运行成本/(元/h)
600	449.46
720	539.34

此外，值得注意的是，尽管 AM 技术在某些情况下可能面临较高的成本挑战，但与其他高端制造技术相比，其操作成本并不总是处于劣势。然而，AM 技术通常与较长的操作时间相关，这增加了成本与时间之间的敏感性。因此，在采用 AM 技术时，需要综合考虑零件设计的复杂性、所需操作时间以及成本效益，以实现最佳的经济效益。

3.6.2 材料成本

金属增材制造（AM）粉末的价格因其成分和用途的不同而有所差异。表 3-4 给出了一些常用金属 AM 原材料的价目表。

表 3-4 常用金属 AM 原材料价目表（粉末粒径范围 15~53μm） 元/kg

粉末	AlSi10Mg	AlSi7Mg	AlSi12	AlSi9Cu3	6060	高强铝
价格	350	350	430	420	600	1500
粉末	18Ni300	304	316L	H13	M2	17-4PH
价格	420	110	110	250	200	120
粉末	IN718	IN625	GH4169	TC4	TiAl	—
价格	580	580	580	1150	5300	—

注意，这些价格仅为示例，实际价格可能因供应商、市场供需关系以及材料的纯度和粒度等因素而有所波动。因此，在采购 AM 原材料时，建议多个供应商进行比较，以获得最具竞争力的价格。

除了粉末材料本身的价格，金属增材制造还需要使用额外的支撑材料。这些支撑材料用于支撑悬空的零件几何结构、将零件固定在构建平台上以及帮助散热。由于支撑材料的使用，加上部分烧结粉末的损失，材料损失/浪费率通常估计为 8%~10%。因此，在评估增材制造技术的成本效益时，需要充分考虑这些额外的材料成本。

3.6.3 后处理成本

在增材制造过程中，前后处理步骤对于生产出符合要求的零件至关重要。这些步骤涵盖了零件的热处理、支撑材料的去除以及表面改性等操作，它们共同确保了零件的质量和性能。然而，这些处理步骤同时也增加了整体制造过程的成本。

根据 2017 年 Wohlers Report 的调查数据，前后处理成本在金属增材制造的总支出中占据了约 45％的比重（表 3-5）。这一显著的比例凸显了前后处理步骤对增材制造经济性的影响。由于不同零件类型、材料选择、生产规模以及所采用的具体技术之间的差异性，后处理成本也会有所波动。因此，在评估增材制造技术的整体成本时，必须针对具体的应用场景进行详细的成本分析。

表 3-5 各阶段的成本百分比

成本	金属/％	聚合物/％	二者均有/％
前处理成本	13.2	10.9	10.0
后处理成本	31.4	20.2	27.0
前后处理成本	44.6	31.1	37.0
打印成本	55.4	68.9	63.0

为了降低前后处理成本，优化前后处理流程显得尤为重要。通过引入先进的设备和工艺，提高处理效率，减少不必要的操作步骤，可以有效降低前后处理成本。此外，对零件设计进行合理优化，减少支撑材料的使用，同样有助于减少后处理的工作量和成本。

除了前后处理成本，增材制造过程中的其他因素也对整体成本产生影响。例如，材料层铺设所需的时间，特别是铺粉时间，是增材制造过程中的一个重要环节。铺粉时间的长短取决于零件打印方向的选择，它直接影响到所需的层数和铺粉操作次数。此外，实施受控环境条件所需的时间也是不可忽视的成本因素，包括清除杂质（通常通过添加惰性气体来去除氧气）和加热打印区域等操作，它们的要求取决于所使用的机器和材料。

3.6.4 受设计影响的时间因素

在增材制造中，设计决策对打印时间具有显著影响。类似于注塑成型的设计原则，通常建议采用均匀的壁厚，以避免材料浪费和潜在的功能缺陷。过多的实体材料不仅可能增加残余应力，导致零件变形，而且还会显著延长打印时间。

为了优化打印时间，可以采用多种设计策略。一种有效的方法是利用"壳"技术，该技术通过减少内部实体材料的使用，仅保留必要的结构支撑，缩短打印时间。此外，还可以使用蜂窝状、格子状或多孔材料来填充实体部分，这些结构可以在保持零件功能的同时，减少材料的使用量和打印时间。

从时间的角度考虑，最佳的打印方向通常是零件垂直高度最低的方向。这样可以减少打印层数，从而加快打印速度。然而，打印方向的选择并非仅受打印时间的影响，还需要综合考虑零件的机械性能、几何精度、表面质量以及支撑材料的需求。因此，在实际应用中，需要在打印时间和这些其他因素之间找到平衡点。

为了在设计阶段充分考虑打印时间因素，设计师需要了解增材制造的工艺特点和限制。通过优化零件设计和打印参数，可以在保证零件性能的同时，降低材料消耗和打印时间，提高生产效率。

此外，优化激光操作时间也是提升增材制造效率的核心策略之一。在多数增材制造流程中，打印周期的长短紧密关联于所需固化的材料体积，尤其是粉末基技术中，激光或电子束精准扫描粉末层以形成熔融轨迹，此环节直接制约了整体打印速度。在这一复杂过程中，轮廓扫描与填充扫描作为激光作业的两大核心阶段（如图 3-21 所示），分别负责构建零件的边缘轮廓与内部填充模式。

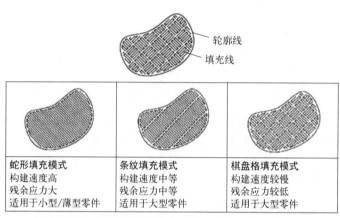

⌃图 3-21　不同填充策略对时间和残余应力影响的比较

通过精心设计与优化这两阶段的扫描路径，剔除冗余的激光操作，不仅能有效降低能耗，还能显著提升打印效率与生产率。具体而言，轮廓扫描的精细规划能够确保边缘质量的同时减少不必要的时间消耗；而填充扫描模式的创新，如采用更高效的扫描路径或算法，则能显著加快内部结构的构建速度。

为了进一步减少激光扫描涉及的材料量，并加速打印进程，引入壳层、蜂窝状或格子状等轻量化结构设计成为了一种高效手段。这些结构在保持零件关键功能特性的前提下，大幅削减了所需处理的材料体积，使得激光扫描作业更加集中高效，从而实现了打印速度的大幅提升与成本的相对降低。这种策略不仅优化了增材制造过程，还促进了材料使用的经济性与可持续性。

表 3-6 进一步列出了增材制造过程中受零件设计影响的各个阶段，以及零件设计如何影响零件的成本。通过综合考虑这些因素，设计师可以制定出更加经济高效的增材制造方案，实现成本和时间的双重优化。

表 3-6　增材制造过程中通过 DfAM 实现经济改进的因素

AM 工艺步骤	是否受设计影响
前处理	
·　检查文件质量和必要的修复	否
·　在软件里准备打印任务，将零件排列到成型平台上	否
打印	
·　清理 AM 系统	否

续表

AM 工艺步骤	是否受设计影响
·　净化系统的氧气	否
·　预热 AM 系统	否
·　打印零件	
——铺展粉末层	否
——激光扫描轮廓线	是
——激光填充图样	是
·　将成型平台从机器移除	否
·　回收粉末	否
后处理	
·　释放热应力	是
·　将零件从成型平台上移除	否
·　热等静压	否
·　去除支撑结构	是
·　热处理	是
·　表面加工、喷丸处理、磨料流加工等	否
·　检查	否

　　综上所述，增材制造中的设计决策对打印时间和成本具有重要影响。通过优化零件设计、打印参数和扫描过程，可以在保证零件性能的同时，降低材料消耗、缩短打印时间并提高生产效率。这对于推动增材制造技术的广泛应用和实现制造业的转型升级具有重要意义。

3.6.5　经济学案例研究：金属增材制造液压歧管

　　在金属增材制造领域，设计优化策略的应用为传统制造方法所设计的零件提供了显著的性能提升和成本降低的机会。液压歧管作为其中的典型例子，它复杂的管道网络结构使得增材制造成为其高效生产的理想选择。

　　传统的液压歧管制造涉及在金属块中钻孔以形成内部管道，这不仅耗时耗力，而且可能导致材料的大量浪费。相比之下，增材制造通过逐层堆积金属粉末并选择性地进行激光熔化来直接构建零件，从而无须钻孔和后续处理。

　　仍然以图 3-22 所示的液压歧管为例，我们可以看到它内部复杂的管道结构。在增材制造过程中，为了构建这些管道，激光束需要按照预定的路径在每一层进行精确的扫描和熔化。具体步骤如下：

　　首先，根据设计文件，确定每一层的切片形状和尺寸。这些切片构成了歧管逐层堆积的基础。接着，在增材制造设备上设置合适的工艺参数，如激光功率、扫描速度和粉末层厚度等。这些参数的选择直接影响到打印的质量和效

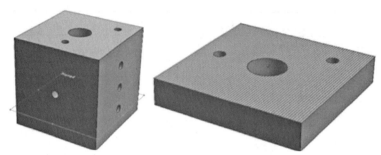

︿图 3-22　块体歧管以及激光扫描过程熔化零件单层的示意图

率。然后，开始打印过程。激光束按照预设的路径在每一层进行扫描，熔化金属粉末并使其与下一层牢固结合。在打印过程中，激光束的移动速度和扫描填充模式对打印时间和成本具有重要影响。

对于本案例中的歧管，假设其尺寸为 $100\text{mm} \times 100\text{mm}$，填充间距设置为 0.1mm。那么，每层需要大约 100m 的扫描填充距离。如果激光束的移动速度为 330mm/s，可以计算出每层填充所需的时间为 $100/0.33 = 303.03\text{s}$，即约 5.05min。假设机器的运行成本为 390 元/h，这一层的打印成本约为 32.82 元。

为了降低打印时间和成本，设计优化至关重要。一种有效的优化方法是采用空心化技术，即"壳"技术。这种技术通过保留零件的表面形态并减少内部实体材料的使用，实现了打印时间和成本的降低。图 3-23 展示了经过空心化设计优化后的歧管模型。通过减少需要激光扫描的材料量，这种设计不仅保留了零件的功能性，还显著提高了生产效率和经济性。

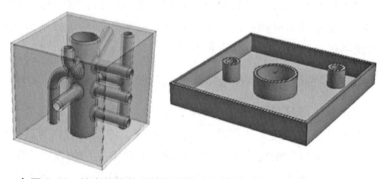

︿图 3-23　抽壳的块体歧管以及激光扫描过程熔化零件单层的示意图

对这个模型进行简单的修改，可以显著减少材料处理（激光扫描）的需求，进而大幅降低总的打印时间和成本。具体而言，当采用 2mm 的"壳厚度"和之前描述的填充设置时，总填充距离将大幅缩短至 4.5m，这比实心块体的填充距离减少了 95% 以上。这一改进意味着每层的填充时间仅需约 13.6s，同时每层的成本也降低至 1.44 元，相比之前每层可节省高达 31.38 元。

值得注意的是，在基于粉末的增材制造过程中，生成的空腔部分将被未熔化的粉末自然填充。对于某些应用来说，这可能不是理想的结果。因此，在设计时可以考虑包含一个开口或孔，以便在打印结束后排出多余的粉末。此外，还需要注意的是，壳结构内部的复杂几何形状可能仍然需要支撑材料来确保打印过程的顺利进行。然而，这些支撑材料的去除可能相对复杂，甚至在某些情况下可能是不可能的。

尽管空心化设计在效率和成本方面具有显著优势，但在实际应用中仍需谨慎处理未熔化的粉末和支撑材料的问题。为了获得最佳的打印效果和经济效益，可能需要根据具体的零件形状、尺寸和用途对空心化设计的参数进行精细调整。同时，还需要关注未熔化粉末的回收和处理问题，以减少浪费和环境污染。

进一步地，为了最大程度地减少打印时间和成本，可以考虑去除外表面（外部盒形），从而得到一个仅具有歧管所需功能形式的零件。此外，通过优化打印方向，还可以实现支撑材料的减少。然而，需要注意的是，在金属增材制造过程中，支撑材料对于固定零件和控制热能耗散具有重要作用。因此，在减少支撑材料的同时，需要确保零件的稳定性和打印质量。

为了解决这个问题，本案例采用永久支撑结构。这些结构不仅避免了自动生成支撑的需要，还起到了加固通道的作用。在设计这些永久支撑结构时，需要综合考虑零件的几何形状、打印方向、金属材料的特性以及支撑结构的稳定性和可去除性。通过精心设计和优化，可以确保这些支撑结构既满足功能需求，又能降低打印时间和成本。

在本案例中，为了确保歧管通道的流动不受影响，必须格外小心以确保通道内没有或只有有限的支撑材料。不同的材料和机器，对支撑材料的需求会有所不同。在本例中，所使用的 316L 不锈钢材料和 EOS M290 打印机允许歧管通道的最小内径达到 8mm，而无须额外的支撑结构。图 3-16 展示了包括实施的永久支撑结构在内的歧管设计。这些设计细节和考虑因素共同构成了实现高效、高质量金属增材制造的关键步骤。

为了进一步优化设计并减少支撑材料的使用，设计师可以采用先进的支撑结构设计技术，例如格子支撑或蜂窝状支撑。这些结构在提供必要支撑的同时，能够显著减少材料的使用，并简化后续的处理过程。此外，通过精细控制打印参数和材料特性，设计师可以进一步减少或消除歧管通道内的支撑材料，从而提高零件的打印质量和效率。

在设计过程中，设计师需要充分考虑歧管通道的功能需求和流动特性。通过合理的布局和尺寸设计，可以确保通道内的流体流动顺畅，避免出现流速不均或压力损失过大的情况。同时，设计师还需要关注歧管与其他部件的连接方式和密封性能，以确保整个系统的可靠性和安全性。

在之前的 DfAM 步骤中，设计师首先采用了空心化/壳体技术，去除了所有非必需材料，显著减轻了零件的质量并减少了材料消耗。接着，设计师通过精确控制打印方向和参数，避免了潜在的支撑材料区域，进一步简化了制造过程。最后，设计师添加了永久支撑结构，并通过软件设计验证，确保了零件在打印过程中的稳定性和精度。

在设计增材制造时，存在一系列设计规则和指南，规定了诸如最小壁厚、需要支撑材料的孔直径、需要支撑材料的角度等因素。这些将在本书的相关后续章节中进一步讨论。在上面的设计示例中，仔细设定了所有水平管道的尺寸，使其内径不需要支撑材料（通常取决于所使用的增材制造系统，这个尺寸在 6～8mm 之间）。还借此添加了一些其他功能，例如，在管道将进行后处理攻螺纹的地方添加了一些材料。在这里，再次使用 45°的倒角优化了设计，以消除对支撑材料的需求（如图 3-24 所示）。

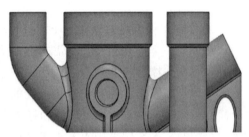

⌃图 3-24　在需要攻螺纹的管道上增加材料并使用 45° 倒角设计

经过一系列优化，在制造过程中，无须使用任何支撑材料，表面加工成为了不必要的步骤。当零件从构建平台上通过线切割放电加工（EDM）或锯切方式移除时，除了进行简单的喷丸处理以及对螺纹部分的攻螺纹操作外，零件几乎可以立即投入使用。这一成果充分展示了增材制造技术的优势，如图 3-25 所示。这些成本比较结果如表所示（表 3-7）。

⌃图 3-25　为增材制造设计的块状歧管

表 3-7　歧管设计打印时间及成本

歧管类型	实体块歧管	壳体块歧管	DfAM 歧管
总打印时间（EOS M290 机器，316L 不锈钢,50μm 层厚）	191 小时 1 分 33 秒	36 小时 31 分 21 秒	19 小时 40 分 39 秒

续表

歧管类型	实体块歧管	壳体块歧管	DfAM 歧管
估计机器成本 （390 元/h）/元	74490.0	14274.0	7566.0
材料质量/kg	7.411	1.232	0.558
材料成本 （420 元/kg＋10％浪费）/元	3423.8	569.16	257.76
零件的实际在线 增材制造报价/元	91763	22411	11918

这一案例研究充分展示了增材制造，特别是 DfAM 在提高生产成本和零件尺寸/质量效率方面的巨大潜力。通过在设计阶段就充分考虑制造过程，优化零件的结构和材料使用，设计师能够显著减少打印时间和材料消耗，降低零件质量，从而提高整体生产效率。这一成功案例为其他制造商提供了一个有益的参考，表明通过整合先进的设计技术和增材制造工艺，可以实现生产流程和成本的显著优化。

3.7　聚合物设计指南

对于聚合物零件的设计，材料选择、支撑结构需求和打印过程中的热应力问题尤为重要。聚合物的物理和化学性质直接影响打印过程中的流动性和固化速度。因此，在选择材料时，应充分考虑可打印性、机械性能以及与其他零件的兼容性。同时，设计合适的支撑结构对于确保零件在打印过程中的稳定性和最终质量至关重要。此外，了解并控制打印过程中的热应力是减少零件变形和开裂风险的关键。

3.7.1　材料挤出（MEX）工艺设计指南

材料挤出工艺在增材制造领域因其高效性和适用性而受到广泛关注。然而，由于其各向异性特点，即在层与层之间的结合强度较低，导致零件在垂直方向上的强度受到显著影响。因此，在设计阶段，选择合适的打印方向显得尤为重要。

（1）材料挤出的精度和公差

在材料挤出工艺中，精度和公差是评价打印质量的重要参数。不同的材料挤出系统由于硬件配置、软件算法和材料特性的差异，其精度和公差也会有所不同。特别是对于桌面系统和工业系统而言，这种差异更为明显。此外，零件的几何特征和打印方向也会对精度和公差产生影响。为了准确了解特定系统的性能，最佳实践是打印测试参考件并进行详细测量。表 3-8 列出了适用于工业级材料挤出系统的典型公差和精度范围。

表 3-8　材料挤出技术的通用公差和精度

层厚	0.1～0.3mm
精度	±0.1mm 或 ±0.03mm/25mm（以较大者为准）
公差	材料挤出的现实经验法则：通常约为 0.25mm
最小特征尺寸	大约 1mm

（2）层厚

在材料挤出过程中，层厚的选择是一个关键参数。较薄的层厚通常意味着更好的表面质量，特别是在圆形零件上，阶梯效应会相对减弱。然而，较薄的层也意味着打印时间的增加。因此，在设计过程中，需要根据零件的几何特征和打印需求来权衡层厚度，以在打印时间和表面质量之间找到最佳平衡点。

（3）支撑材料

支撑材料在材料挤出工艺中发挥着至关重要的作用。某些系统采用可溶性支撑材料，而另一些则不使用。在需要手动移除支撑材料的情况下，设计时应确保有足够的通道以便轻松掰断支撑。此外，对于精细特征，移除支撑时应格外小心，以避免意外损坏。

在选择支撑策略时，应综合考虑不同选项的优缺点。各制造商提供了多种支撑策略类型，如图 3-26 所示。设计时，应仔细评估支撑结构的位置和类型，以确保其既能有效支撑零件，又便于后续移除，从而确保零件的质量和完整性。

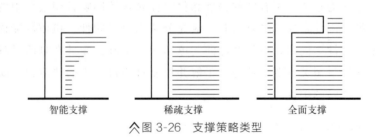

智能支撑　　　　稀疏支撑　　　　全面支撑

︿图 3-26　支撑策略类型

（4）填充方式

在材料挤出工艺中，填充方式的选择对零件的打印效果、材料消耗以及打印时间都具有显著影响。大多数材料挤出系统允许用户根据零件的具体需求选择实心打印或稀疏填充打印。稀疏填充方式通过内部的支架结构来支撑零件，这不仅可以节省材料，还可以缩短打印时间。同时，用户还可以根据需要调整外壳壁的厚度，以增强零件的结构强度或优化表面质量。

此外，一些先进的材料挤出系统还提供了填充率的调整选项。填充率指的是内部支架结构的密度，它决定了零件内部的支撑程度。通过调整填充率，用户可以在保持零件结构稳定性的同时，进一步控制材料的消耗和打印时间。图 3-27 展示了不同填充率对零件内部结构的影响，为用户提供了直观的参考。

△图 3-27　不同内部填充百分比选项的示例

　　在选择填充方式和参数时，用户需要综合考虑零件的实际需求。对于需要承受较大力或保持高精度的零件，较高的填充率和较厚的外壳壁是更合适的选择。而对于主要用于展示或不需要承受太大力的零件，则可以选择较低的填充率和较薄的外壳壁，以实现材料的高效利用和打印时间的缩短。

（5）其他考虑因素

　　材料挤出工艺的一个显著特点是在零件的平缓倾斜或曲面上会出现所谓的"阶梯效应"。这是由于每一层材料都是按照预设的层厚度逐层堆积而成的，导致在曲率较大的区域，尤其是平缓倾斜或曲面上，出现明显的层状结构，影响零件的表面质量。为了减轻这种效应，可以采用各种后处理技术，例如对 ABS 材料进行丙酮蒸气平滑处理。这种处理方式能够溶解材料表面的微小颗粒，使表面变得更加光滑。然而，需要注意的是，这种后处理过程可能会在一定程度上影响零件的精度、几何稳定性，甚至有时会影响材料的原始性能。因此，在选择是否进行后处理时，需要综合考虑零件的使用需求、性能要求以及后处理可能带来的潜在影响。

　　此外，在使用特定的增材制造系统进行材料挤出时，有时会在某些壁厚的层间留下小的空气间隙。这是因为软件在控制打印机喷嘴挤出材料时，需要根据预设的壁厚度和材料丝的宽度来决策是否添加额外的材料丝。例如，当聚合物丝宽度为 0.4mm，而壁厚度为 0.9mm 时，软件需要判断是在两个第一层之间留下 0.1mm 的间隙，还是添加额外的聚合物丝以填满这一空间。这种决策往往受到机器品牌和型号的影响，不同机器可能会有不同的处理方式和效果。因此，为了确保零件的质量和稳定性，建议在实际应用前进行充分的测试，确定每种机器在不同壁厚度下的最佳打印效果。

另外，值得注意的是，材料挤出工艺在打印零件中的孔时，通常会出现孔径偏小的情况。这是由于材料在挤压过程中可能产生的收缩效应导致的。因此，当零件需要严格的公差控制时，建议在打印完成后对孔进行进一步的加工，如钻孔处理，以达到所需的直径精度。

最后，材料挤出工艺中还存在一个问题，即轮廓线与填充线（或网格线）之间的黏结有时较弱（图 3-28）。这种情况可能导致自攻螺纹在拧紧过程中剥落螺纹孔中的轮廓材料，影响零件的结构强度和稳定性。为了改善这种情况，可以采用一些辅助措施，如在轮廓材料和填充材料之间滴入氰基丙烯酸酯（强力胶）。这种胶水能够渗入材料之间的微小间隙，增强它们之间的黏结力，从而提高零件的整体强度和稳定性。表 3-9 给出了材料挤出工艺的一般设计指南。

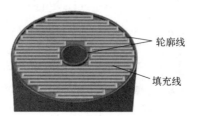

轮廓线

填充线

︿图 3-28　加强轮廓线与填充线之间的连接

表 3-9　材料挤出工艺的一般设计指南　　　　　　　mm

垂直壁厚			
工艺变量	壁厚		
层厚	理论最小值	推荐最小值	
0.18	0.36	0.72	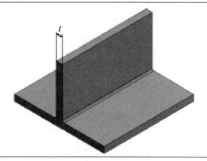
0.25	0.50	1.00	
0.33	0.66	1.32	

注释：

1. 强化无支撑长壁结构的稳定性

在增材制造过程中，对于延伸较长且缺乏足够内部支撑或外部相交结构的壁结构，需特别注意其潜在的翘曲风险。为避免此类问题，建议不采用过薄的壁厚度，并考虑在适当位置增加辅助支撑结构，或选择具有更高强度和刚度的材料进行打印。这样能够有效提升长壁结构的稳定性和抗变形能力。

2. 采用圆角设计优化壁结构交接处

在壁结构之间的交接处，推荐采用圆角（或称为倒角）设计，以替代尖锐的直角。圆角设计能够显著降低应力集中现象，分散交接处的受力，从而提高壁结构的整体强度和耐久性。这种设计优化有助于减少因应力集中而导致的材料疲劳和断裂风险。

3. 保持壁结构厚度的一致性以增强均衡性

在增材制造的结构设计中，维持所有壁结构（无论其方向如何）的厚度一致性是至关重要的。一致的壁厚度有助于确保结构在受力时能够均匀分布应力，避免因局部壁厚过薄或过厚而导致的应力集中和性能下降。这种均衡性设计能够提升整体结构的稳定性和可靠性，确保其在各种工况下都能表现出优异的性能

续表

水平壁厚

在使用材料挤出技术时,理论上水平壁可以薄到只有一层材料的厚度。然而,在实际操作中,为了生产具有一定强度和一致性的水平壁,建议至少使用 4 层材料。同样地,尽量保持均匀壁厚

支撑材料悬垂角

最大悬垂角(α)	
45° 　　这是一个安全的默认数值。但是,这个角度在不同品牌的打印机之间可能会有很大的差异,具体取决于所使用的材料和所需的表面质量	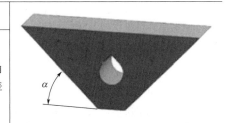

注释:

1. 悬垂角与支撑需求

在增材制造过程中,对于小于 45°的悬垂角(该角度自水平面测量),通常需要额外的支撑材料以确保打印质量。这些支撑结构通常由系统软件智能识别并自动添加,但值得注意的是,不同系统的支撑角度测量基准可能有所差异,有的基于水平面,有的则基于垂直面。因此,在设计时需明确系统规则,以避免不必要的支撑添加。

2. 优化支撑结构以减少后处理

过多的支撑结构不仅增加了材料成本,还显著延长了后处理时间,因为许多支撑需要手动去除。为了提升效率,设计时应尽量减少对支撑结构的依赖,通过调整模型结构或采用先进的支撑策略来降低支撑数量。

3. 可溶解支撑的创新应用

可溶解支撑结构是一项创新技术,它极大地减轻了手动去除支撑的繁重工作。然而,尽管减少了人工劳动,这类支撑材料的使用仍会消耗额外的资源并占用生产时间。因此,在采用可溶解支撑时,需权衡其便利性与成本效益。

4. 水平孔设计的优化策略

针对水平孔(如冷却通道等内部结构),传统设计往往导致内部支撑结构复杂且难以去除。为了优化这一问题,可将水平孔的形状修改为泪滴形或椭圆形。这种设计策略能够最小化内部支撑的需求,降低后处理难度,同时保持结构的功能性和完整性

可溶性支撑的移动部件之间的间隙

工艺变量	最小间隙	
层厚	水平 h	垂直 v
0.18	0.36	0.18
0.25	0.50	0.25
0.33	0.66	0.33

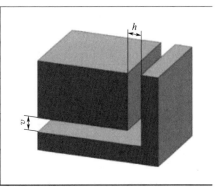

续表

可溶性支撑的移动部件之间的间隙

注释:

当面对大面积相互接近但并未直接相连的部件时,支撑材料的去除工作往往变得尤为复杂和耗时。这些紧密相邻的区域常常伴随着错综复杂的支撑结构,极大地增加了后处理的难度和时间成本。因此,在设计阶段就需采取前瞻性的策略来应对这一挑战。

为了减轻支撑去除的负担,一种有效的做法是在设计时就预留足够的间隙(在这些邻近部件之间)。这些间隙不仅能够简化支撑结构,降低其复杂性和数量,还能为后续的支撑去除工作提供便利,从而节省时间和人力成本。

此外,当部件设计为单独构建并在后续阶段进行组装时,确保它们之间的间隙足够大变得尤为重要。这一间隙的大小应至少与增材制造系统的通用构建公差相匹配,以确保部件在构建过程中的精确度和尺寸控制不会受到系统精度限制的影响。足够的间隙还能保证部件在组装时能够轻松分离,避免因相互干扰而导致的组装难题。

综上所述,为了在增材制造过程中避免支撑去除的困难和确保部件的顺利组装,设计阶段就应充分考虑并预留足够的间隙。这一策略不仅能够提升生产效率,还能保证最终产品的质量和精度

使用可断裂支撑材料的运动部件之间的间隙

工艺变量	最小间隙		
层厚	水平 h	垂直 v	
0.18	0.36		
0.25	0.50	足够空间用于支撑移除	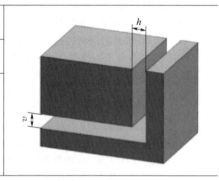
0.33	0.66		

注释:

在缺乏可溶性支撑材料的打印机上制造运动部件的主要挑战在于难以从运动部件之间移除支撑材料。大面积的接近区域会减慢支撑材料的移除速度。这一间隙必须至少等于增材制造系统的通用构建公差,以确保部件在构建过程中的精确度和尺寸控制

垂直圆孔

所需直径 d	CAD 模型直径	
5	5.2	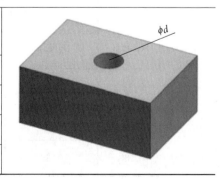
10	10.2	
15	15.2	
20	20.2	

垂直圆孔

注释：

　　孔洞通常会被构建得偏小，直径通常会偏小约 0.2mm（请注意，这个值需要根据所使用的每台机器/材料组合进行验证）。这可以通过使用上述值调整 CAD 模型来大致解决，或者更精确地通过零件构建完成后对孔洞进行钻孔来解决。如果使用自攻螺纹，围绕孔洞的轮廓材料有时可能会被螺纹剥离。此时，可以在轮廓和填充材料之间滴入一滴强力胶，这有助于缓解这个问题

圆柱销	
垂直圆柱销最小 直径 v	水平圆柱销最小 直径 h
2	2 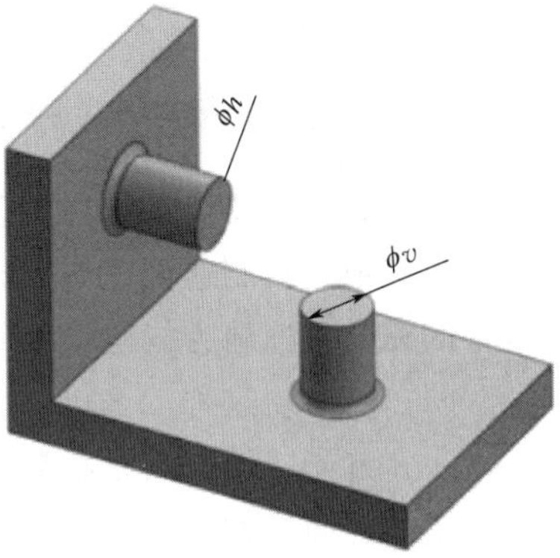

注释：

　　直径较小的销钉，特别是垂直的销钉，如果仅在一端得到支撑，容易断裂。总是在销钉与壁面连接处做圆角处理，即使只有 0.5mm 的圆角也足以显著增强销钉的强度

　　在材料挤出工艺的设计实践中，确保零件的结构稳定性和打印质量至关重要。以下是对设计指南的进一步补充：

　　① 避免设计无支撑的大面积平坦表面　设计过程中，应特别注意避免创建无支撑的大面积平坦表面。这类表面在打印过程中极易出现翘曲现象，尤其是在长段无支撑壁或缺乏加强筋和相交壁的情况下。为了预防这类问题，设计师应尽量避免此类设计，或在必要时添加支撑结构以增强稳定性。

　　② 慎用最小壁厚设定　在材料挤出工艺中，仅依赖最小壁厚进行设计可能导致结构强度不足，无法满足零件的功能需求。因此，建议在设计过程中适当增加壁厚，特别是在承受较大外力或具备特定功能要求的区域。通过合理的壁厚设置，可以确保零件在打印后具有足够的强度和稳定性。

　　③ 避免尖锐过渡设计　尖锐的过渡点不仅影响零件的美观性，还可能导致应力集中和强度减弱。为了优化零件的性能，设计师应在墙壁交接处使用圆角（填角）过渡。这不仅可以提高零件的强度和耐久性，还有助于减少应力集中现象的发生。

　　④ 推荐设计均匀的壁厚　在材料挤出工艺中，保持均匀的壁厚是一个重要的设计原则。无论是垂直壁还是水平壁，都应尽量保持所有壁的厚度一致。这

有助于确保零件在打印过程中的稳定性和一致性，减少因壁厚差异导致的应力集中和变形问题。

⑤ 水平壁设计的考虑　理论上，水平壁可以薄至单层材料的厚度。但在实际生产中，为了获得具有足够强度和一致性的水平壁，建议至少使用 4 层材料进行设计。这可以确保零件在打印后具有更好的结构稳定性和耐用性。

综上所述，在设计使用材料挤出工艺制造的零件时，应充分考虑并遵循上述设计指南和最佳实践。通过合理设置壁厚、添加支撑结构、使用圆角过渡以及保持壁厚均匀性等措施，可以优化打印过程，提高零件的质量和性能。这些设计原则不仅有助于确保零件的稳定性和可靠性，还有助于降低生产成本和提高生产效率。

3.7.2　聚合物粉末床熔融（PBF-LB/P）的设计

聚合物粉末床熔融工艺，无论是基于激光扫描还是多喷头熔融技术，相较于其他增材制造工艺，其显著特点在于无须额外的支撑材料。这是因为未熔融的粉末自然地为构建中的部件提供了支撑，从而极大地扩展了设计师的创意空间。然而，这种工艺也带来了一些特定的设计考虑因素。

首先，使用聚合物粉末床熔融工艺创建的部件在垂直方向上通常表现出一定的各向异性。特别是对于垂直方向上表面积较小的细微特征（通常小于约 $25mm^2$），这种各向异性更为显著。因此，工程师在设计过程中需要特别关注这些特征，确保它们的设计能够充分考虑到材料的各向异性特性。例如，在承受高应力的区域，应优先考虑在水平方向上构建特征，而非垂直方向。

关于粉末床熔融的精度和公差，不同的制造商和系统之间存在显著的差异。此外，这些精度和公差还会受到部件的几何特征和打印方向的影响。因此，为了准确了解特定系统的性能，最可靠的方法是通过打印测试参考部件并进行精确测量。表 3-10 提供了工业级粉末床熔融系统的一般精度和公差数据，但请注意这些数据仅作为参考，实际性能可能因系统配置和操作条件而异。

表 3-10　PBF 工艺的公差与精度

层厚	0.1mm
精度	±0.3%（±0.3mm 的下限）
公差	Max(±0.25mm，±0.0015mm/mm)
最小特征尺寸	大约 0.5mm

在层厚方面，聚合物粉末床熔融工艺通常采用 0.1mm 的层厚，但某些先进系统允许使用更薄的层厚。尽管如此，与其他增材制造技术相比，聚合物粉末床熔融的阶梯效应并不那么显著。这种效应主要出现在面积较大且曲率平缓的表面上，因此在设计过程中需要对此进行考虑。

此外，设计师在创建部件时应尽量避免使用大量材料或设计不均匀的塑料厚度。这有助于减少部件在制造过程中可能发生的变形，并降低制造时间和成本。对于多喷头熔融技术，这一原则同样适用，因为过多的材料需要更多的融合剂进行沉积，从而增加了部件的制造成本。表 3-11 列出了设计使用聚合物粉末床熔融技术构建部件特征的指南。

表 3-11　聚合物粉末床熔融技术的一般设计指南　　　　mm

壁厚		
最小壁厚 t	最小推荐壁厚 t	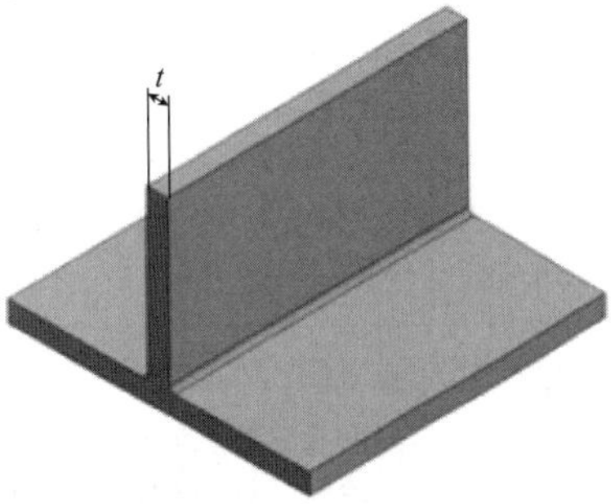
0.6～0.8	1.0	

注释：

　　虽然偶尔可以打印出小于 0.6mm 的壁，但它们的成功高度依赖于零件的其他几何形状、打印方向等。

　　表面积较大的薄壁在冷却过程中很可能发生翘曲。如果需要大表面积的薄壁，请考虑添加肋条来加强壁面。

　　较厚的壁和任何大量材料都会导致零件内部过多地保留热量，进而引发收缩，导致几何变形。因此，建议壁厚的最大值为 1.5～3mm。如果壁必须比这个更厚，请考虑使用外壳设计。这既有助于减少变形，又能大大加快打印时间。

　　一般来说，建议所有壁面(无论是垂直还是水平)的壁厚都是均匀的

移动部件之间的间隙		
最小水平间隙 h	最小垂直间隙 v	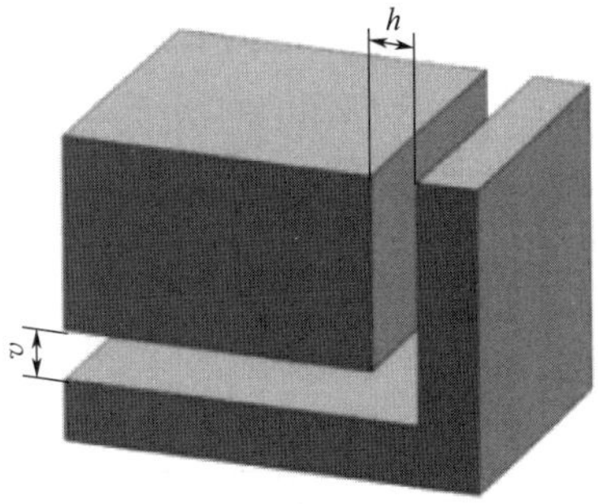
0.5	0.5	

注释：

　　运动部件之间所需的间隙高度依赖于彼此接近的面的表面积。如果接近的面只有几平方毫米的表面积，那么这些面之间的间隙可能小到 0.2mm。上面提到的 0.5mm 间隙在大多数情况下以及大多数不同制造商的系统中都是适用的。

　　大面积接近会减慢多余粉末的去除速度。单独构建然后组装的部件之间的间隙应至少等于系统的一般构建公差

续表

圆形通孔

工艺变量	最小直径	
壁厚	垂直孔 v	水平孔 h
1	0.5	1.3
4	0.8	1.75
8	1.5	2.0

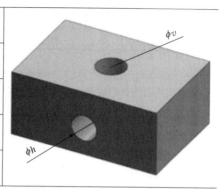

注释:

　　小圆形孔,通常小于1.5mm,与壁厚密切相关。随着壁厚的增加,粉末从小孔中清除的难度越来越大。随着壁厚的减小,更小的贯穿孔变得可行

方形通孔

工艺变量	最小直径	
壁厚	垂直孔 v	水平孔 h
1	0.5	0.8
4	0.8	1.2
8	1.5	1.3

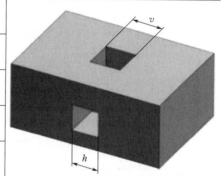

注释:

　　小方形孔,通常小于1.5mm,与壁厚密切相关。随着壁厚的增加,粉末从小孔中清除的难度越来越大。随着壁厚的减小,更小的贯穿孔变得可行

圆柱销

垂直圆柱销 最小直径 v	水平圆柱销 最小直径 h	
0.8	0.8	

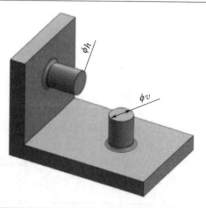

续表

圆柱销

注释：

首先，小直径的销钉如果只在一端被支撑，很容易断裂，因此需要注意其支撑方式。其次，在销钉与面连接的地方，为了增强其强度并避免应力集中，需要对边缘进行圆角处理

孔离壁边缘的距离		

设计变量	最小距离	
孔直径	垂直孔 v	水平孔 h
2.5	0.8	0.8
5.9	0.9	0.95
10.0	1.05	1.0

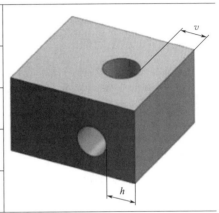

注释：

较大的孔需要距离墙壁边缘稍大一些的距离

3.7.3　光固化（VPP）的设计指南

在光固化（VPP）工艺中，尽管许多通用的聚合物设计规则仍然适用，但针对这种树脂基工艺，设计师还需要遵循一些特定的指南。

（1）分辨率

光固化工艺在 XY 方向上的分辨率高度依赖于激光光斑的大小，其范围通常在 $50\sim200\mu m$ 之间。因此，设计师在设计部件时，应确保最小的特征尺寸不小于激光光斑的大小，以避免打印失败或细节丢失。

在 Z 方向上，分辨率则取决于所选的层厚，其范围可以从 $10\sim200\mu m$ 不等。与其他增材制造技术相似，选择更高的垂直分辨率往往需要在打印速度和打印质量之间做出权衡。对于那些曲率较小或细节不多的部件，以 $25\mu m$ 和 $100\mu m$ 层厚打印的部件在视觉上可能几乎没有显著差异。

（2）打印方向

在定位光固化打印部件时，特别是在采用底部向上打印方式的立体光刻（SLA）机器中，需要特别注意部件的垂直横截面积。这是因为部件与树脂槽底部之间的打印附着力与打印时的二维横截面积成正比。因此，具有较大横截面积的部件通常需要以一定角度倾斜于平台打印，以确保打印的稳定性和成功率。

为了减少支撑材料的使用和加快打印速度，设计师应沿 Z 轴最小化横截面

积。这可以通过减少水平区域的数量、挖空部件内部以及优化部件的整体结构来实现。

（3）支撑材料

光固化工艺确实需要支撑材料来支撑那些悬空或悬挑的特征。这是因为未固化的树脂不足以自行支撑这些结构。这些支撑材料在打印完成后需要被去除。虽然大多数光固化系统会自动添加支撑材料，但经验丰富的设计师可以手动编辑支撑结构，以避免在关键表面区域设置支撑，从而确保最终部件的表面质量。

（4）悬空结构

在光固化工艺中，悬空结构通常不会造成太大的问题，前提是它们得到了足够的支撑。然而，如果部件在没有足够支撑的情况下进行打印，可能会导致部件变形或打印失败。因此，如果需要无支撑打印，任何未受支撑的悬空结构长度应保持在 1.0mm 以下，并且与水平面的角度至少为 20°，以确保打印的稳定性和质量。

（5）各向同性

相较于其他增材制造工艺，光固化工艺中的部件实际上展现出较高的各向同性。这是因为各层在打印过程中会相互化学结合，导致 X、Y 和 Z 方向上的物理性能相近。然而，这一特性也意味着光固化工艺在制造那些需要特定方向性能显著不同的部件时，可能不是最优选择。

（6）部件空心化和树脂去除

光固化机器能够打印出实心、致密的模型。但如果模型不是作为功能部件使用，将其设计成空心可以大大减少所需材料的使用并缩短打印时间。为了确保打印过程的稳定性，建议空心部件的壁厚至少为 2mm。此外，如果打印空心部件，必须添加排液孔以便从部件中去除未固化的树脂。这些排液孔的直径至少应为 3.5mm，并且每个空心部分至少应包含一个孔，但两个孔可以使树脂更容易被排出。

（7）细节处理

在光固化工艺中，设计师需要特别注意浮雕细节和雕刻细节的处理。浮雕细节是指略高于周围表面的特征，它们必须高出打印表面至少 0.1mm 以确保细节的可见性。而雕刻细节则是指凹入模型的特征，这些细节必须足够大以避免在打印过程中与模型的其他部分融合。通常，这些细节应至少为 0.4mm 宽和 0.4mm 深。

（8）水平桥梁

在构建模型时，水平桥梁的设计需精细考量宽度与长度的平衡。为确保打印成功率，宽桥梁的设计应倾向于缩短长度，理想状态下不超过 20mm，此举旨在降低因庞大接触横截面积而在打印分层时可能遭遇的失败风险。宽桥梁的较大接触面虽稳固，却也提升了打印难度，需谨慎处理。

（9）连接部件的间隙

当需要制造需要连接在一起的部件时，设计师应在配合部件之间保留适当的公差。对于光固化工艺，通常建议的公差是：组装连接处的间隙为 0.2mm；而 0.1mm 的间隙将提供良好的推入或紧密配合。如果打印的部件需要相互移动或锁定，则移动部件之间的公差应为 0.5mm，以确保顺畅运动和正确装配。

表 3-12 给出了使用光固化工艺制造的部件特征，包括优化部件结构、减少支撑材料的使用以及提高打印效率等方面的技巧和策略。

表 3-12　光固化设计指南

壁厚		
支撑壁 最小壁厚 t/mm	无支撑壁 最小推荐壁厚 t/mm	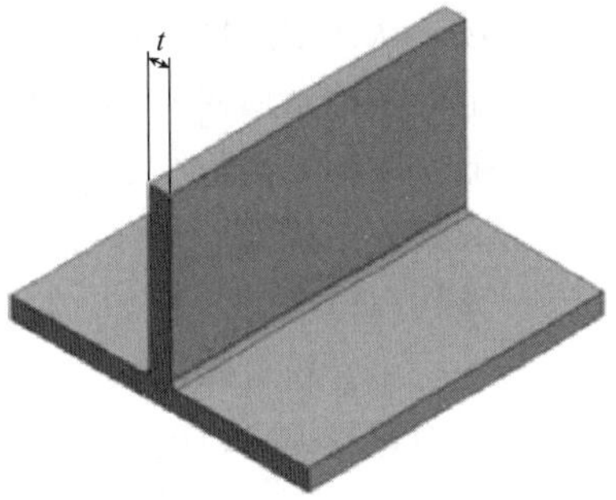
0.4	0.6	

注释：

支撑壁是指至少两侧与其他结构相连的墙壁，因此它们几乎没有变形的机会。这些墙壁的设计厚度至少应为 0.4mm。请注意，如果支撑壁具有较大的表面积，可能需要更大的厚度。

非支撑壁是指与其他部分连接少于两侧的墙壁，并且它们非常容易变形或脱离整体打印。这些墙壁的厚度必须至少为 0.6mm。

总是在一面墙与另一面墙相接的角落处做圆角处理，以减少沿着连接处的应力集中。总的来说，建议所有墙壁（无论是垂直的还是水平的）都使用均匀的壁厚

圆孔	
最小直径 h 和 v/mm	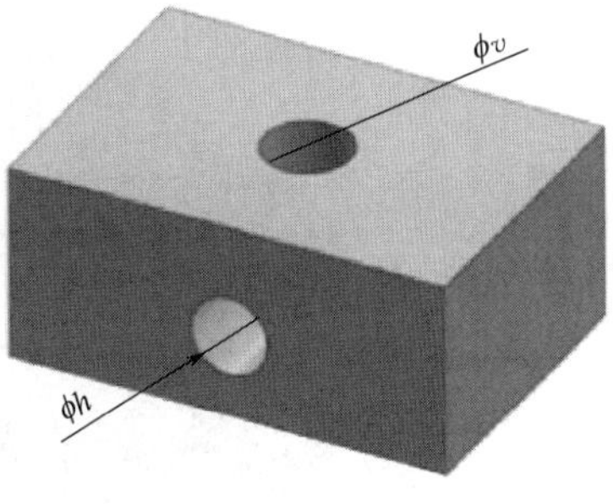
0.5	

注释：

在 X、Y、Z 轴上直径小于 0.5mm 的孔在打印过程中可能会封闭或堵塞

3.8 金属增材制造设计指南

3.8.1 金属粉末床熔融技术设计概述

金属增材制造技术，作为现代制造领域的一项革新技术，包括激光束熔化、电子束熔化等多种技术类别，这些技术在金属零件的制造中发挥着越来越重要的作用。其中，基于激光和电子束的粉末床熔融技术，以其独特的制造原理和广泛的应用领域，成为金属增材制造领域的佼佼者。

粉末床熔融技术的基本原理是通过热能选择性地融合粉末床中的特定区域，从而逐层堆积形成金属零件。在这一过程中，不锈钢、工具钢、铝、钛合金等多种金属材料得以充分利用，为制造复杂且高精度的金属零件提供了可能。然而，与传统的金属加工方法相比，粉末床熔融技术制造的零件通常需要额外的支撑结构，并且在构建完成后需要仔细移除这些支撑，以确保零件的完整性和精度。

尽管粉末床熔融技术具有诸多优势，但其高昂的成本和复杂的后处理过程也不容忽视。因此，在决定采用该技术制造金属零件时，需要充分评估其必要性和可行性。一般而言，只有当零件的几何形状极其复杂，难以通过传统加工方法实现时，采用粉末床熔融技术才显得尤为必要。

在粉末床熔融技术的设计过程中，拓扑优化和晶格结构是两种常用的设计策略。拓扑优化通过优化零件的几何形状，实现材料的最优分布，从而提高零件的性能并减轻质量。而晶格结构则通过将零件的部分或全部区域转换为由单元细胞组成的结构，实现零件的轻量化设计。这种设计策略不仅降低了零件的质量，还提高了其结构强度和稳定性。

在具体的设计实践中，将零件整体转换为晶格结构（如图 3-29 所示）或仅在内部填充晶格结构（如图 3-30 所示）是两种常见的方法。前者通常用于制造医疗植入物等对表面要求不高的零件，后者则需要在设计过程中考虑支撑材料

△图 3-29 完全晶格结构

△图 3-30 仅在内部填充晶格结构

的添加和移除问题。此外，将零件细分为实体和晶格区域的方法则更加灵活，可以根据零件的具体需求进行定制化的设计。

在规划阶段，关键决策在于界定哪些部件特征应维持其实体形态，哪些则适宜转换为晶格结构以优化性能与材料使用。这一过程通常从原始 CAD 软件中开始，先是精确分割部件的不同功能区域，随后将这些独立部分导入专门的晶格转换工具中。在此工具中，设计师能够有针对性地将指定部分转换为晶格结构，同时确保那些对强度、精度或特定功能有严格要求的部分保持其实体完整性（如图 3-31 所示）。

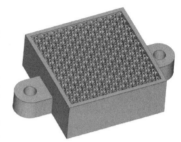

︽图 3-31　复合晶格结构

完成这一转换后，利用布尔运算技术巧妙地将晶格部分与实体部分无缝结合，形成一个既满足结构需求又具备轻量化潜力的完整部件。此步骤为后续基于有限元分析（FEA）结果的增材制造（AM）可变晶格结构设计奠定了基础。

此技术不是对传统恒定单元晶格结构的简单应用，而是采用了一种更为高级的策略——根据 FEA 的具体结果动态调整晶格结构的单元大小与间距。这种适应性设计意味着，在部件中承受更高应力的区域，会部署更粗壮的晶格构件或采用更紧密的晶格布局，以提供必要的强度支持；而在应力较低的区域，则采用相对稀疏的晶格以减轻质量，从而实现材料使用的最大化效益与整体性能的精准匹配。

值得注意的是，晶格结构中支柱的直径是影响其制造性能和机械性能的关键因素。理论上，金属增材制造的最小支柱直径约为 0.15mm，但在实际应用中，为了确保零件的强度和稳定性，通常选择直径在 0.5~1mm 之间的支柱。

最后，需要强调的是，在粉末床熔融技术的设计过程中，零件的定位和支撑材料的选择也是至关重要的。合理的定位可以减少构建时间、便于支撑材料的移除、保证表面质量并减少零件翘曲。而支撑材料的选择则需要综合考虑其强度、可去除性以及对零件性能的影响等因素。

在金属粉末床熔融技术的设计过程中，晶格结构的选择与应用至关重要。设计晶格时，确保晶格能够自支撑且无须额外的支撑材料是关键。水平支柱的使用是可行的，但其长度必须受到限制，确保表面积小于需要支撑材料的表面积。以图 3-32 中的晶格单元为例，设计 B 在受力情况下可能比设计 A 具有更好的抵抗能力。然而，由于水平支柱的存在，设计 B 可能无法直接打印。但是，如果将该晶格单元旋转 90°（如设计 C 所示）后再进行打印，它将能够抵抗这些力，并且打印效果会得到显著提升。

（1）悬垂特征和支撑材料的选择

悬垂特征和支撑材料的选择是金属增材制造中不可忽视的因素。在零件设计过程中，要充分考虑支撑结构的设计，因为支撑结构本身可能成为影响增材制造零件设计的关键因素之一。零件悬垂特征的角度和表面积决定了是否需要

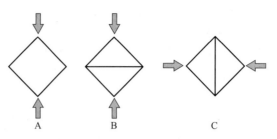

⌃图 3-32　三种不同的晶格单元

晶格单元 A 在承受力方面较弱，晶格单元 B 虽然更强但因其横向支柱而难以打印，
晶格单元 C 既能够承受力，又易于打印

额外的支撑。为了优化构建过程，减少构建时间，便于支撑材料的移除（特别是零件内部的支撑），保证表面质量，以及减少零件翘曲，零件的定位通常需要进行权衡取舍。此外，根据所使用的支撑材料的类型，某些性能会得到提升，而其他方面可能会有所下降。

　　在金属增材制造中，支撑结构发挥着多重作用：它们为零件在出现悬垂时提供必要的支撑；加强和固定零件到建造平台上；帮助传导多余的热量；防止零件在打印过程中发生翘曲或完全构建失败；阻止熔池沉入松散的粉末中；以及抵抗粉末铺展机制对零件的机械力。

　　大多数金属增材制造预处理软件提供了多种不同的支撑类型供用户选择，每种类型具有不同的热传递和机械强度特性。常见的支撑类型包括实心、墙、树状、锥形、晶格、块、点、线、网格和补强板［如图 3-33（a）所示］。在选择使用哪种类型的支撑时，需要综合考虑零件的几何形状、可能产生的残余应力以及支撑材料移除的难易程度。为了深入了解不同支撑类型对打印效果的影响，建议设计一个包含一系列桥梁的零件，每个桥梁下方采用不同的支撑类型进行打印。然后，观察每种支撑类型对表面光洁度和移除难度的影响，为后续的设计提供有价值的参考。

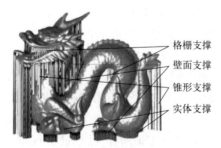

格栅支撑
壁面支撑
锥形支撑
实体支撑

(a) 不同类型的支撑结构示例

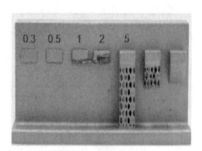

(b) 悬空长度打印

⌃图 3-33　悬垂支撑

　　在打印具有大面积水平表面的零件时，需要特别注意支撑结构的设计。由于材料截面突然变化为大面积熔融片材，会产生很大的应力。如果支撑不够坚固和密集，很可能会导致零件开裂。在这种情况下，可能需要使用"实心"支

撑来确保零件的完整性。此外,为了避免大面积水平区域或表面积的突然变化,应尽量优化零件的定位。

支撑材料的角度也是影响打印效果的重要因素。一般来说,不需要支撑材料的角度是大于水平面 45°的角度。然而,这一角度可能会因材料和机器的不同而有所变化。在实际应用中,应参考相关材料和技术手册中的具体数据。同时,需要记住的是,这些角度只是在不使用支撑的情况下能够成功打印零件的最小角度。为了获得更好的表面质量,通常建议使用比这些最小值更陡峭的角度进行打印。

在无支撑角度、悬垂和桥接方面,需要特别关注能量束焦点处熔化区域的快速冷却和产生的应力。这些应力可能导致材料向上卷曲。支撑结构的作用在于将构建板固定住,避免这种向上卷曲的现象发生。在设计过程中,应仔细考虑零件的悬垂特征和桥梁结构,确保它们能够稳定地固定在支撑结构上,避免打印失败或表面质量不佳的情况发生。

① 悬垂 悬垂是金属粉末床熔融技术中需要特别注意的一个方面。悬垂是指零件几何形状的突然变化,如水平方向突出的小特征。与其他 3D 打印技术相比,粉末床融合在支撑悬垂方面存在较大的限制。一般来说,任何悬垂超过 0.5mm 的设计都需要额外的支撑结构,以防止零件在打印过程中发生损坏或变形,如图 3-33(b) 所示。

随着悬垂尺寸的增大,表面质量可能会变得不可接受,同时向上卷曲的程度也可能增加,导致铺粉机构崩溃。因此,在设计过程中应尽量避免过大的悬垂特征,或者通过添加适当的支撑结构来弥补这一缺陷。

② 角度 在金属粉末床熔融技术中,角度的选择对于零件的打印质量和稳定性至关重要。当打印过程中直接在松散的粉末上进行,而不使用支撑结构作为构建支架时,表面粗糙度通常会受到影响。这是因为激光束在穿透粉末床时,会在焦点周围聚集松散的粉末,而无法通过支撑结构有效地散发热量。随着无支撑角度的增大,零件的表面质量可能会变得不可接受,甚至可能导致铺粉机构崩溃。

特征角度代表零件无须支撑即可加工的最小角度。通常,使用比最小角度更大的角度将生产出具有更好表面质量的零件。这是因为"朝下"的表面总是比"朝上"的表面具有更差的表面质量。面朝下的程度越大(越接近水平),表面质量越差。在能量束焦点处熔化的区域会快速冷却,产生的应力会使材料向上卷曲。而支撑充当零件与成型平台之间的"锚",用来抵抗这种向上的弯曲力。翘曲的区域会使得新一层的粉末无法很好地铺展,甚至会卡住或刮伤刮刀,翘曲超过一定限度会导致打印失败。图 3-34(a) 展示了多种角度的打印情况。

为了确保打印过程的顺利进行和零件的质量,需要仔细考虑打印角度。通常,需要支撑材料的角度大于 45°(与水平面的夹角)。然而,这一角度可能因具体的材料和机器设备而有所差异。在实际应用中,应根据所使用的材料和机

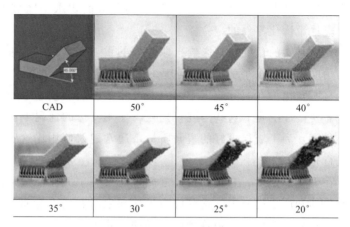

(a) 不同角度打印案例展示

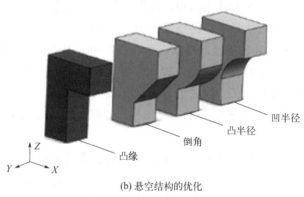

(b) 悬空结构的优化

〽图 3-34　悬空结构

器的特性来确定合适的打印角度。对于悬空结构的优化，可以使用图 3-34(b)
所示的三种倒角方法，其本质是把悬空的结构修改成可以自支撑的结构。

③ 桥梁　桥梁结构是金属粉末床熔融技术中常见的结构之一。它指的是由
两个或更多特征支撑的向下面对的平坦表面。在打印过程中，需要特别注意桥
梁结构的稳定性和表面质量。

粉末床融合工艺允许的最小无支撑距离约为 2mm。超出这一推荐极限的零
件，其向下面对的表面质量可能会受到严重影响，结构也可能不够牢固。此
外，过大的桥梁结构还可能导致铺粉机构崩溃，影响整个打印过程的顺利进行。

因此，在设计包含桥梁结构的零件时，应充分考虑其稳定性和表面质量需
求。可以通过优化桥梁结构的尺寸和形状，或者添加适当的支撑结构来提高其
稳定性和打印质量。同时，还需要注意控制打印过程中的温度和速度等参数，
以确保桥梁结构的完整性和精度。

（2）残余应力与金属增材制造零件设计

在金属增材制造（AM）中，生产高质量零件时面临的主要挑战之一是管
理残余应力。这些应力与焊接过程中产生的应力相似，并且常常是支撑材料在
金属 AM 中得以应用的关键因素。残余应力与应力集中需要通过热处理等方式

进行消除，以确保零件在取下构建板后能够正常使用。在某些极端情况下，残余应力可能导致构建板弯曲、零件脱落或零件本身开裂。理解残余应力的来源和影响，对于设计能够成功经受 AM 过程的零件至关重要。

在金属增材制造过程中，残余应力是一个不可忽视的问题，它可能严重影响零件的质量、性能和寿命。残余应力的产生源于多种机制，包括温度梯度、非弹性变形、结构变化以及激光产生的热量等。为了最小化残余应力的影响，设计师需要采取一系列策略来优化设计和打印过程。

① 残余应力产生机制

a. 温度梯度：AM 零件在冷却过程中，由于从表面到中心的冷却速度不一致，导致内部产生应力。特别是大型零件，内部冷却滞后于外部，加剧了这种不均匀性。

b. 非弹性变形：材料在 AM 过程中经历的塑性变形在冷却后无法完全恢复，从而留下残余应力。

c. 结构变化：金属在加热和冷却过程中的相变会引起体积变化，这也是残余应力的一个重要来源。

d. 激光热量：激光束在加工过程中引起的局部膨胀和随后的冷却收缩，不同区域间的差异导致残余应力的形成。

② 最小化残余应力的策略

a. 优化零件设计：

消除厚度不均匀性：避免零件厚度突然变化或局部材料堆积，以减少因材料分布不均引起的残余应力。

避免截面突变：设计时应尽量保持零件截面的均匀性，有时可能需要调整打印方向以适应设计需求。

几何形状优化：合理设计零件的几何形状，如避免尖锐角落和突变，以减少应力集中。

b. 打印过程控制：

预热构建板和构建室：通过预热减少打印过程中零件经历的温度梯度，从而降低残余应力。

调整激光扫描参数：使用小棋盘式扫描模式，控制扫描区域大小，并在每层扫描时旋转扫描图案，以分散残余应力。

c. 后处理：

热处理：对于某些应用，可能需要通过热处理来释放或重新分布残余应力。但需注意，热处理可能会引入新的变形或影响零件的其他性能。

机械处理：如振动时效、喷丸处理等，也可以用于降低残余应力。

尽管彻底根除残余应力在金属增材制造零件中是一项挑战，但设计师可以通过合理的设计和优化来显著减少其影响。在金属 AM 零件的设计过程中，需要综合考虑材料特性、打印参数和零件几何形状等因素，以实现最佳的性能和质量控制。此外，对于关键应用，还需要进行残余应力的测试和评估，以确保零件满足使用要求。

（3）应力集中与金属增材制造零件设计

应力集中是金属增材制造零件设计中一个不可忽视的因素。它指的是在零件中某些特定位置应力明显增高的现象。这些应力不仅出现在 AM 制造过程中，也可能在零件后续的热处理过程中产生。对于金属 AM 而言，通过精心设计零件以最小化应力集中区域，是提升零件性能和可靠性的关键。

应力集中对零件的疲劳强度有着显著影响。疲劳裂纹往往从应力集中的区域开始萌生，并逐渐扩展，最终导致零件失效［图 3-35（a）］。因此，消除或减少这些潜在的缺陷区域，对于提高零件的疲劳寿命至关重要。

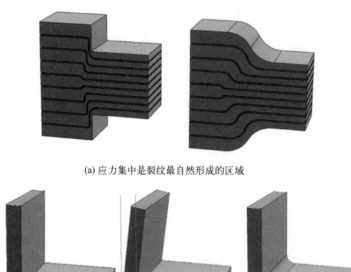

(a) 应力集中是裂纹最自然形成的区域

应力集中裂纹　　　角度厚度不均，存在残余　　　圆角可以减少应力集中
　　　　　　　　　应力和变形的风险　　　　和残余应力的风险

(b) 通过简单圆角处理来消除应力集中和残余应力的示例

︽ 图 3-35　减小应力集中的方法

在金属 AM 零件设计中，为了减少应力集中，可以采取一系列策略：

首先，倒圆角所有锐角是一个有效的手段。锐角是应力集中的常见区域，通过倒圆角可以显著降低这些区域的应力水平，减少裂纹产生的风险。其次，使壁厚均匀也是减少应力集中的关键。不均匀的壁厚会导致在零件内部产生复杂的应力分布，增加应力集中的可能性。因此，在设计过程中应尽量保持壁厚的一致性，以减少应力集中的发生。此外，避免使用大量材料也是减少残余应力和应力集中的有效方法。在 AM 过程中，大量的材料堆积会导致残余应力的积累，进而引发应力集中。因此，在设计时应尽量优化零件的几何形状，减少不必要的材料使用。

以图 3-35（b）中的简单零件为例，尖锐的内部角落是应力集中的高风险区域，不仅容易导致应力裂纹的产生，而且由于锐角处的材料堆积，还可能引入残余应力，影响零件的整体性能。相比之下，采用倒圆角设计的零件不仅消除了应力裂纹的可能性，而且其均匀的壁厚也减小了残余应力的潜在影响。

综上所述，通过精心设计零件以减少应力集中，可以显著提高金属 AM 零件的疲劳强度和整体性能。在实际应用中，设计师应根据零件的具体要求和约束条件，综合考虑材料特性、打印工艺和后续处理等因素，制定出最佳的设计方案。

（4）水平孔

在金属 AM 过程中，对于具有特定大小和形状特征的孔，支撑材料的使用和移除成为一个重要的考虑因素。特别是当孔的直径超过一定阈值或孔的角度小于最小支撑角时，内部支撑材料的添加变得必不可少。然而，对于非直线形状的管道，这些支撑材料在打印完成后很难从管道内部完全移除，这可能会对零件的最终使用造成不便。

一般而言，直径小于 8mm 的孔在金属 AM 过程中可以在没有内部支撑的情况下成功打印。这是因为在这个尺寸范围内，孔的几何形状和打印过程中的热应力分布使得零件能够保持足够的结构完整性，而无须额外的支撑。

然而，当需要打印更大直径的孔时，情况就变得复杂了。为了解决这个问题，工程师们采用了一系列创新的设计策略。其中，最常见的技术是将传统的圆形孔改为其他形状，这些形状在打印过程中不需要内部支撑材料即可保持稳定。这些替代形状通常包括椭圆形、泪滴形和菱形等（如图 3-36 所示）。

| 小于8mm直径的圆孔无须支撑 | 椭圆孔，椭圆高度是宽度的两倍时，可以打印到25mm高 | 泪滴形孔可以打印成几乎任何直径，只要顶部的角度不小于最小支撑角度。为了避免应力集中，将泪滴的顶部进行圆角处理是一个好的做法 | 菱形孔可以打印成几乎任何尺寸。为了避免在孔角处产生应力集中，将孔的角落进行圆角处理是一个好的做法 |

∧∧图 3-36　无须支撑材料即可打印的孔形示例

这些替代形状的设计原理在于通过改变孔的几何形状来优化打印过程中的应力分布。例如，椭圆形和泪滴形的设计能够减少打印过程中由于热应力引起的变形和开裂风险。而菱形设计则能够提供更好的结构稳定性，使得零件在打印过程中不易发生塌陷或变形。

通过采用这些替代形状的设计策略，工程师们可以在金属 AM 过程中成功打印出具有较大直径的孔，同时避免了内部支撑材料的使用和移除问题。这不仅提高了零件的制造效率，还降低了生产成本，为金属 AM 技术在更广泛领域的应用提供了可能。

请注意，图 3-36 展示了这些替代形状的具体示例。在实际应用中，设计师可以根据零件的具体需求和约束条件，选择合适的形状和尺寸来进行打印。同时，还需要考虑材料特性、打印工艺参数以及后续处理等因素对零件性能的影响。通过综合考虑这些因素，可以确保打印出的零件具有优良的结构性能和使用性能。

3.8.2　激光粉末床熔合（PBF-LB/M）的设计

表 3-13 列出的设计指南适用于激光粉末床熔合金属工艺。这些指南会因机器制造商和型号的不同而有所变化，因此如有疑虑，建议打印测试件以验证每组设计参数。以下是一些关键的设计要点。

（1）零件几何形状

尽量避免设计过于复杂或精细的结构，因为这可能会增加制造难度和残余应力。

尽量减少水平孔和内部空腔，因为它们可能需要额外的支撑结构，并可能增加后处理的复杂性。

尽可能保持壁厚的均匀性，以减少残余应力和翘曲变形的风险。

（2）支撑结构

对于需要支撑的悬空部分，合理设计支撑结构是关键。支撑结构应易于去除，且不应影响最终零件的质量和性能。

考虑使用可溶解支撑材料，以便在制造完成后轻松去除支撑结构。

（3）材料选择

根据零件的使用环境和性能要求选择合适的金属粉末材料。

考虑材料的熔点、热导率、收缩率等物理特性对制造过程的影响。

（4）热处理考虑

在设计过程中应考虑热处理对零件尺寸稳定性和机械性能的影响。

根据需要，合理设计零件的冷却路径和热处理方式，以优化零件的性能。

（5）后处理

考虑到激光粉末床熔合制造的零件可能需要进行后处理，如打磨、抛光或机械加工等，应在设计阶段预留足够的加工余量。

表 3-13　PBF-LB/M 结构设计指南　　　　　　　　　　　　mm

壁厚		
最小壁厚 t	最小推荐壁厚 t	
0.3	1	

壁厚

注释：

    在构建包含较长无支撑壁的复杂模型时,需给予特别关注,因为这些大面积薄壁结构在缺乏有效加固的情况下极易发生形变。为避免此类问题,设计时应摒弃仅采用最小壁厚的做法,转而采取积极的加固措施,如巧妙地添加肋条、角撑板或额外的支撑材料,以显著提升壁结构的刚性和稳定性。此外,对于壁结构与其他平面相交形成的边角区域,应严格执行圆角处理原则。一个被广泛采纳且行之有效的设计准则是,将圆角的半径设定为墙壁厚度的四分之一。这样的设计

不仅能够有效分散应力,防止因应力集中而导致的结构损坏,还能赋予模型更加流畅、美观的外观,从而提升整体的设计品质与视觉效果

悬垂角

最大悬垂角 α	
DMLS 不锈钢	60°
DMLS 镍基高温合金	45°
DMLS 钛合金	60°
DMLS 铝合金	45°
DMLS 钴铬合金	60°

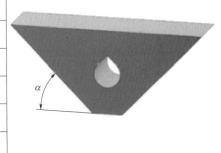

注释：

    针对小于特定角度(该角度自水平面测量)的悬垂部分,系统会自动提示并添加必要的支撑材料,这一过程可由系统软件自动完成,以确保构建过程的顺利进行。然而,值得注意的是,过多的支撑材料在构建完成后需手动移除,这无疑会增加后期处理的工作量和时间成本。

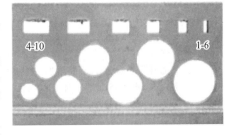

    此外,值得注意的是,不同制造商在测量支撑角度时所采用的基准可能有所不同,有的基于水平面,而有的则基于垂直面,这要求我们在设计过程中明确并遵循特定制造商的规范。为了最小化对支撑材料的依赖,我们可以采取策略性调整特征形状的方法,比如优化冷却通道的轮廓设计,以改善其自支撑能力。

    值得一提的是,对于直径小于 8mm 的水平孔而言,它们在多数情况下能够无须额外支撑而直接构建,这一特性为设计师提供了更大的灵活性和便利性。更多关于水平孔设计的专业指导与最佳实践,建议参考相关的技术手册或咨询制造商以获取最新、最准确的信息

移动部件之间的间隙		
最小水平间隙 h	最小垂直间隙 v	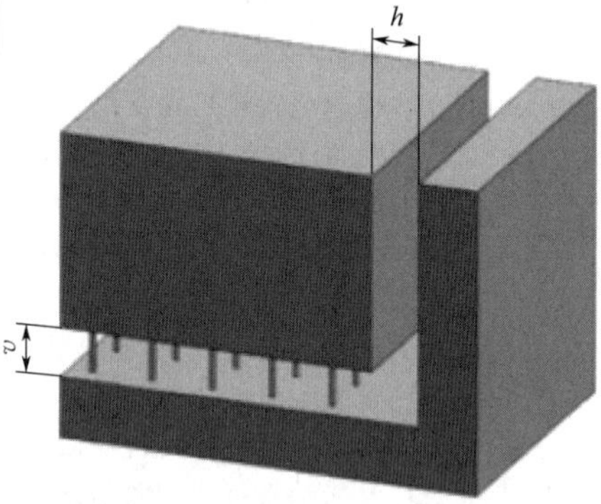
0.2	足够空间以便 移除支撑材料	

注释：

在金属增材制造过程中，为确保流程的顺畅无阻，所有活动部件在构建阶段均需通过焊接或稳固连接至构建平台，此举旨在防止它们受到铺粉系统的意外干扰。唯有当这些部件从平台上分离，即完成切割或连接部位被精准切断后，它们方能作为独立的活动部件投入使用。进一步地，当面临多个紧密相邻的部件需单独构建后再行组装的情况时，设计时应确保它们之间的间隙至少达到系统预设的一般构建公差水平。这一设计考量不仅便于支撑结构的顺利移除，还显著降低了后续处理过程中的复杂性和难度，从而提升了整体制造效率与成品质量

移动部件之间的间隙		
槽口的最小宽度 W	圆孔的最小直径 d	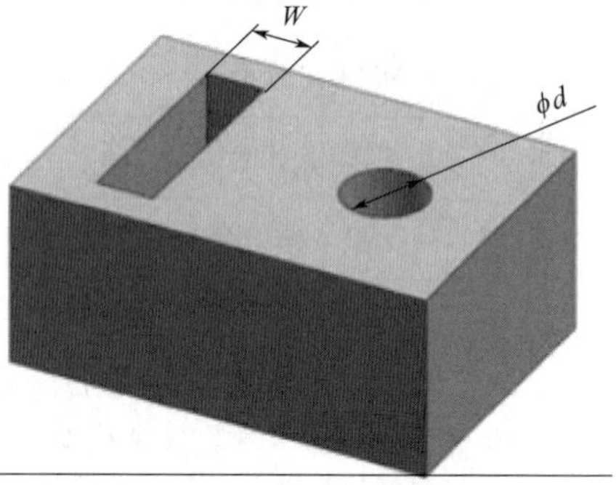
0.5	0.5	

注释：

随着零件厚度的不断增加，槽口或孔内的粉末可能会变得难以或无法取出。需要注意的是，由于水平特征的具体数值高度依赖于每台机器的特性，因此无法提供统一的数值标准。为了避免应力集中，建议尽可能对所有尖锐的内部角落进行圆角处理

垂直凸台和圆柱销		
凸台的最小宽度 W	圆柱销的最小直径 d	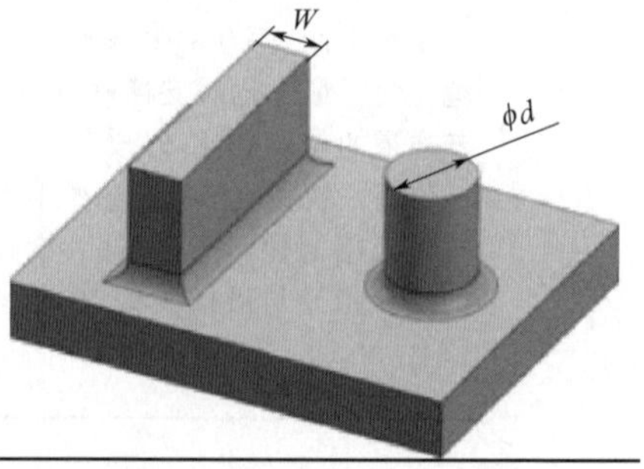
0.5	0.5	

续表

垂直凸台和圆柱销

注释:

为了增强零件的结构完整性和耐用性,强烈推荐对所有销钉和凸台的底部实施圆角处理。作为一项通用设计原则,建议这些圆角的半径应设定为所在部位厚度的四分之一,此举有助于分散应力集中,防止因尖锐边角引发的断裂问题。至于水平特征的具体参数设定,鉴于其高度依赖于特定的打印设备型号及工艺参数,因此难以制定一个普遍适用的标准。在实际操作中,建议根据所采用的打印机器的技术规格和工艺需求,灵活调整并精确确定这些参数值,以确保零件打印的准确性和最终性能的优化

内置外螺纹

如果可能的话,螺纹应始终垂直构建

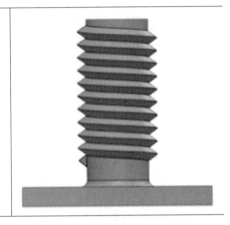

注释:

尽管技术上能够打印出大约 M4 尺寸的螺纹,但由于其表面较为粗糙,打印完成后通常需要进行攻螺纹处理以完善螺纹。因此,建议对所有螺纹都进行攻螺纹操作,并确保在柱体周围留有足够的空间,以便能够顺利使用攻螺纹工具。此外,为了避免应力集中,建议在凸台底部与壁面相接处进行圆角处理。一般而言,圆角的半径可设为壁厚的四分之一,这是一个值得遵循的实用原则

在遵循上述设计要点的基础上,可以根据具体的零件需求和机器性能进行进一步的优化。通过不断的实践和测试,可以逐步掌握激光粉末床熔合技术的设计技巧,提高零件的制造质量和效率。

3.8.3 金属 LPBF 晶格结构设计

（1）晶格：定义、历史与现代应用

晶格结构,作为一种先进的材料设计概念,以其低密度、高强度以及卓越的力学性能在众多领域中脱颖而出。其核心在于通过周期性、多孔的基本单元排列组合,构建出既规律又稳定的几何结构。这种结构不仅能够显著减轻材料质量,还能增强刚度与抗冲击性,同时展现出优异的疲劳抗性和形变恢复能力,因此在材料科学、建筑设计及航空航天工程等领域中得到了广泛应用。

晶格结构的概念可追溯到 20 世纪初，但其萌芽可追溯至更早。1665 年，罗伯特·胡克（Robert Hooke）在其著作《微观图像》（*Micrographia*）中，首次观察并描述了昆虫翅膀与骨髓等自然界的微观结构，这些结构虽未直接命名为晶格，但却为后来晶格结构的研究奠定了基础。

进入 20 世纪，晶格结构的研究逐渐深入。特别是 80 年代和 90 年代，随着计算机辅助设计（CAD）与计算机辅助制造（CAM）技术的飞速发展，晶格结构的设计与制造实现了前所未有的精确与高效。同时期，Klaus-Jürgen Bathe 教授等学者的有限元分析研究成果，为深入理解晶格结构的力学性能提供了坚实的理论基础。

然而，晶格结构真正迎来快速发展的黄金时期，是在 21 世纪初随着 3D 打印技术的重大突破。这一革命性的制造技术彻底改变了复杂几何形状与拓扑结构的设计与制造方式，使得晶格结构的应用潜力得以全面释放。在此背景下，Loma J. Gibson 教授、Norman A. Fleck 教授等众多科学家与工程师投身于晶格结构的研究之中，推动了该领域的迅速扩展与深化。

（2）晶格结构的特性及其应用展望

晶格结构，凭借其独特的物理与力学性能，在航空航天、汽车制造、生物医学、能源、建筑、消费电子等多个工程领域展现出了广泛的应用前景。随着科技的飞速发展和制造技术的不断创新，晶格结构在提升材料性能、实现轻量化设计以及促进可持续发展方面的潜力正被逐步挖掘。

晶格结构的主要特性与应用优势包括：

① 材料力学性能的广泛调控   晶格结构通过其周期性或多孔性的基本单元排列，能够在宏观尺度上精确调节材料的力学性能。依据 Ashby 图的分析，传统实体材料在提升体积密度的同时，模量虽有所增加，但存在性能上限。而晶格结构则能突破这一限制，创造出具有负泊松比等非凡特性且更加轻质的超材料，这些结构化材料因其轻质量、高强度和大比刚度等特性，成为材料科学研究的热点。

② 显著的减重效果   晶格结构的轻量化特性在航空航天、汽车运输等领域尤为重要（图 3-37）。采用晶格结构替代传统实体材料，可以显著减轻零部件的重量，从而减少燃料消耗、降低碳排放，同时保持甚至提升结构性能，为节能减排和提高运行效率提供了有效途径。

③ 优异的生物相容性   部分晶格结构设计灵感来源于自然界的生物组织，如骨小梁结构，这使得它们在生物医学领域具有得天独厚的优势。作为人工骨髓、牙科植入物等医疗设备的理想材料，晶格结构能够与生物组织良好结合，提供稳定的力学支撑，促进患者康复。

④ 优化的能量吸收能力   晶格结构在防撞、防震和抗冲击应用中表现出色。其独特的结构设计能够有效分散和吸收冲击能量，减少对结构的破坏，提高设备或结构的安全性。

⑤ 灵活的热传导控制   晶格结构的设计灵活性使其能够根据具体需求调整

热传导性能（图 3-38）。通过优化晶格结构的布局和参数，可以实现良好的散热或隔热效果，满足不同应用场景对热管理的需求。

︿图 3-37　金属镂空支架　　　　　︿图 3-38　增材制造热交换器

⑥ 卓越的声学性能　晶格结构对声波具有优秀的吸收和散射能力，有助于降低噪声传播。这一特性使其在隔声、降噪和声学优化领域具有广泛的应用潜力，为创造更加宁静、舒适的生活环境提供了技术支持。

⑦ 独特的光学性能　三周期极小曲面等复杂晶格结构在光学和光子学领域展现出独特魅力。这些结构可用于制造具有特定波长传输或反射特性的光子晶体和光子障碍等光学器件，为光学通信、显示技术和传感技术的发展开辟了新的道路。

（3）晶格类型及其构成元素

随着科技的进步，晶格结构在各个领域的应用日益广泛，涉及的晶格类型也愈发丰富。本节将重点介绍桁架晶格和曲面晶格。

① 按构成元素分类

a. 桁架晶格：桁架晶格是一种由周期性排列的节点和连接杆件构成的晶格结构。这种结构的基本单元是单胞，每个单胞由若干连接杆和节点组成，节点按一定规律分布在空间中，并通过连接杆相互连接（图 3-39）。由于节点和连接杆的组合方式多样，因此可以设计出各种性能不同、应用场景各异的桁架晶格单胞。通过将这些单胞进行阵列组合，可以构建出复杂多变的桁架晶格结构。桁架晶格因其轻质、高强、易于加工等特性，在航空航天、建筑、汽车等领域得到了广泛应用。

b. 曲面晶格：与桁架晶格不同，曲面晶格采用曲面来替代节点和杆件，形成具有独特性能的结构。其中，三周期极小曲面（triply periodic minimal surfaces，TPMS）是最具代表性的类型之一。这种结构在三个正交方向上周期性重复，其曲面由三角函数的组合构成，展现出平滑的无限曲率且平均曲率为零。三周期极小曲面的发现归功于数学家艾伦·谢夫（Alan Schoen）在 1970 年的研究成果。他在 NASA 的研究过程中，发现了一系列具有不同对称性和拓扑特征的三周期极小曲面结构。这些结构不仅在数学上具有重要意义，还在自然界中找到了例证，如东南亚蓝翅叶鹎羽毛上的螺旋二十四面体（Gyroid）晶体（图 3-40）。螺旋二十四面体作为一种连续的极小曲面，具有均匀的负曲率和高度周期性的结构特征，它在空间上形成两个迷宫式的通道，由一层薄壁隔开，形成完美的镜像关系。常见的 TPMS 结构如图 3-41 所示。这种特殊的结构使得螺旋二十四面体晶格在新型换热器、生物医学工程等领域具有广泛的应用前景（图 3-42）。

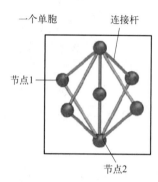

△图 3-39　桁架晶格示意图

△图 3-40　蓝翅叶鹎鸟羽毛中周期性排列的纳米尺寸的气泡被发现是由螺旋二十四面体（Gyroid）自组装而成的

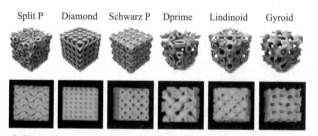

△图 3-41　6 个 TPMS 模型和基于 TPMS 的 3D 打印支架

△图 3-42　TPMS 典型应用

② 按生成过程分类

a. 规则排列：利用特定的单胞结构［如图 3-43(a) 所示］，在设计区域内进行有序的排列或阵列化过程，从而构建出一个均匀的晶格结构。这种规则排列方式生成的晶格结构因其高度的有序性和可预测性，成为最常见的晶格类型，广泛应用于多个领域。

b. 随机排列：基于复杂的随机算法，使单胞在变形过程中与周围其他同样变形的单胞相互连接，从而生成一种随机分布的结构［如图 3-43（b）所示］。这种随机排列的晶格结构因其独特的非均匀性和高适应性，在骨科植入物等需要高度个性化设计的领域中得到较多应用，能够更好地适应复杂多变的生理环境。

c. 随形排列：在生成晶胞时，遵循特定的曲面或形状轮廓，沿着指定面的走向逐步构建晶格结构，以确保单胞在曲面处能够保持良好的结合性和适应性［图 3-43（c）］。随形排列技术能够精确匹配复杂曲面的形状，为曲面结构提供强有力的支撑和增强，广泛应用于航空航天、汽车制造等领域的曲面部件设计中。

d. 径向排列：以某一选定点为中心，单胞在生成过程中沿着各个轴向进行扩展，形成具有明显径向特征的晶格结构［图 3-43（d）］。这种排列方式使得晶格结构在中心区域具有较高的密度和强度，同时向外逐渐稀疏，适用于需要中心加强或梯度变化特性的应用场景，如医疗器械中的某些关键部件设计。

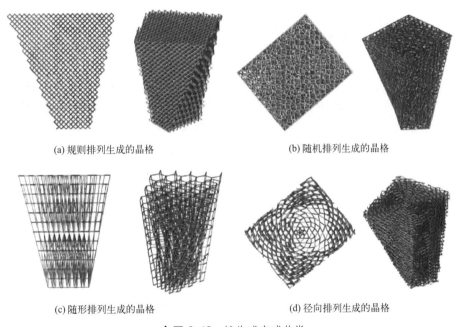

(a) 规则排列生成的晶格　　　　　　　　　(b) 随机排列生成的晶格

(c) 随形排列生成的晶格　　　　　　　　　(d) 径向排列生成的晶格

︽ 图 3-43　按生成方式分类

③ 按设计空间分类　在晶格结构的设计中，根据其在三维空间中的布局方式，可以将其分为体晶格和面晶格两大类。这两种类型各有其独特的应用场景和设计目的。

a. 体晶格。顾名思义，是指使用晶格元胞（或称为基本单元）来填充整个三维设计域内的结构。这种填充方式使得晶格结构在三维空间内均匀分布，形成具有高强度、高刚度和轻质特性的整体结构。上述讨论的大部分晶格结构，如规则排列、随机排列、随形排列和径向排列的晶格，都属于体晶格的范畴。体晶格因其卓越的力学性能和广泛的适用性，在航空航天、汽车制造、生物医学工程等多个领域得到了广泛应用。

b. 面晶格。与体晶格不同，面晶格的设计焦点在于特定的面上。在选定的表面上，"生长"出额外的晶格或网格线，以实现特定的功能目标，如增强表面强度、增加粗糙度或改善表面附着性等。面晶格的设计更加灵活多变，可以根据具体需求调整晶格的形状、大小和排列方式，从而实现对表面性能的精确控制。这种设计方式在材料科学、表面工程以及增材制造等领域具有广泛的应用前景，能够显著提升产品的整体性能和外观质量（图 3-44）。

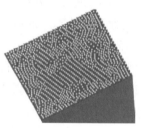

︿图 3-44　面晶格

（4）晶格结构的设计过程

以下以规则桁架晶格的设计流程为例，详细阐述其设计过程中的关键环节与考虑因素。此流程结合了必要步骤、推荐实践以及针对特定应用的灵活选择。

① 定义设计空间　设计之初，首要任务是明确晶格生成的具体区域。在零件设计中，需预先规划并预留一个实体空间，作为后续晶格结构转换的基础。若需确保晶格与零件其他部分的牢固连接，可设置轻微的重叠区域（如 0.1～0.3mm），以增强界面强度。反之，若需减弱连接，则可设计间隙。对于复杂结构，可能需要多个相连的设计空间以实现特定布局。

② 选择单胞类型　从设计软件提供的模板库中挑选合适的单胞类型，如体心立方、面心立方或交叉结构等，其中体心立方和正十二面体尤为常用。根据实际需求，亦可自定义单胞结构。选择时，需综合考虑单胞的可打印性、结构强度、各向同性等因素，以确保设计的实用性和可靠性。

③ 优化连接杆设计　连接杆作为晶格结构的核心组成部分，其设计至关重要。通过调整连接杆的粗细和截面形状，可以优化占空比和强度（或其他物理性能）。此外，短杆的设计还需考虑打印效率与数据量的平衡，以在确保打印质量的同时减少数据处理负担。

④ 节点精细化设计　节点是连接杆交会的关键点，其形貌和大小直接影响结构的整体性能。球形节点因其良好的连接性和适应性而备受青睐。通过合理设置节点大小，确保其略大于连接杆，可以增强节点处的结合强度，减少服役过程中的潜在缺陷。

⑤ 调控占空比　占空比是指晶格结构占据设计区域体积的百分比，是评估

结构密实度的重要指标。通过调整节点和连接杆的尺寸，可有效控制占空比，以满足不同的设计需求和应用场景。

⑥ 集成蒙皮结构设计　对于需要蒙皮-点阵结构的设计，可采用两种方式：一是分别设置蒙皮和晶格设计区域，再独立设计；二是在整体设计区域内同时进行蒙皮和晶格设计。无论哪种方式，均需确保蒙皮结构的完整性和功能性，如设置去粉孔以便于后续处理。

⑦ 去粉孔设计　去粉孔是满足打印后处理需求的重要结构。设计时需明确区分蒙皮与点阵数据，并在蒙皮区域预先规划去粉孔位置。或在整体设计过程中同步考虑去粉孔布局，以确保粉末能够顺利排出。

⑧ 可打印性优化　为确保打印质量和可行性，需对连接杆的设计进行细致调整。这包括控制连接杆的角度、长度以及避免特定角度下的打印限制。通过优化打印设置，可减少打印过程中的翘曲、短杆破裂等问题。

⑨ 删除孤立杆件　设计完成后，应仔细检查并删除所有孤立的杆件。这些杆件不仅可能增加打印难度和成本，还可能成为使用过程中的安全隐患。

⑩ 宏观粗糙度设计　在医疗植入体等特定应用中，需考虑设计宏观粗糙度以促进骨整合。这可以通过在晶格结构中引入凸出设计来实现，从而增加与组织接触的表面积和摩擦力。

⑪ 连接杆粗细的针对性调整　对于需承受载荷的晶格结构，应根据受力情况对连接杆的粗细进行精细化调整。通过有限元分析等工具验证结构强度，并根据受力云图优化连接杆布局和粗细，以确保结构在服役过程中的稳定性和安全性。

最后，设计完成后应统计关键参数如连接杆长度、角度、孔径分布等，以便于后续的可打印性验证和性能评估。

3.8.4　电子束粉末床熔合 PBF-EB/M 设计指南

电子束熔化是一种采用粉末床熔合原理的增材制造技术，它依赖电子束作为能量源来逐层熔化粉末材料。电子束在电磁铁的精确控制下，以预定的路径在粉末层上移动，逐层构建出设计好的零件。在进行 PBF-EB/M（粉末床融合-电子束熔化）设计时，确保零件的结构完整性、功能性和制造效率是至关重要的。以下是一些关键的设计考虑因素。

（1）零件几何形状

① 复杂度与精细度：电子束的特性决定了应避免设计过于复杂或精细的结构，因为这可能增加制造的难度和导致缺陷的风险。设计师应简化零件结构，减少不必要的细节，以确保制造过程的稳定性和零件的可靠性。

② 壁厚均匀性：为了减少应力集中和防止变形，零件设计时应保持壁厚均匀。均匀的壁厚有助于确保零件在制造过程中的稳定性，并提高最终产品的机械性能。

③ 支撑结构设计：对于需要支撑的区域，应合理设计支撑结构。支撑结构不仅要在制造过程中提供稳定性，还要便于后续的移除，以避免对最终零件的

质量和性能造成影响。

（2）粉末材料选择

① 物理与化学特性：在选择粉末材料时，应考虑其熔点、热导率、机械性能等物理和化学特性。所选材料应能够在电子束的照射下均匀熔化，并具备良好的流动性，以确保零件具有致密的内部结构。

② 熔化与流动性：粉末材料在电子束的照射下应能够迅速且均匀地熔化，同时保持良好的流动性。这有助于减少制造过程中的缺陷，提高零件的质量。

（3）热影响区考虑

① 性能影响：电子束熔化过程中，热影响区是不可避免的。这一区域可能会对零件的性能产生不利影响，如降低材料的机械性能或导致残余应力。

② 优化措施：设计师可以通过优化零件结构、调整电子束参数或使用热障涂层等方法来减少热影响区的范围。这些措施有助于降低热影响区对零件性能的影响，提高零件的可靠性和耐久性。

（4）支撑结构

① 稳定性保证：在制造过程中，支撑结构对于确保零件的稳定性至关重要。它们能够防止零件在熔化过程中发生变形或塌陷，确保制造过程的顺利进行。

② 移除与影响：支撑结构应设计为易于去除，且不应影响最终零件的质量和性能。设计师应考虑支撑结构与零件之间的连接方式，以便在制造完成后能够轻松且无损地移除支撑结构。

（5）后处理

① 必要性考虑：电子束熔化制造的零件可能需要进行后处理，以进一步提高其表面质量、机械性能或满足特定的应用要求。

② 设计与预留：设计时，应充分考虑后处理的需求，预留足够的加工余量。同时，零件的结构也应适应于后处理操作，如热处理、打磨、抛光等，以确保最终产品的质量和性能。

表 3-14 为电子束粉末床熔合结构设计指南。

表 3-14　PBF-EB/M 结构设计指南　　　　　　　　　mm

壁厚		
最小壁厚 t	最小推荐壁厚 t	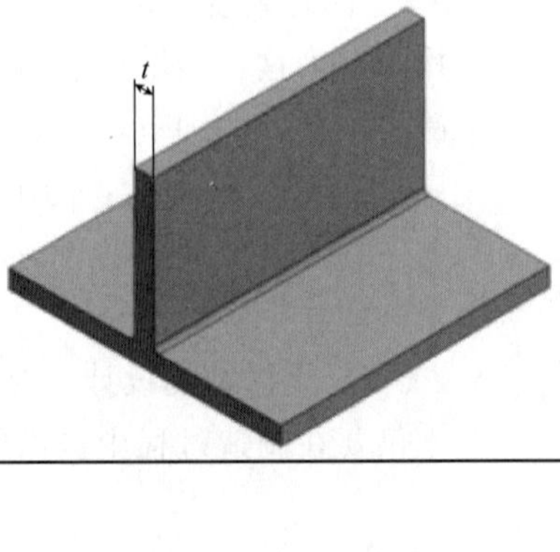
0.6	1	

壁厚

注释：

在实体材料中,虽然理论上可以构建出 0.6mm 厚的垂直壁,但在实际操作中,特别是在需要大面积墙壁或不同方向构建时,这可能会变得相当困难。因此,为了确保构建的稳固性和可靠性,推荐采用 1mm 作为安全的壁厚标准。当然,在短距离结构如格子结构中,可以采用特定的熔融策略,使得部件壁厚减少至 0.3mm。但请注意,这种极薄的壁厚并不适用于承重壁,因为它们可能会因分层或层移现象而受损。为了确保部件的强度和耐久性,建议在所有壁面的相交处都进行圆角处理

垂直槽口和圆孔		
水平圆孔最小直径 h	垂直圆孔最小直径 v	
0.5	1	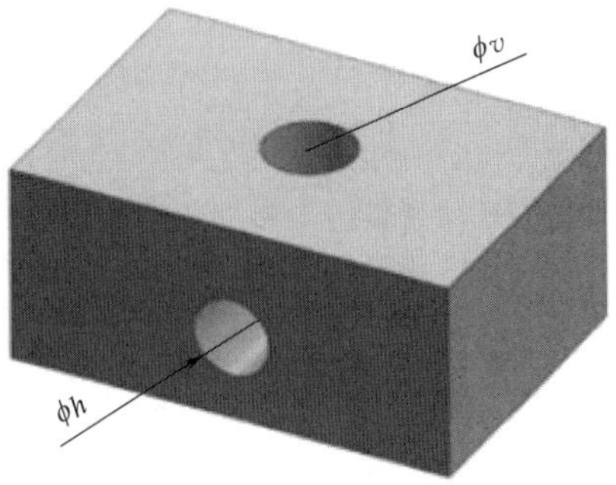

注释：

在电子束熔融(EBM)工艺中,孔、槽或管在任何角度下都会被部分烧结的粉末所填充。这种粉末块允许构建不同直径的孔而无须额外的支撑结构,但如果不能通过喷砂介质或手工工具轻松清理,这些粉末可能会难以移除。因此,在设计阶段就需要充分考虑这一点。

为确保粗糙表面不会导致孔被堵塞,推荐垂直孔的直径至少为 1mm,而水平孔的直径至少为 0.5mm。对于厚度超过 2mm 的壁体,垂直孔的直径一般不应小于 2mm,水平孔则不应小于 1mm。这些建议的尺寸有助于确保孔的顺畅使用和粉末的有效清理

移除粉末最小间隙		
水平间隙 h	垂直间隙 v	
1.0	1.0	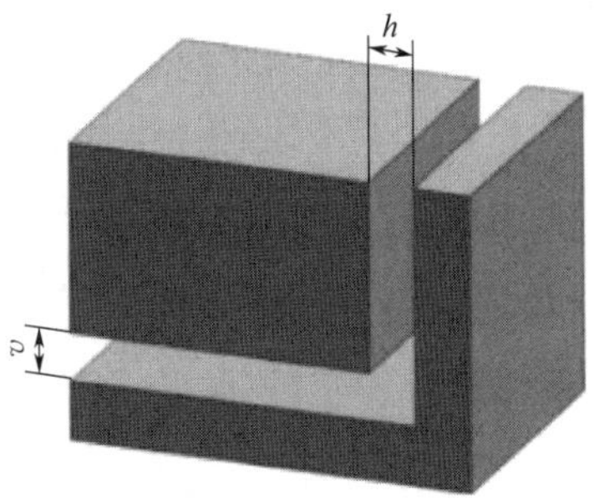

注释：

由于构建过程中部件周围会形成部分烧结的粉末块,因此必须预留足够的空间来允许使用喷砂等方式,从小缝隙、孔洞和部件的复杂结构中清除残留的部分烧结粉末。对于结构复杂的部件,可能需要设计更大的空间,以确保能够彻底去除这些粉末块。一般而言,为了在构建平台上实现各部件之间的热隔离,每个部件周围 1mm 的间隙通常是足够的

续表

螺纹	
如果可能的话,螺纹应始终垂直构建	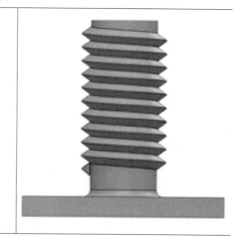

注释:

鉴于 EBM 技术所固有的表面粗糙特性,所有螺纹在制造完成后都需要进行攻螺纹或机械加工,以确保其精度和功能性。同时,建议在凸台底部与壁面相接处进行圆角处理。通常,圆角半径设为壁厚的四分之一是一个较为理想的选择

 —————— 思考题

1. 论述增材制造结构设计中的三个不同设计层次:直接零件替换的 AM、适应 AM 的设计和真正的面向 AM 的设计。
2. 简述增材制造技术的能力与约束。
3. 简述增材制造设计的总体思考过程。
4. 讨论增材制造零件设计的一般指导原则。
5. 论述增材制造零件的制造成本。
6. 如何通过结构设计减少打印时间?
7. 如何通过 AM 设计减少后处理?
8. 如何通过 AM 结构设计减少残余应力?
9. 阐述分别面向 FDM、VPP、LPBF、EBPBF 工艺的结构设计指南。
10. 案例分析:

① 面向 AM 的摄像头支架设计。

任务描述:进行电脑摄像头与显示器连接支架的创新设计。请给电脑摄像头和电脑显示器模型设计一个安装支架,支架一端安装在电脑显示器上,另一端安装在电脑摄像头下端。具体要求如下:支架要求设计美观;支架结构合理,角度可调节;摄像头与支架紧固连接,支架安装于显示器上,安全稳固;支架设计符合 3D 打印制作

工艺［图 3-45(a)］。

② 面向 AM 的汽车手机支架设计。

任务描述：进行汽车手机支架的创新设计。

具体要求如下：支架要求设计美观；支架结构合理，角度可调节；可以安装于空调出风口上；支架设计符合 3D 打印制作工艺［图 3-45(b)］。

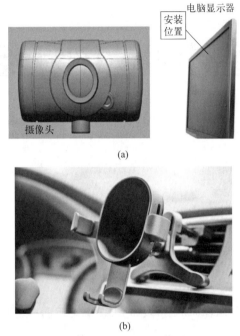

图 3-45 思考题图

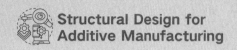

第4章

增材制造创新结构设计

在踏入本章"增材制造创新结构设计"的探索之旅前，让我们共同回望与展望，将科技的每一步前行与国家的宏伟蓝图紧密相连。增材制造，这一被誉为"制造业的未来"的先进技术，不仅深刻改变了产品设计与制造的传统范式，更是我国实施创新驱动发展战略、推动高质量发展的重要支撑。

本章中，我们将深入探索面向增材制造的多种创新结构设计方法，从拓扑优化设计的精妙布局，到免组装结构的智慧整合；从仿生结构设计对自然界的深刻领悟，到功能梯度材料设计对材料性能的极致追求；再到创成式设计方法赋予设计的无限可能，每一项技术都是人类智慧与自然法则和谐共生的结晶，是科技工作者对"中国制造"向"中国创造"跨越的生动实践。

在此过程中，我们不仅要学习这些前沿技术的理论知识与实践技能，更要深刻理解其背后所蕴含的国家意志与时代精神。正如我国航天事业的辉煌成就，离不开无数科研人员对轻量化、高强度材料结构的不断探索与创新，增材制造技术的每一次突破，都是向星辰大海进发征途中的坚实步伐。让我们以这些技术先驱为榜样，不仅追求技术的卓越与领先，更要在心中种下家国情怀的种子，将个人的理想追求融入国家发展的宏伟事业中。

机械创新设计除了机械设计科学基础。还包括机械系统设计（mechanical system design）、计算机辅助设计（computer aided design）、可靠性设计（reliability design）、有限元设计（finite element design）、反求设计（reverse design）、优化设计（optimal design），变异设计（variant design）、并行设计（concurrent design）等。而针对增材制造创新结构设计的方法也有很多，本章重点介绍面向增材制造的拓扑优化设计方法、免组装结构设计方法、仿生结构设计方法、功能梯度材料设计和创成式设计方法。

4.1　拓扑优化设计

4.1.1　拓扑优化设计概念

在现代工程设计中，对产品结构的研究日益深入，其中结构优化设计是一个关键领域。这种方法旨在利用现代数学、物理、力学及计算机技术，寻找满足特定设计要求的最佳结构形式。特别是随着有限元法和数学规划方法的引入，结构优化设计理论及其计算算法取得了显著进步。

拓扑优化作为结构优化方法的一种，其核心目的是在给定的约束条件下，如载荷、边界条件等，确定材料在设计区域内的最优空间分布。通过这种方式，拓扑优化能够在理论上实现材料的最大化利用，同时满足结构的载荷需求，达到轻量化设计的目的。

根据优化对象的不同，拓扑优化可分为两大类别：离散结构拓扑优化和连续体结构拓扑优化。离散结构拓扑优化主要针对桁架结构，关注节点间单元的连接方式及节点的增减。而连续体结构拓扑优化则更加复杂，它需要将优化区域的材料离散为多个单元，通过确定这些单元内部孔洞的位置、数量和形状，实现拓扑结构的优化。在连续体结构拓扑优化的众多方法中，均匀化法、变密度法、渐进结构优化法、水平集法以及独立连续映射法等方法得到了广泛的研究和应用。

离散结构拓扑优化的研究历史可追溯至 Michell 在 1904 年提出的桁架理论，这一理论为验证离散体结构优化设计提供了可靠的标准。随后，Dorn、Gomory 和 Greenberg 在 1964 年提出了基结构法（也称为"地面结构法"或"基础结构法"），这种方法克服了 Michell 桁架理论的局限性，将数值方法引入结构优化领域，为后续的拓扑优化研究奠定了基础。

近年来，连续体结构拓扑优化理论得到了快速发展，成为结构优化领域的热点和难点。与离散结构拓扑优化相比，连续体结构拓扑优化不仅要改变结构的边界形状，还需对结构中的孔洞进行优化，这增加了求解的难度。此外，结构优化的层次可分为尺寸优化、形状优化和拓扑优化，分别对应于详细设计、基本设计和概念设计等不同阶段（图 4-1）。拓扑优化处于概念设计阶段，其优化结果是后续设计的基础。然而，由于满足特定要求的结构拓扑形式多种多样且难以定量描述，拓扑优化的求解过程变得尤为复杂。

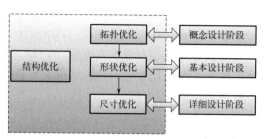

∧图 4-1　结构优化的三个阶段

此外，还存在一种结构布局优化，它综合考虑了尺寸、形状和拓扑等多方面的优化因素，同时还需考虑外力的分布、支撑条件以及结构单元类型的选择等。这种优化方法的数学模型更加复杂，求解难度更大，目前仍处于较低的研究水平。

然而，值得注意的是，拓扑优化设计的结果往往具有复杂的几何构型，采用传统的制造工艺进行制备具有很大的难度。这导致了拓扑优化方法与实际工程结构设计之间存在较大的鸿沟。在实际应用中，设计师往往需要根据制造技术和经验对优化结果进行二次设计，以满足可制造性和降低成本的要求。这种做法可能会损害结构的最优性，导致最终得到的结构性能无法达到理论上的最优水平。

此外，受传统设计理念及制造工艺的限制，结构往往仅进行宏观拓扑设计，未能充分利用结构在多尺度上的变化或空间梯度变化所带来的广阔设计空间，这限制了产品性能的进一步提升。因此，在未来的研究中，如何结合先进的制造技术，如增材制造等，实现拓扑优化结果的精确制备，是一个重要的研究方向。同时，也需要进一步探索结构在多尺度上的优化设计方法，以充分发掘结构设计的潜力，提升产品的综合性能。

4.1.2　增材制造拓扑优化

在 AM 领域，拓扑优化技术展现出了巨大的潜力，结合拓扑优化与增材制造的逐层构建能力，可以创造出既高效又美观的结构，满足复杂功能和性能需求。

在增材制造的实践中，拓扑优化主要应用于轻量化设计、功能化设计以及创新结构设计等方面。通过优化材料的分布，可以在保持结构强度和刚度的同时，显著减少材料用量，实现轻量化目标。此外，拓扑优化还可以根据实际需求优化结构的形状和内部空间分布，实现特定的功能需求，如生物医学领域的植入物设计。同时，拓扑优化还能够创造出传统制造方法难以实现的新型结构，为设计师提供更大的创新空间。

在实施拓扑优化时，通常需要借助高级的软件工具，这些工具能够根据给定的条件自动进行材料的分布优化。然而，拓扑优化在实际应用中仍面临一些挑战。例如，优化算法的复杂性、计算资源的限制以及增材制造过程中的精度和稳定性问题等都可能对优化结果的实现产生影响。因此，在将拓扑优化应用于增材制造时，需要综合考虑各种因素，确保优化结果的准确性和可行性。

将拓扑优化与增材制造相结合时，存在两种基本的集成理念。一种是修改拓扑优化结果以满足增材制造的可制造性要求，另一种则是保留拓扑优化结构并按需添加特征。这两种理念各有优劣，需要根据具体应用场景进行选择。同时，随着新兴增材制造技术和方法的出现，拓扑优化方法也在不断创新和发展，为设计师提供了更多的选择和可能性。

在实际应用中，拓扑优化在增材制造中的应用已经取得了显著的成果。例如，在高价值非固定式航空航天部件的制造中，拓扑优化技术结合增材制造能够实现轻量化和性能优化的目标。此外，在其他领域的案例研究中，拓扑优化也展现出了其强大的设计能力和应用潜力。

AM 设计作为现代制造技术的核心领域，其目标在于创建出能够高效支撑外部载荷，同时保持预期设计功能的组件。这一过程涉及材料选择、制造方法以及组件几何形状的精细调控，共同确保结构的完整性和性能达到最优。

组件的几何形状设计是 AM 设计中的关键环节。高度抽象的几何形状，其定义依赖于设计区域内各个位置的拓扑连接性，这种抽象程度为设计带来了更大的灵活性和创新性。而较低抽象层次的几何形状，则可以通过具体的几何参数来精确描述和定义，实现设计的精确性和可预测性，如图 4-2 所示。

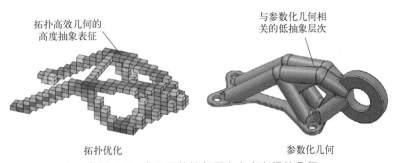

拓扑高效几的的高度抽象表征　　　与参数化几何相关的低抽象层次

拓扑优化　　　　　　　　参数化几何

△ 图 4-2　在不同的抽象层次上定义组件几何

在增材制造的背景下，拓扑优化成为了一种革命性的设计方法。它突破了传统制造方法的局限性，能够创建出复杂且高效的结构设计。通过优化材料的分布和内部结构，拓扑优化不仅满足了性能要求，而且显著减少了材料的使用，从而降低了成本，提高了生产效率。

随着 AM 技术的快速发展，拓扑优化在 AM 设计中的应用愈发广泛。拓扑优化与 AM 技术的结合，为设计师提供了前所未有的设计自由度。设计师可以利用 AM 技术制造出复杂的几何形状，而拓扑优化则能够指导材料在这些形状中的最优分布，从而实现结构的轻量化、功能化和性能最大化。

此外，拓扑优化还能够解决传统设计中常见的次优设计问题。次优设计往往由于制造方法的限制、对载荷场景的理解不足或设计时间紧迫等原因而产生。拓扑优化方法通过快速探索并确定结构上高效的材料分布，避免了这些问题，使得设计师能够在有限的时间内获得更优的设计方案。

在材料利用方面，特别是在增材制造环境中，拓扑优化更是展现出其经济价值与技术优势。通过精准控制材料分布，该技术能够在不牺牲结构完整性的前提下，最大限度地减少材料浪费，尤其对于航空航天、汽车等质量敏感领域，其减重效果直接转化为显著的经济效益。同时，在固定式应用如夹具、模具等领域，拓扑优化亦能助力快速产品部署与成本降低，推动制造业的持续发展。

在结构优化中有三种常用的方法：

① 结构响应的闭合形式表达式。这是一种传统的优化方法，它依赖于数学模型的精确性和完整性，通常适用于较为简单的结构形式。然而，随着结构复杂性的增加，这种方法的适用性会受到限制，因为其努力回报往往呈现递减趋势。

② 对优化结构先例的引用是一种基于经验和先例的优化方法。通过借鉴自然发生的现象以及已有的工程系统和结构，可以快速获得一些有价值的优化思路。然而，这种方法同样存在局限性，因为并非所有结构都可以找到完全匹配的先例，而且先例的优化程度也可能参差不齐。

③ 拓扑优化方法作为一种先进的优化技术，近年来在增材制造领域得到了广泛关注。它能够根据特定的性能要求，自动调整结构的形状和材料分布，从而实现全局最优设计。拓扑优化方法尤其适用于增材制造，因为它能够充分利用该技术的灵活性，制造出具有复杂几何形状和优化材料分布的结构。尽管拓扑优化方法的实施成本可能较高，但其带来的性能提升和成本节约往往能够弥补这些投入。

此外，为了进一步提升相关性能，设计者可以针对上述每种优化策略应用参数优化方法。参数优化方法允许设计师在保持结构基本形状和功能的同时，通过调整一系列参数来优化性能。这种方法特别适用于增材制造，因为它能够充分利用增材制造在制造复杂形状和内部结构方面的灵活性。

在面向增材制造的设计中，参数优化方法至关重要。这种方法允许设计师通过调整一系列设计参数，如结构尺寸、材料分布以及内部支撑结构等，来实现结构的轻量化、性能提升以及成本降低。参数优化不仅提升了产品的竞争力，更推动了增材制造技术的创新与发展。

参数优化的核心在于系统地分析不同参数组合对结构性能的影响。通过运用先进的算法和工具，设计师可以高效地探索各种可能的参数组合，从而找到最优的设计方案。这一过程不仅提高了设计效率，还确保了优化结果的准确性和可靠性。

（1）结构响应的闭合形式表达式

在工业结构设计中，闭合形式代数解因其计算高效、易于理解，常用于简化几何形状的设计，结合应力集中经验解能快速定义最优几何。图 4-3 展示了其与现有解兼容时的高效应用，而图 4-4 则揭示了面对复杂加载或几何形状时其局限性，可能导致次优设计。

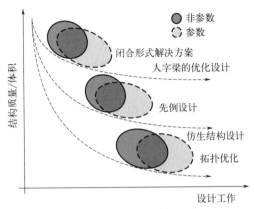

∧图 4-3　几种优化方法的优化效果

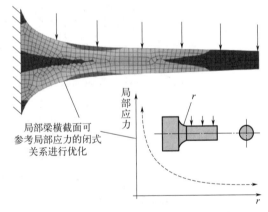

∧图 4-4　经典梁弯曲方程闭式解的应用

　　设计师需权衡闭合表达式的适用性与局限性：简单情形下，它是高效工具；复杂问题则需结合有限元分析、拓扑优化等高级方法，虽需更多资源，但能提供更精确结果。随着计算能力增强和仿真技术发展，复杂数值方法能处理难题，但需考虑计算成本与时间。因此，选择优化策略需综合考量设计需求、计算资源与时间成本。

　　总之，闭合形式表达式在工业结构设计中具有一定的应用价值，但也需要根据具体情况进行选择和应用。设计师应该根据设计需求和约束条件，权衡闭合形式表达式的优缺点，并结合其他优化方法和技术，以实现更高效的结构设计。

（2）现有优化结构的先例与借鉴

　　在结构优化的征途中，设计师们常常从历史的智慧宝库中寻找灵感。现有优化结构的先例，无论是工程领域的杰作还是自然界的奇迹，都是无价的知识宝库。这些先例不仅展示了结构优化的极限，还蕴含了丰富的设计哲学和实践经验。

工程领域的先例：从古代的桥梁、城堡到现代的摩天大楼、飞机和汽车，工程师们通过不断地实践和创新，积累了丰富的结构优化经验。这些成功案例不仅展示了结构在承载、稳定性和经济性方面的卓越表现，还提供了可借鉴的设计原则和技术手段。设计师可以通过研究这些先例，了解不同结构类型的特点和适用场景，从而为自己的设计提供有力的支持。

自然界的启示：自然界是结构优化设计的最佳教师。从蜂巢的六边形结构到蜘蛛网的精妙布局，再到鸟类骨骼的轻质高强度设计，自然界中的生物结构以其卓越的性能和优雅的形态，为设计师们提供了无尽的灵感。这些自然结构往往经过亿万年的进化优化，达到了近乎完美的状态。设计师可以通过观察和分析这些自然结构，学习其背后的设计原理和优化策略，进而应用到自己的设计中（图 4-5）。

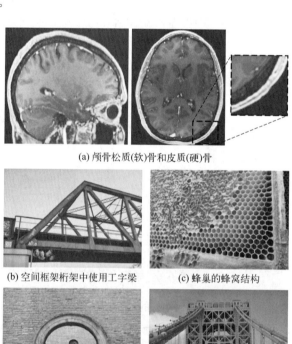

(a) 颅骨松质(软)骨和皮质(硬)骨

(b) 空间框架桁架中使用工字梁　　　　(c) 蜂巢的蜂窝结构

(d) 拱门避免陶瓷材料受到张力　　　　(e) 空间框架拱形吊桥

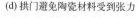

图 4-5　现有的工程结构和自然形态为高效设计提供灵感

然而，值得注意的是，现有优化结构的先例并非万能钥匙。每个设计项目都有其独特的需求和约束条件，因此不能简单地照搬照抄。设计师需要在借鉴先例的基础上，结合项目的实际情况进行创新设计。同时，也需要认识到先例的优化程度可能参差不齐，有些结构可能并非全局最优解，因此在借鉴时需要保持批判性思维，进行必要的验证和优化。

在面向增材制造的设计中，现有优化结构的先例尤为重要。增材制造技术以其独特的加工方式和材料特性，为结构优化提供了更广阔的空间。设计师可以通过借鉴现有优化结构的先例，结合增材制造技术的优势，创造出更加复杂、高效和经济的结构形式。例如，利用拓扑优化方法与增材制造技术相结合，可以设计出具有复杂内部结构和轻质高强特性的零件和产品。

总之，现有优化结构的先例是设计师们宝贵的财富。通过借鉴这些先例的经验和智慧，设计师们可以更加高效地开展结构优化设计工作。同时，也需要保持开放的心态和创新的思维，不断探索新的设计方法和技术手段，以应对日益复杂和多样化的设计挑战。

4.1.3　几种典型的拓扑优化方法

在工程结构的高效商业化征途中，当现有结构难以与闭合解或标准实施案例完美契合时，设计领域便迎来了独特的挑战。此时，依赖传统经验或直觉进行手动拓扑选择的方法，因主观性强且难以捕捉反直觉的最优解，常导致设计成果仅停留于次优水平。为解决这一难题，工程界亟须一种系统化、客观化的结构优化方法，而拓扑优化方法正是这一需求的精准回应。

拓扑优化方法的核心在于，它能在复杂加载条件下，通过算法自动探索并优化结构的几何连通性，创造出既新颖又高效的设计方案。此方法超越了设计师的直觉限制，减少了人为干预的不确定性，大幅提升了设计效率与质量，为工程结构的高效商业化铺平了道路。

其核心思想在于，在给定的设计空间与约束条件下，算法自动寻求材料的最佳分布。与传统方法相比，拓扑优化展现了更高的灵活性与精确度，显著降低了设计过程中的试错成本与时间消耗。然而，其应用亦非毫无障碍，计算成本高、收敛速度慢及制造可行性等问题仍需克服。

针对这些挑战，设计师正积极寻求解决方案，如改进算法、引入并行计算以提升效率，结合参数优化细化设计以满足制造要求。此外，明确拓扑优化与局部形状优化的概念差异，并在实际应用中综合运用两者，已成为商业最佳实践。拓扑优化为全局结构布局提供指导，而参数优化则专注于局部细节的精细调整，共同推动设计向最优状态迈进。

在应用中，拓扑优化助力设计师在初始阶段就确定材料的理想分布，实现轻量化设计，同时满足结构性能要求。随后，参数优化进一步微调设计变量，确保产品既符合性能标准，又满足制造与装配的实际需求。这一过程，旨在针对特定工程功能，在设计空间内寻找材料的有效分布，以优化目标函数，同时严格遵守各项约束条件，确保设计成果的可靠性与实用性。

在拓扑优化实践中，设计师运用前沿的数学与计算方法，深度挖掘设计空间，旨在发现最佳材料布局方案。核心工具包括有限元分析、高效优化算法以及先进的计算机模拟技术。有限元分析精准模拟复杂物理过程，评估设计方案性能；优化算法则在浩瀚设计空间中智能搜寻最优解，通过迭代调整设计变量（如材料布局与形状），逐步优化目标函数；计算机模拟则赋予设计师即时监控与评估设计变动的能力，加速了优化流程。

应用拓扑优化时，需谨慎考量约束条件、目标函数与设计空间，确保优化成果既实用又可行。随着计算技术的飞速发展，拓扑优化正迈向更高效、精准的设计新时代，为工业创新提供强大动力。

回顾历史，拓扑优化问题长期占据学术与工业研究前沿，众多学者贡献卓越，策略纷呈，推动领域不断前行。本书聚焦工业应用中表现突出的拓扑优化方法，如 Michell 桁架理论、水平集法、离散方法（涵盖双向渐进结构优化与含惩罚项的固体各向同性材料法）、可移动变形组件法等，并对这些方法进行简要阐述。

（1）Michell 桁架

20 世纪初，Michell 在拓扑优化领域做出了开创性的贡献，其理论为这一领域的发展奠定了坚实基础。他提出，沿主应变向量对齐桁架结构元素，可以构建出质量最小且在挠度限制内的平面结构。这一方法不仅具有理论深度，而且具有极高的实践应用价值，为后续拓扑优化研究提供了重要思路。

随着研究的深入，Michell 桁架方法的应用范围不断扩展。最初，它主要针对平面结构进行优化设计，但近年来，这些成果已经成功扩展到适应不对称和L 形等复杂几何形状的结构，如图 4-6 所示，图中清晰地展示了 Michell 桁架如何适应不同的几何形状，实现结构的优化。这一进展展示了 Michell 桁架方法的广泛适用性和灵活性。更为值得一提的是，Michell 桁架方法已经进一步扩展到三维结构领域。在三维空间中，设计师可以利用这一方法更加精确地探索和优化材料的分布，实现结构性能的最大化。

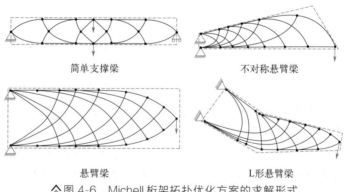

简单支撑梁　　　　　　　　　　不对称悬臂梁

悬臂梁　　　　　　　　　　　　L形悬臂梁

↖图 4-6　Michell 桁架拓扑优化方案的求解形式

Michell 桁架方法的主要优点在于它能够根据结构的受力特点精准地优化材料的分布，进而实现结构的轻量化设计。这种优势使得 Michell 桁架方法特别适用于对质量敏感且需要承受复杂载荷的应用场景，如航空航天、汽车等领域。在这些领域中，通过精确控制桁架结构元素的布局和尺寸，Michell 桁架方法可以在满足性能要求的同时，最大限度地减少材料的使用，从而实现成本节约和性能提升的双重目标。

随着增材制造技术的飞速发展，Michell 桁架方法在 DfAM 领域的应用也变得越来越广泛。增材制造以其独特的优势，如能够制造出复杂且精细的结构，为 Michell 桁架方法的实现提供了有力支持。通过 DfAM 工具，设计师可以在设计初期就充分考虑到制造约束和要求，从而优化出更适合增材制造的结构形式。这种优化不仅可以提高制造效率，还可以进一步降低制造成本，为产品的快速迭代和个性化定制提供了可能。

然而，Michell 桁架方法在实际应用中仍面临一些挑战。首先，如何准确预测和模拟结构的受力情况是一个关键问题。这需要借助先进的有限元分析和数值模拟技术，对结构在不同载荷作用下的响应进行深入研究。其次，如何优化桁架结构元素的布局和尺寸也是一个技术难题。这需要利用优化算法和计算机技术，对大量可能的方案进行搜索和比较，以找到最优解。最后，如何确保优化后的结构满足制造要求也是一个需要关注的问题。这需要在设计过程中充分考虑材料的可加工性、制造精度和工艺约束等因素。

针对这些挑战，未来的研究将需要继续探索和完善 Michell 桁架方法。一方面，可以通过改进优化算法和数值模拟技术，提高预测和模拟的准确性；另一方面，可以加强与增材制造技术的结合，研究更适合增材制造的桁架结构形式和制造工艺。此外，还可以探索将 Michell 桁架方法与其他拓扑优化方法相结合，形成更为综合和高效的优化策略。

（2）水平集方法

水平集方法是一种高效的拓扑优化技术，它通过明确的数学表达式来描述固体与空腔之间的结构边界。这种方法的核心在于利用闭式函数来表示从设计域中去除材料的灵敏度，进而通过平面与灵敏度函数的相交来得到最优几何结构的水平集表示（图 4-7）。水平集方法因其对结构边界的数学化定义而具有显著优势，并在三维几何和多种物理现象中得到了验证。

水平集方法的优点主要体现在其能够精确地描述和优化复杂的结构边界。通过数学表达式的运用，设计师可以精确地控制结构的形状和拓扑结构，从而实现对材料分布和性能的优化。这使得水平集方法在处理具有复杂几何形状和拓扑结构的设计问题时尤为有效，例如航空航天领域的复杂构件设计以及汽车领域的轻量化设计。

然而，水平集方法也面临一些挑战。首先，其复杂的数学表达式和计算过程可能导致较高的计算成本，特别是在处理大规模或高复杂度问题时。其次，对于特定的设计问题和约束条件，可能需要开发专门的水平集方法以适应不同的应用场景。此外，将水平集方法应用于增材制造领域还需要克服制造过程中的约束和挑战，如材料的可打印性、制造精度等。

因此，对于致力于 DfAM 的研究者来说，将水平集方法扩展到增材制造应用具有战略意义。通过深入研究水平集方法与增材制造技术的结合点，可以探

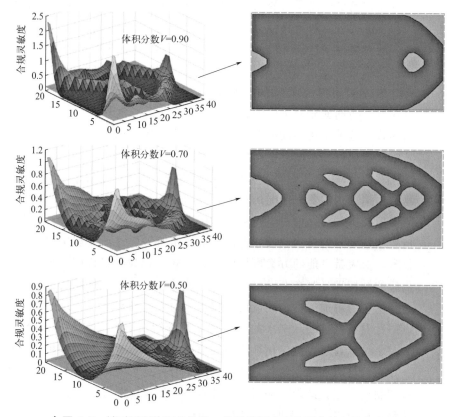

⋀ 图 4-7　针对不同体积分数的二维悬臂梁应用水平集的拓扑优化策略

索出更多创新性的应用方案。例如，利用水平集方法优化增材制造部件的结构设计，以提高其性能并降低制造成本；或者改进水平集方法的计算效率和精度，以适应增材制造领域对高效、精确设计的需求。这些努力将有助于推动增材制造领域的创新与发展，为工业界带来更多的实际应用价值。

（3）离散（体素）方法

离散（体素）方法是一种在商业上广泛应用的拓扑优化策略，它基于连续体的离散表示。在这种方法中，设计域通常被离散化为方形或立方几何体，即体素。这种离散化过程使得复杂的设计问题能够被简化为一系列更易于处理的子问题。

具体而言，通过将三维空间划分为 nx、ny、nz 个体素，得到了一个包含 N 个独特体素的阵列（图 4-8）。这些体素作为基本的优化单元，允许应用数值方法来评估其应力和应变状态，以及相关的性能度量，如结构质量和挠度。在众多的体素拓扑优化方法中，双向进化结构优化（BESO）和固体各向同性材料惩罚（SIMP）方法在文献中占据主导地位。

离散方法的显著优势在于其处理复杂几何形状和拓扑结构的能力，以及相对容易在计算机上实现的特点。通过将连续体离散为体素，可以将复杂的优化问题分解为更简单的子问题，从而简化计算过程。此外，体素方法提供了灵活

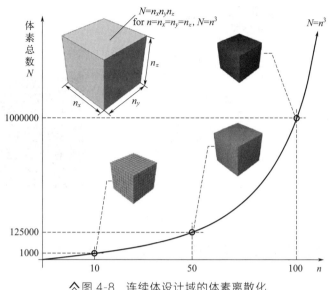

∧ 图 4-8　连续体设计域的体素离散化

的建模方式，允许设计师方便地进行修改和优化设计。

　　然而，离散方法也面临一些挑战和局限性。首先，离散化过程本身可能引入误差，这会影响优化结果的准确性。其次，随着设计域规模的增大，体素数量会急剧增加，导致计算成本显著上升。此外，对于某些特定问题，可能需要采用特殊的离散化策略和处理方法。

　　为了克服这些局限性并提高离散方法的效率和性能，研究者们一直在探索各种改进策略。例如，通过优化离散化过程来减少误差，采用更高效的数值方法以加速计算，以及开发并行计算技术来处理大规模问题。这些努力有助于推动离散方法在拓扑优化领域的进一步发展，并使其在实际应用中更具竞争力和实用性。

　　① 双向进化结构优化（BESO）方法　双向进化结构优化方法是一种高效的拓扑优化策略，它结合了体素离散化和数值分析，以迭代方式优化结构的拓扑布局。该方法的核心思想是通过添加或删除离散体素，使结构在特定体积分数约束下最小化应变能，从而逐步进化为更高效的拓扑结构。

　　在 BESO 方法的实施过程中，首先需要对设计空间进行体素离散化，即将连续体划分为一系列的体素单元。然后，应用数值分析来评估这些体素单元的应力和能量密度等代表性特征。基于这些特征的相对值，BESO 方法通过添加或删除体素来进行结构的进化。这个进化过程受到一系列控制因素的调节，如允许的进化速率（ER）和滤波器半径（$r_{\min}$），以确保优化过程的稳定性和收敛性（图 4-9）。

　　在 BESO 方法中，为了确保优化过程的可控性和避免不理想的解决方案，引入了一系列控制因素。其中，允许的进化速率（ER）是一个重要的控制参数。它限制了每一迭代步骤中体素添加或删除的最大数量，从而确保了优化过

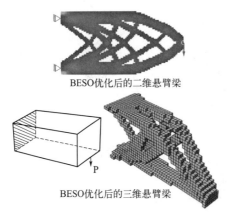
BESO优化后的二维悬臂梁

BESO优化后的三维悬臂梁

无效单元

⋀图 4-9　具有代表性的 BESO 解决方案

程的平稳进行。通过合理设置进化速率，可以避免优化过程中出现剧烈的拓扑变化，确保了优化进程的平滑性与稳健性。

另一个关键的控制因素是滤波器半径（$r_{\min}$）。滤波器在 BESO 方法中起到了平滑和优化结果的作用。通过设置滤波器半径，可以控制滤波器对体素状态的影响范围。较小的滤波器半径会使优化结果更加精细，但可能增加计算复杂性和不稳定性；而较大的滤波器半径则会使优化结果更加平滑，但可能牺牲一些局部细节。因此，合理选择滤波器半径对于获得理想的优化结果至关重要。

BESO 方法以硬和软两种变体实现，以适应不同的优化需求。硬变体直接删除或添加体素，而软变体则通过调整体素的密度来避免不连续性，使得优化过程更加平滑。这使得 BESO 方法能够处理包括热和振动问题在内的一系列商业工程挑战。

BESO 方法具有记录详尽的特点，许多出版物提供了关于如何在给定计算资源下最大化拓扑优化结果的指导。谢亿民在 1993 年提出一种连续体拓扑优化方法。其主要思想是依照生物进化的概念，根据某种给定的优化准则将对结构贡献效率低或者没有效率的材料单元逐步"杀死"删除，逐渐形成以存留单元为结构的优化结果。

总的来说，BESO 方法是一种强大而灵活的拓扑优化策略，它能够通过迭代进化结构来实现高效的拓扑布局。随着计算资源的不断提升和优化算法的不断改进，BESO 方法有望在更多领域得到应用，为工程设计和制造带来更多的创新和突破。

② 带惩罚项的固体各向同性材料方法　在 Sigmund 于 2001 年推出了著名的"99 行程序"MATLAB 程序后，固体各向同性材料惩罚方法（solid isotropic material with penalization，SIMP）迅速被各个领域的拓扑优化研究人员应用。该方法引入人工密度作为设计变量，假定材料力学性质与人工密度之间呈幂函数关系，进而将拓扑优化问题转化为人工密度分布问题，并通过优化人工密度得到结构最优拓扑。SIMP 方法是一种在拓扑优化问题中常用的密度-

刚度插值模型。

其目标函数、设计变量和约束条件的具体内容可能会因具体问题和应用场景的不同而有所变化,但以下是一些基本的概述。目标函数:拓扑优化的目标函数通常反映了设计的需求和期望,比如结构的性能(如刚度、强度等)、质量、成本等。在 SIMP 方法中,目标函数可能包括最小化结构的总体积(或质量),同时保持一定的结构性能。这个目标函数可以通过设计变量的优化来实现。设计变量:在 SIMP 方法中,设计变量是结构各个单元的密度。这些密度值可以是连续的,也可以是离散的(例如,0 表示孔洞,1 表示实体材料)。通过优化这些密度值,可以实现结构的拓扑变化,从而满足目标函数的要求。约束条件:约束条件限制了设计变量的取值范围和优化过程中的可行性。在 SIMP 方法中,约束条件可能包括结构的性能要求(如刚度、强度等)、边界条件、材料属性等。这些约束条件可以通过数学表达式或不等式来描述,以确保优化结果的有效性和可行性。

需要注意的是,SIMP 方法是一种通用的拓扑优化方法,其目标函数、设计变量和约束条件的具体形式可能会因具体问题和应用场景的不同而有所变化。因此,在实际应用中,需要根据具体情况来选择合适的目标函数、设计变量和约束条件,以实现有效的拓扑优化。SIMP 方法在拓扑优化领域占据重要地位。它依据预设的设计体积 U,以固体体素阵列作为初始条件,随后借助数值分析,精确识别局部机械响应,并优化全局目标,如最小化柔度。在这一过程中,SIMP 方法基于局部机械响应(通常以应变形式体现)来确定体素的局部材料密度,进而优化拓扑优化问题的解决方案。

然而,SIMP 方法所生成的连续体素密度分布在制造实践中存在局限性,因为均质材料无法直接实现这种分布。为克服此限制,SIMP 方法引入了惩罚因子,旨在减少中间密度的出现,促使体素更加趋近于固体或空腔状态。这种策略成功避免了中间密度,使得拓扑优化结果更符合实际制造要求,如图 4-10 所示。

尽管如此,SIMP 方法在应用过程中仍面临一些技术挑战。其中之一是棋盘格现象,即在未应用惩罚项的中间密度模拟中,相邻体素会交替呈现固体和空腔状态。为应对这一挑战,SIMP 方法在应用惩罚项之前,引入了滤波器 r_{min},对状态空间进行平滑处理,从而有效消除了棋盘格现象。

另一个技术难题是拓扑优化结果对相关控制参数的敏感性。即使在相同的边界条件和加载条件下,SIMP 方法使用不同的控制参数也可能产生截然不同的拓扑解。这表明 SIMP 方法并不能保证找到全局最优解,其生成的特定解在很大程度上取决于输入参数。为了应对这一挑战,研究者们采用了参数化方法,通过系统地改变输入参数来识别高性能的最优解。尽管这种方法实用且易于实施,但由于其本质上属于穷举搜索,可能会增加计算时间。

为了克服 SIMP 方法存在的挑战并进一步提升其性能,研究者们正在探索新的算法和技术。例如,通过改进滤波器的设计和应用策略,可以更精确地控

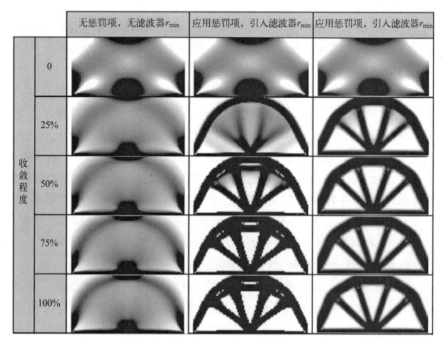

	无惩罚项，无滤波器r_{min}	应用惩罚项，引入滤波器r_{min}	应用惩罚项，引入滤波器r_{min}
0			
25%			
50%			
75%			
100%			

∧图 4-10 针对不同的收敛程度和参数控制提出的 SIMP 解决方案

制棋盘格现象的发生。同时，通过优化控制参数的选择和调整方法，可以降低拓扑优化结果对参数的依赖性，提高解的鲁棒性。此外，随着机器学习和人工智能技术的不断发展，研究者们正在尝试将这些先进技术应用于 SIMP 方法中，以更有效地搜索全局最优解，降低计算成本。

随着增材制造技术的迅猛发展，SIMP 方法在 DfAM 领域的应用前景愈发广阔。将 SIMP 方法与增材制造技术相结合，可以设计出具有复杂内部结构和优异性能的产品，为工业生产和产品创新提供有力支持。因此，深入研究 SIMP 方法并推动其在 DfAM 领域的应用具有重要的现实意义和价值。

（4）可移动变形组件法（MMC）

大连理工大学的郭旭教授团队提出了一种创新的结构拓扑优化方法——可移动变形组件（MMC）法。该方法采用超椭圆等简洁的几何形状作为基本设计单元，通过显式地描述和动态调整这些单元的位置、形状及尺寸，实现结构的最优化［图 4-11（a）］。

MMC 方法的核心优势在于其直观性和高效性：

① 直观性：通过显式几何描述，避免了传统隐式方法中的模糊性，使得结构拓扑的变化过程清晰可见，优化结果更加明确。

② 高效性：设计变量仅限于组件的参数，显著降低了优化问题的复杂度和计算量，从而提高了计算效率，相较于传统方法，其计算速度有显著提升。

此外，MMC 方法还具备以下特点：

① 设计变量少：有效减少了设计过程中的变量数量，简化了优化过程。

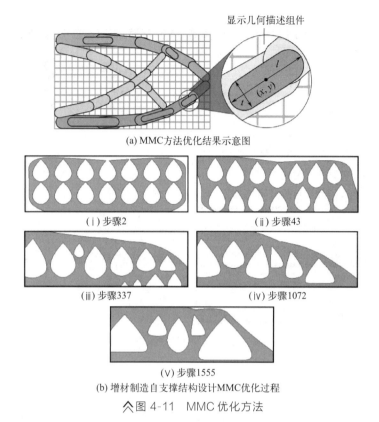

(a) MMC方法优化结果示意图

（ⅰ）步骤2　　　　　　　　　（ⅱ）步骤43

（ⅲ）步骤337　　　　　　　　（ⅳ）步骤1072

（ⅴ）步骤1555

(b) 增材制造自支撑结构设计MMC优化过程

⚠ 图 4-11　MMC 优化方法

② 边界清晰：优化后的结构具有清晰的边界，便于后续的设计、分析和制造。

③ 广泛适用性：不仅适用于单材料结构优化，还能灵活应用于多材料、复合材料及增材制造等领域，展现出强大的通用性和扩展性。

郭旭教授团队已经将 MMC 方法应用于多个领域，包括复杂曲面薄壁结构优化设计、多材料结构拓扑优化、纤维增强复合材料结构优化以及增材制造自支撑结构设计［图 4-11(b)］等。这些应用实例展示了 MMC 方法在解决复杂结构优化问题中的强大潜力。其研究团队依托国家重点研发计划"工业装备结构拓扑优化核心算法与自主可控软件研发"项目开发了自主可控的工业装备结构拓扑优化软件 DLUTopt，公测版 v1.0 软件界面如图 4-12 所示。该软件充分考虑了用户操作习惯，采用"控制台＋核心功能模块"集成的软件架构，集成了郭旭教授独创的移动可变形组件方法、复杂曲面薄壁结构拓扑/加筋优化方法以及人工智能增强的超大规模结构拓扑优化算法。软件控制台包含前处理、核心优化算法、后处理与模型导出和优化报告四个功能模块。该软件的特点为：完全自主可控，前处理支持内部建模或外部模型导入，内核为独创的先进结构拓扑优化算法，无须用户参与即可导出光滑化几何模型和优化设计结构校验报告，百万量级以上三维拓扑优化问题求解效率较商用软件可提升 1～2 个数量级。

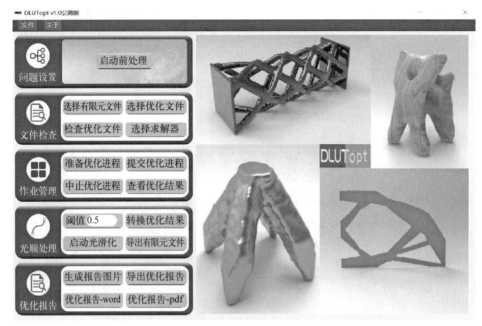

△图 4-12　基于 MMC 方法的 DLUTopt v1.0 公测版界面

　　图 4-13 清晰展示了 Michell 桁架、MMC 方法、水平集方法以及体素方法（包括 BESO 和 SIMP）在解决集中载荷悬臂梁问题时所得到的可行解。从实际应用效果来看，这些方法提供的解决方案在性能上展现出相当的竞争力，这一

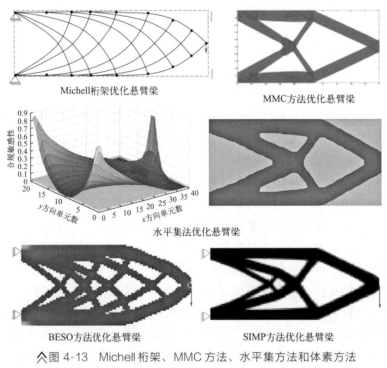

△图 4-13　Michell 桁架、MMC 方法、水平集方法和体素方法
（如 BESO 和 SIMP）在集中载荷悬臂梁问题上的可行解

发现或许有些出乎意料，因为学术界对于不同拓扑优化方法相对优势的探讨一直颇为热烈。对于致力于高效运用拓扑优化技术来识别最优几何形状的实践设计师而言，关键在于根据项目的特定需求和偏好，选择最合适的拓扑优化方法。同时，他们应深刻认识到每种方法都伴随着其固有的局限性，以及在实施过程中可能遭遇的种种挑战。因此，在决策过程中，全面评估并权衡各种因素显得尤为重要。

4.1.4　考虑增材制造工艺约束的拓扑优化设计方法

在考虑增材制造工艺约束的拓扑优化设计方法中，增材制造技术凭借其独特的优势，能够实现复杂几何结构的精确制造，然而其工艺特性也引入了一系列独特的制造约束，如结构尺寸限制、支撑需求、制造缺陷及连通性要求等。这些约束的妥善处理对于确保拓扑优化结果的直接可制造性至关重要，已成为学术界和工业界共同关注的焦点。

（1）尺寸特征控制

鉴于不同 3D 打印设备的打印精度各异，有效控制拓扑优化结果的特征尺寸成为首要任务。通过引入最小尺寸特征约束，可以避免生成难以制造的细杆结构，确保设计结果的实用性。未加控制的优化结果往往包含细微结构，这些对于低精度打印机而言是制造难题。得益于长期的研究积累，尺寸控制方法体系已相对完善，能够有效指导拓扑优化过程中的尺寸管理。

（2）自支撑结构设计

在增材制造过程中，大悬挑结构通常需要额外支撑以防止坍塌，这不仅增加了打印时间和成本，还可能在支撑去除过程中影响表面精度。因此，设计自支撑结构成为研究热点。通过优化算法自动识别并规避大悬挑结构（图 4-14），可以显著降低支撑需求。然而，当前模型多基于理论假设，缺乏广泛的实验验证。未来研究应聚焦于建立 Benchmark 模型，通过大量实验数据精确界定自支撑标准，为拓扑优化设计提供坚实基础。

（3）制造缺陷考量

尽管增材制造技术发展迅速，但其工艺成熟度仍有待提升，制造缺陷如材料各向异性、表面粗糙度及材料属性不确定性等问题不容忽视。学者们已开始将制造缺陷纳入拓扑优化模型，以减轻其对结构性能的影响。然而，现有缺陷模型多为理论构建，与实际情况存在偏差。未来研究应深入探索增材制造的材料成形机理，建立更加贴近实际的缺陷模型，并有效融入拓扑优化流程，以提升设计结果的可靠性。

（4）连通性约束处理

在增材制造过程中，确保结构内部无封闭孔洞对于后续支撑材料或未熔融粉末的去除至关重要（图 4-15）。针对连通性约束，研究者们提出了创新的解决方案，如基于虚拟温度比拟的结构连通性描述方法。该方法将连通性约束转化为温度阈值控制问题，简化了优化过程，并成功应用于多种复杂结构的设计中。这一创新不仅提高了拓扑优化设计的效率，还显著降低了制造成本和难度，为增材制造技术在高端领域的应用开辟了新路径。

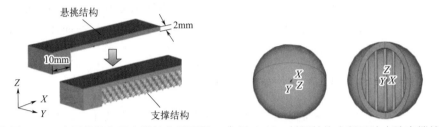

∧图 4-14　大悬挑结构及支撑结构示意图　　∧图 4-15　封闭结构内部无法去除支撑结构

（5）拓扑优化结果与增材制造可制造性的权衡

在产品设计流程中，拓扑优化与增材制造可制造性的平衡至关重要。拓扑优化追求最优材料分布以提升性能，而增材制造则要求设计具备实际生产的可行性。因此，将拓扑优化成果融入增材制造时，需细致考量两者间的平衡。

增材制造技术赋予设计高度自由，但也伴随着制造约束，如最小特征尺寸、自支撑角度、热导率影响及材料包裹难题。这些挑战要求拓扑优化时需预先考虑增材制造的可制造性。

尽管拓扑优化结果常更契合增材制造，但在某些情况下仍需权衡性能与可制造性。为此，已开发多种集成工具，旨在优化结构与制造之间的和谐共存。这些工具主要分为两类：一类调整优化结果以符合制造约束，可能牺牲部分性能；另一类保留优化拓扑，通过添加材料、修改工艺或增设支撑来确保可制造性，适用于高性能需求且接受一定制造复杂度的产品。

图 4-16 展示了两种策略应用于悬臂梁的例子，直观对比了调整优化结果与保留拓扑并增加支撑的差异。前者制造简便但性能或受影响，后者则能同时保障性能与可制造性。

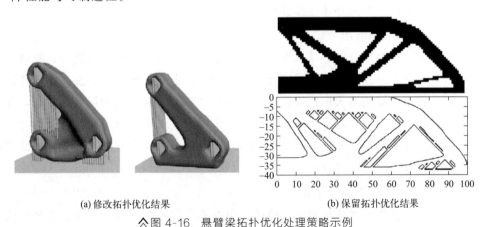

(a) 修改拓扑优化结果　　(b) 保留拓扑优化结果

∧图 4-16　悬臂梁拓扑优化处理策略示例

当前，多数集成工具倾向于调整优化结果以优化可制造性，但商业应用更看重结构效率与性能。因此，开发既能保留结构效率又兼顾增材制造可制造性的集成工具，仍蕴含丰富的商业与研究潜力。

总之，平衡拓扑优化与增材制造可制造性是产品设计中的关键挑战。通过不断创新与优化集成工具，我们能够更好地融合两者优势，推动产品设计领域的持续进步。

（6）拓扑优化仿真计算成本相关的挑战

拓扑优化，作为一种前沿的结构设计方法，尽管为设计创新提供了强大的工具，但在实际应用中却面临着仿真计算成本方面的重大挑战。随着设计问题的复杂性和规模的增加，所需的计算资源和时间急剧上升，这种现象被业界形象地称为"维度诅咒"。尤其在拓扑优化过程中，需要采用迭代的方式数值求解有限元问题，这使得计算成本问题更加凸显。

具体来说，拓扑优化策略依赖于数值分析技术，尤其是有限元方法，来精确求解结构场变量。有限元方法以其通用性和灵活性著称，能够处理各种复杂的几何形状、边界条件和加载情况。然而，在处理大规模问题时，其计算效率往往不尽如人意。随着体素数量的增加，计算成本呈指数级增长，迅速超出了一般计算硬件的处理能力（图 4-17）。

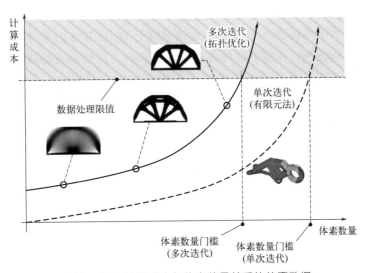

︽图 4-17　计算成本与体素数量关系的仿真数据

对于拓扑优化而言，由于其求解过程需要迭代进行，以达到特定拓扑解的收敛性，因此计算成本问题进一步加剧。每一次迭代都需要重新进行有限元分析，这不仅增加了计算时间，也增加了计算资源的消耗。因此，在实际应用中，拓扑优化的计算成本往往成为限制其应用范围和效率的关键因素。

为了应对这一挑战，实用设计策略需要充分考虑拓扑优化方法的计算效率问题。一种有效的策略是利用计算成本与体素数量之间的关系，合理设定解决方案空间中允许体素数量的上限。这有助于设计师在给定计算成本下，权衡计算精度和效率，选择合适的体素数量。

此外，随着计算技术的不断发展，一些新兴的技术和方法也为缓解拓扑优化计算成本问题提供了可能。例如，利用并行计算技术可以显著加速有限元分析的过程；采用代理模型或降阶模型可以简化计算过程，降低计算成本；以及应用自适应网格细化等技术，可以在保证计算精度的同时，有效减少计算量。

综上所述，拓扑优化仿真计算成本相关的挑战是一个亟待解决的问题。通过合理利用计算资源、采用先进的计算技术和方法，以及在设计策略中充分考虑计算效率问题，我们有望克服这些挑战，进一步推动拓扑优化在结构设计领域的广泛应用。

4.1.5 参数优化的关键应用与策略选择

在增材制造领域，参数优化作为设计优化的核心策略，其重要性不言而喻。该方法通过精确调整一系列控制参数，如尺寸、角度和位置等，优化产品的性能，实现局部几何形状的精细雕琢。

（1）蛮力法（穷举搜索）

蛮力法是一种直接且全面的优化方法，它尝试所有可能的参数组合以寻找最优解。这种方法的优势在于其彻底性，能够确保不遗漏任何潜在的优化方案。然而，随着参数数量的增加，计算量会急剧上升，因此在实际应用中常采用全因子实验设计（DOE）或部分因子DOE等方法来降低计算成本。尽管计算负担较重，但蛮力法具有并行处理能力，可以显著提高计算效率，尤其适用于计算资源充足的情况。

（2）顺序优化方法

与蛮力法不同，顺序优化方法利用先前的评估结果来指导后续的搜索方向，从而减少收敛到最优解所需的迭代次数。这类方法包括梯度方法和无梯度方法，如Nelder-Mead单纯形法。梯度方法通过计算目标函数对参数的梯度信息来快速定位优化方向，具有较高的收敛速度和精度，但计算梯度信息可能较为复杂。相比之下，Nelder-Mead方法无须梯度信息，通过一系列简单的迭代操作来逼近最优解，具有较强的鲁棒性和适用性。

（3）实际应用中的策略选择

在增材制造的设计优化实践中，参数优化方法的选择需根据具体问题的性质、计算资源的可用性以及对优化效率和精度的要求来综合考虑。

① 问题性质：对于设计空间复杂、参数间相互作用强烈的问题，可能需要采用更为全面的优化方法，如蛮力法结合并行计算。而对于设计空间相对简单、参数间独立性较强的问题，则可以选择收敛速度更快的顺序优化方法。

② 计算资源：计算资源的可用性也是选择优化方法的重要因素。如果计算资源充足，可以考虑采用计算量较大的蛮力法；如果计算资源有限，则需要选择更为高效的顺序优化方法。

③ 优化效率与精度：在某些情况下，可能需要权衡优化效率和精度。如果

追求更高的优化精度，可能需要采用更为复杂的优化方法，并付出更多的计算成本；如果希望快速获得优化结果，则可以选择计算效率更高的方法，但可能需要在精度上做出一定妥协。

综上所述，参数优化在增材制造的设计优化中发挥着重要作用。通过合理选择优化方法，可以实现对产品性能的显著提升。设计团队应根据具体问题的实际情况，灵活运用蛮力法和顺序优化方法，以达到最佳的设计效果。

4.1.6　拓扑优化与创成式设计在增材制造中的应用（BC2AM）

增材制造方法的核心商业优势在于其能够根据数字数据表示快速、准确地制造出商业级组件。为了实现这一商业目标，关键在于以最小化的手动工作量生成满足特定设计要求的数字数据。理想情况下，这一过程应通过生成式方法实现，其中最终设计由算法自动确定，设计工程师则负责监督这些算法的运行，而无须提供具体的设计输入。本章 4.5 节将对创成式方法进行概述。

拓扑优化为需要满足复杂设计要求的工程系统提供了创成式设计的巨大机遇。例如，如图 4-18 所示，在特定加载条件下，符合规定的结构设计存在一系列潜在的解决方案。这些拓扑变体是通过调整与设计域内体素数量（n_x 和 n_y）和预期体积分数（V^*）等相关的控制变量生成的。这些结果充分展示了拓扑优化在推动结构创新方面的巨大潜力。

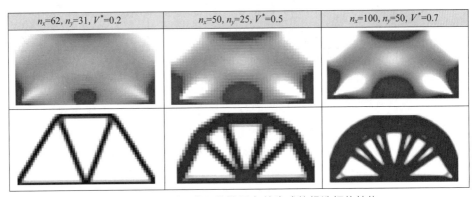

| n_x=62, n_y=31, V^*=0.2 | n_x=50, n_y=25, V^*=0.5 | n_x=100, n_y=50, V^*=0.7 |

︿图 4-18　对于常见的边界条件生成的候选拓扑结构

尽管拓扑优化在促进创成式设计方面具有显著的商业机会，但将其实现为商业化的 DfAM 工具仍面临重大挑战。目前，商业最佳实践通常涉及使用拓扑优化生成最优拓扑，然后在生产前手动进行参数化调整。这种做法结合了拓扑优化和参数优化的优势，同时允许设计师通过手动确定设计的元素来发挥其经验和直觉的价值。然而，这种手动干预与创成式设计所需的自主实施存在不兼容之处。

因此，存在特定的研究机会，旨在开发能够直接从拓扑优化结果中自主提取参数化表示的方法。此外，还需要研究如何平滑拓扑优化结果，以便可以直接用于增材制造，而无须处理体素表示固有的几何不连续性。这些研究方法的动机在于，能够从功能边界条件（BC）的规范中实现稳健的增材制造结果。因此，缩写 BC2AM 在描述这一新兴的 DfAM 研究领域时具有实际意义。

（1）拓扑优化结果中参数化数据的自动提取

在增材制造的实践中，精确且可操作的几何体参数化是确保生产顺利进行的关键步骤。拓扑优化技术强大的能力，能够揭示出高效且创新的几何形状，但这些结果往往包含复杂的、非标准化的几何特征，这些特征直接应用于制造过程前需进行细致的参数化处理。因此，直接从拓扑优化结果中自动提取出稳健、可操作的参数化数据，已成为增材制造领域内一个亟待解决且具有重大研究价值的课题。

尽管拓扑优化展示了其优化几何设计的巨大潜力，但将这些优化结果转化为实际生产中可实施的参数化模型仍是一个挑战。目前，商业界广泛依赖于人工审查和手动操作来完成这一参数化过程，这不仅效率低下，而且容易因人为因素导致错误，如图 4-19 所示。这种现状凸显了自动化参数化工具研发的紧迫性，这类工具旨在通过智能算法自动识别并提取拓扑优化结果中的关键几何特征，将其转化为精确的几何参数，并生成符合生产标准的文档，从而显著提升设计到生产的转化效率，减少错误，并保障设计数据的准确性和一致性。

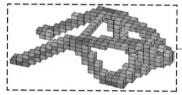 

手动参数化允许控制和灵活性，但与创成式设计不兼容

拓扑连接性　　　　　参数化过程　　　　　参数化几何

∧图 4-19　参数化技术的概念表述通常由人工实现来为开发算法提供机会

此外，另一种值得探索的替代方法是利用从离散固体边界平滑表示中提取的代表性样条（如图 4-20 所示）。尽管这一方法在二维结构中已取得初步成效，但在三维结构中的应用仍面临重重困难。然而，其展现出的自动化潜力为 DfAM 工作流程的自动化提供了新的思路，特别是当与先进的创成式设计方法相结合时，有望实现设计过程的进一步智能化和高效化。

（2）拓扑优化结果的平滑处理

拓扑优化过程往往会产生非连续的数据，这些数据通常无法直接满足增材制造的可制造性要求。因此，为了算法上实现与增材制造兼容的结果，必须对这类非平滑数据进行必要的修改。目前，已经提出了多种方法来实现从拓扑优化到 BC2AM 结果的转换。

这些方法主要包括对离散化的拓扑优化结果进行平滑处理、动态重新划分拓扑优化设计域以提高局部所需的分辨率，以及采用克服奇异性的方法，使得离散化表示在几何上能够保持形状的真实性。这些方法的应用为 DfAM 提供了实用的结果，但在自动提取参数化数据方面，目前公开可用的数据仍然非常有限，这使得这些方法在正式应用于实现 BC2AM 结果时面临一定的挑战。

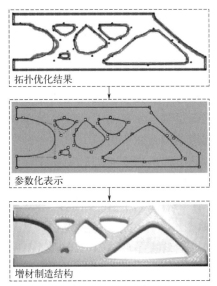

拓扑优化结果

参数化表示

增材制造结构

⌃图 4-20　直接从拓扑优化结果中提取参数数据的方法

4.1.7　案例研究：高价值非定常航空航天部件的优化

航空航天领域对于结构的要求尤为严苛，其部件通常具有非定常特性，这意味着在飞行过程中需要消耗与部件质量成比例的推进能量。因此，对于这类结构，减少质量不仅能够提升飞行能力，增强负载能力，还能有效降低燃料消耗，从而实现显著的商业价值。增材制造技术的出现，为这类高价值应用的商业化产品提供了技术和经济上的战略机遇。同时，航空航天结构作为安全关键部件，必须严格遵守一系列的认证要求。

以下将通过一个具体的案例，展示如何战略性地应用拓扑优化技术增加非定常航空航天部件的价值。在这个案例中，根据增材制造的可制造性要求，综合运用了拓扑优化和参数优化方法，对航空航天部件的结构进行了优化（如图 4-21 所示）。

现有结构设计概述：

制造材料：6061-T6铝合金

制造方法：机加工坯料

设计目标：根据设计约束最小化质量

设计约束：
强度限制(多重载荷)
容许系统成本
振动模式
容许挠度

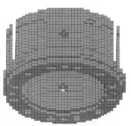

现有结构

体素表征

⌃图 4-21　根据特定的要求重新设计

通过拓扑优化，成功地对部件的几何形状进行优化调整，使其在满足性能要求的同时，最大程度地减轻了质量。这一优化过程不仅考虑了结构的静态和动态性能，还充分考虑了增材制造的工艺约束和可制造性要求。优化后的结构不仅更加轻便，而且具有更好的力学性能和稳定性。

此外，还利用参数优化方法对优化结果进行了进一步的细化和调整。通过调整设计参数，确保了优化结果的准确性和可靠性，并使其更加符合增材制造的制造要求。这一过程不仅提高了部件的制造效率，还降低了生产成本，为部件在航空航天领域的商业化应用提供了有力支持。

鉴于拓扑优化方法所带来的机遇及其固有的局限性，需要采用一种系统性的策略，以便针对图 4-21 所示的质量关键航空航天应用进行务实且高效的增材制造优化。这一策略涵盖以下关键阶段：

① 定义初始条件至关重要，它涉及明确所提议系统的预期技术功能、性能要求以及必须遵守的约束条件。这有助于确保后续优化过程具有明确的目标和方向。

② 确定空间需求和可用的设计体积是关键一步。这包括考虑装配空间、紧固件通道以及其他相关因素，以确保拓扑优化过程能够充分考虑实际制造过程中的限制和要求。通过系统地规划设计域，可以确保拓扑优化结果与可用的计算预算相兼容。

③ 应用拓扑优化方法以深入了解有效的材料分布。这一阶段旨在通过优化算法探索不同的材料布局方案，以找到在满足性能要求的同时最小化质量的最佳结构。

④ 拓扑优化的结果通常需要进一步调整以适应增材制造的可制造性要求。这可能涉及对拓扑结构进行平滑处理、调整设计参数以避免潜在的制造缺陷或失效模式，以及参考集成的 DfAM 工具进行验证和迭代。尽管目前商业最佳实践通常还需要手动调整以适应增材制造的特定要求，但随着技术的不断进步，自动化的 DfAM 工具将逐渐成为主流。

⑤ 生成优选拓扑的参数化表示是实现高效增材制造优化的关键一步。利用新兴的 BC2AM 工具，我们可以将拓扑优化结果转化为参数化模型，从而启用创成式设计过程。一旦参数模型被指定，我们可以进一步应用参数优化方法来优化局部几何形状，并记录预期的设计性能。这一阶段的成果将为后续的增材制造过程提供精确的制造指令，确保最终产品能够满足航空航天应用的高标准和高要求。

（1）定义初始条件

在拓扑优化应用于增材制造场景的初始阶段，定义明确的初始条件至关重要。根据总体设计哲学，我们应在设计过程的早期阶段尽可能深入地理解设计需求，因为此时还有充足的时间和资源来根据这些理解进行必要的产品调整。

初始条件的定义主要基于正式的设计规范，这些规范通常包括结构需要满足的性能指标、承受的载荷类型、工作环境等要素。然而，在考虑将增材制造作为传统制造方法的替代方案时，我们必须特别关注潜在的失效模式。

　　例如，经过拓扑优化后的增材制造结构往往能够实现显著的质量减轻，但这也可能导致结构的刚度和振动性能成为主导因素。在原设计中，由于结构质量较大，这些因素可能并不突出。但在优化后的轻量化结构中，它们可能变得至关重要，需要我们在设计过程中予以充分考虑。

（2）确定空间限制和可用的设计体积

　　在拓扑优化过程中，明确空间限制和可用的设计体积是至关重要的步骤。如果现有的 CAD 数据可用，如本重新设计问题所示，那么这些数据将成为定义允许设计几何形状的起点（如图 4-21 所示）。然而，在利用这些 CAD 数据时，需要特别注意其中可能包含的间隙几何形状。这些间隙通常是传统制造过程中必需的，用于容纳装配、紧固或其他功能，但在增材制造中，它们可能变得冗余。

　　为了提高结构效率，可以考虑将这些间隙几何形状从设计空间中去除，或者重新调整其大小和位置。这样做可以使得拓扑优化算法在更大的设计空间内探索更有效的材料分布。

　　在确定设计体积时，还需要考虑计算成本的问题。拓扑优化方法的计算成本通常随着问题规模的增加而增加。因此，需要根据可用的设计时间和计算资源来量化允许的体素分辨率。参考先前生成的计算成本与问题大小之间的关系，可以为拓扑优化过程设定合适的参数，以确保其在给定的时间内能够收敛并给出有意义的结果。

（3）应用拓扑优化方法

　　在确定了初始条件和设计空间后，下一步是将预期的拓扑优化策略应用于感兴趣的设计区域。在这一过程中，确保拓扑优化模型所使用的数值模型能够准确表示预期的加载情况，并达到数值收敛状态至关重要的。

　　拓扑优化方法通常需要进行多次迭代，每次迭代都需要进行昂贵的数值分析，因此计算成本较高。为了有效地管理这一计算成本，建议在建模过程中进行适当的简化。例如，可以简化几何形状、忽略某些次要特征，或者采用近似方法来模拟复杂的物理现象。此外，还应尽量避免涉及接触和局部塑性等非线性效应，因为这些效应会显著增加计算复杂性和成本。

　　在航空航天领域的应用中，拓扑优化方法的目标是寻找在满足性能要求的同时最小化质量的材料分布。因此，在建模过程中应特别关注结构的刚度、强度以及振动性能等关键指标。同时，还需要考虑航空航天部件特有的约束条件，如温度、压力、疲劳寿命等。

　　通过综合考虑以上因素，并选择合适的拓扑优化算法和参数设置，我们可以有效地应用拓扑优化方法于航空航天部件的设计中。这将有助于发现潜在的材料节省机会，提高结构效率，并为后续的增材制造过程提供优化后的设计模型。

　　需要注意的是，拓扑优化结果通常是高度理想化的，可能包含一些在实际制造中难以实现的细节。因此，在将优化结果应用于实际制造之前，还需要进行必要的后处理和细化工作，以确保设计的可行性和可制造性。

（4）适应增材制造的可制造性

拓扑优化是一个强大的工具，用于在增材制造环境下实现高效的结构设计。然而，优化的结果并不总是直接符合增材制造的工艺要求，因此必须考虑可制造性约束。在航空航天部件的设计中，这一点尤为重要，因为任何制造上的挑战都可能对最终产品的性能产生重大影响。

应对拓扑优化带来的制造挑战，有两种主要的策略。第一种是采用能够在算法层面上容纳增材制造可制造性约束的拓扑优化方法。这种方法具有自动化程度高、减少设计工作量的优点。然而，它可能以牺牲最终产品的质量为代价，因为算法可能无法完全考虑到所有实际的制造细节和约束。

第二种策略是首先设计最小质量结构，然后根据需要添加支撑结构以适应增材制造的可制造性要求。这种方法可以实现更大的质量优化，因为它允许在拓扑优化阶段专注于寻找最优的材料分布。然而，它可能需要额外的设计工作量，用于确定支撑结构的位置和形状，以确保最终结构的制造可行性。

在本案例研究的航空航天部件中，采用了质量优化策略，同时谨慎地考虑了粉末可移除性和避免陷入支撑结构的问题。拓扑优化结果揭示了设计中的一些关键特征，如更直接的载荷传递路径、冗余材料的识别、需要支撑材料的区域以及过度设计的部分。这些见解为我们手动定义显著结构特征的参数化表示提供了指导。

在将拓扑优化结果转化为可制造的参数化表示时，特别注意了增材制造的工艺特点，优化了支撑结构的位置和形状，以确保在制造过程中粉末的可移除性，并避免了陷入支撑结构的问题。此外，还对识别出的冗余材料和过度设计部分进行了调整，以进一步提高结构的效率和性能。

通过综合考虑拓扑优化和增材制造的可制造性要求，成功地设计出了一个既高效又可行的航空航天部件。这不仅提高了产品的质量和性能，还为后续的增材制造过程提供了有力的支持。

（5）生成首选拓扑的参数化表示

拓扑优化策略在探索结构最优解方面展现出了强大的设计指导能力，然而，其在局部形状优化方面的效果却相对有限。为了弥补这一不足，参数优化方法被引入，它能够高效地收敛到最佳局部形状，进一步提升设计的质量。然而，如何为优化选择具体的参数化表达形式，依然是一个值得深入探讨的研究挑战。

在商业实践中，经验丰富的增材制造设计工程师通常会对拓扑优化结果进行细致的几何解释，进而定义出组件的参数化表示形式。这种表示形式不仅体现了拓扑优化策略所识别的结构效率，还保持了参数化的高效表示，为后续的局部优化提供了坚实的基础。

针对本案例研究的航空航天部件（图 4-22），选择了以下具体的参数化表示形式：

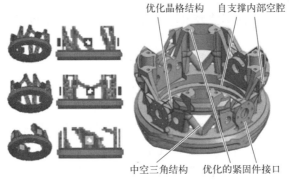

优化晶格结构　自支撑内部空腔

中空三角结构　优化的紧固件接口

标准载荷TO(拓扑优化)结果　　基于TO结果的参数化细节

构建后

最终打印产品

︿图 4-22　拓扑优化与参数优化协同策略

① 采用三角化结构来构建接地载荷路径。这些结构元素设计为中空，旨在增加弯曲时的结构效率，同时允许粉末在增材制造过程中顺利移除。为了确保结构的自支撑性，调整这些三角化结构的倾斜角度，从而避免了陷入内部支撑材料的问题。

② 为了进一步提升中央环形特征的效率，同时确保增材制造的可制造性，定义了自支撑的内部空腔。在低应力区域内，设计了物理通道以容纳粉末的移除，确保了制造过程的顺利进行。

③ 添加了周围材料以容纳外部紧固件，这些材料在相邻区域以自支撑的方式设计，便于在制造过程中进行移除。

④ 为了实现定位环的连接，应用了晶格结构。这种结构不仅具有优异的力学性能，还能满足增材制造的工艺要求，为航空航天部件的整体性能提供了有力保障。

通过实施这一策略，生成了功能原型，该原型通过 SLM 技术制造而成。与原有结构相比，该原型的质量减少了 50% 以上，充分展示了拓扑优化与参数优化相结合在设计轻量化部件方面的巨大潜力。需要强调的是，本策略并非一种普适性的解决方案，而是作为商业最佳实践的一个具体案例呈现。在实际应用中，设计团队可根据具体设计项目的需求对策略进行调整和优化。同时，随着 DfAM 技术的不断发展，本策略也应不断完善和更新，以适应新的设计需求和工艺要求。

4.1.8　完整案例

针对金属增材制造设备 Dimetal-100A 的成型腔密封闭锁装置（图 4-23）进行结构优化设计。在增材制造过程中，需要将金属增材制造设备的成型腔抽气至低真空状态，再通入保护气氛氮气确保金属粉末在激光加工过程中不会发生氧化。成型腔在真空或低真空状态下时，受到外部大气压的挤压作用，密封门被动地挤压贴合在成型腔外壁。但现有的成型腔尤其是成型腔密封闭锁装置安装处难免存在缺陷，难以保证其气密性。当成型腔密封门与腔体不能完全密封贴合时，成型腔内外的压强差使外部空气流入成型腔内，加速成型腔内的气体流动，造成扬尘等不良影响，并且氧气的进入会使金属粉末在熔化过程中发生氧化。当成型腔密封门处于关闭状态时，密封闭锁装置组件处于受载状态。进行抽真空操作时，要求成型腔内满足 $-30\mathrm{kPa}$ 的真空度、0.001% 的气体浓度。为了符合必要的装配精度以及密封效果，密封闭锁装置组件要求满足至少 $\pm0.05\mathrm{mm}$ 的尺寸精度，并且在 800N 载荷条件下不产生超过 0.1mm 的合位移。

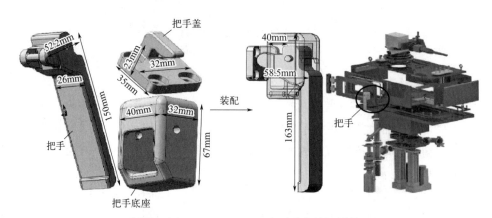

︽图 4-23　Dimetal-100A 成型腔密封闭锁装置

（1）传统密封闭锁装置的缺陷分析

传统的密封闭锁装置的制造工艺是直接对块状 316L 不锈钢坯料进行 CNC 加工，并通过打磨抛光改善表面粗糙度，获得密封闭锁装置的多个组件。因为传统机械加工工艺存在一定限制，难以依据实际受力情况下的力场分布要求制造出密封闭锁装置的各个组件，所以存在严重的材料浪费现象。因此依据零件的受力情况，通过拓扑优化技术进行优化，可以在保留零件原有外形的同时合理优化材料的分布，对所受载荷较大区域的材料进行保留或增加，所受载荷较小区域的材料进行删减，减少不必要的材料浪费，减轻零件的总体质量，改善零件的应用性能。

（2）工况条件

成型腔闭合状态下，成型腔密封闭锁装置组件中，把手与把手盖互相紧扣，把手的前端位于整个密封闭锁装置机构的死点位置，保证成型腔密封门与成型腔体紧密结合。此时整个密封闭锁装置处于受力平衡状态，载荷形式简单，整体产生的形变较小。把手盖和把手底座分别固定在成型腔体及成型腔密封门上，位置保持相对固定。当把手开启或闭合时，运动轨迹如图 4-24 所示，因为把手和把手底座的运动作用位置需要产生一定的形变才能保证成型腔密封门顺利开合，所以开启及闭合过程中的载荷情况比闭合状态下的载荷情况要复杂。因此只需要考虑把手开启以及闭合时的载荷情况，并加以优化设计。

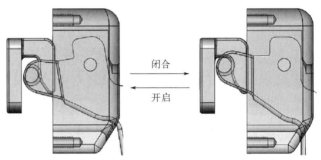

∧图 4-24　密封闭锁装置开启与闭合过程中的位置变化

（3）拓扑优化

通过 SolidWorks 软件中的 Simulation 插件进行动力学仿真分析，设置闭合成型腔密封门时，把手所受外力载荷施加方向垂直于把手向内，载荷大小为 100N。将各个组件间连接部位的接触面进行设置，主要为切面接触，最终运算得到三个零件的受力情况结果如图 4-25 所示。

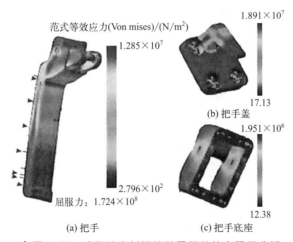

范式等效应力(Von mises)/(N/m²)

1.285×10^7

1.891×10^7

17.13

(b) 把手盖

1.951×10^6

2.796×10^2

屈服力：1.724×10^8

(a) 把手

12.38

(c) 把手底座

∧图 4-25　成型腔密封闭锁装置组件的有限元分析

由图 4-25 可以看出，各个零部件都还保留着较大的非承载区域。由于把手头部到手柄的过渡部分存在厚薄的尺寸差异，因此把手在载荷作用下容易产生应力集中问题，过渡部分更容易出现断裂现象。可针对应力集中位置将把手结构进行初步优化设计调整，如图 4-26 所示。

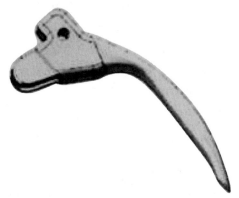

⌃图 4-26 把手的初步优化设计

使用 Inspire 软件对密封闭锁装置组件进行拓扑优化，对三个零件分别设置初始参数，根据开启与闭合密封门时的工况，设置闭合时把手上的压力载荷为100N。约束三个零件的运动方向，把手盖以及把手底座完全固定，把手可绕连接位置进行轴运动。将密封闭锁装置组件中三个零件的连接部位设置为冻结区域，如图 4-27 中的浅灰色部分。冻结区域外的其他区域设定为设计空间，设定减重目标为 50%，在开启与闭合的两种工况条件下对把手进行拓扑优化，拓扑优化前后的各个零件如图 4-27 所示。

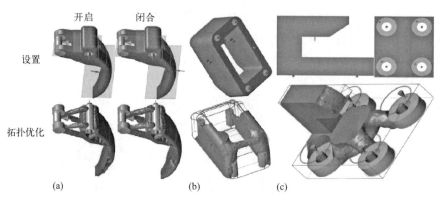

⌃图 4-27 约束设定的拓扑优化结果

（4）基于增材制造的重设计

经过拓扑优化后的模型比较粗糙，难以直接应用，因此可以使用SolidWorks 等三维建模软件，依据拓扑优化模型进行重建。重设计的过程中，应充分结合 SLM 工艺的加工特性和支撑要求，综合考虑 SLM 的工艺约束，主要包括：①在 Magics 软件中零件的摆放倾斜角度需要高于 45°；②SLM 成型获得的精细结构分辨率为 0.2mm 左右，并且由于加工过程中铺粉装置的摩擦作用，零件最小细节分辨率设定在 0.3~0.4mm；③兼顾去除金属支撑时的简易性要求以及 SLM 零件在力学性能上各向异性的特点。根据实际应用情况和拓扑优化模型，结合 SLM 工艺的设计约束对把手及把手底座进行重设计，得到如图 4-28 所示的优化设计结果。

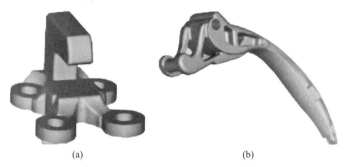

(a)　　　　　　　　　　(b)

△图 4-28　把手及把手底座最终模型

把手盖为最外层部件，起保护作用，结合有限元分析和拓扑优化模型，在 SolidWorks 软件重建中删除非承载区域。然后使用 Rhinoceros 软件填充网状结构支撑，在删减材料的同时保证满足零件的力学性能要求。重设计后的把手盖模型如图 4-29 所示。

添加网格

△图 4-29　在把手盖模型上进行删除操作并添加网状结构

最终通过 Simulation 插件针对密封闭锁装置的合位移进行模拟计算。设定密封门接触面载荷力为 2000N，超过 800N 的载荷应用要求，模拟仿真得到如图 4-30 和图 4-31 所示位移及应力分布图。零件合位移约为 6.9×10^{-3} mm，在 2000N 载荷条件下，合位移小于目标要求的 0.1mm，符合设计要求。如图 4-32 所示为通过 Magics 软件添加的支撑。

（5）SLM 成型及性能测试

三个零件成型之后，进行如图 4-33 所示的后处理流程。把手盖和把手底座上的螺纹孔需要攻螺纹获得。分别对零件进行粗糙度检测，其结果表明：优化设计后的把手零件侧面没有出现严重的粉末黏附问题，表面粗糙度为 11.5pm，但是由于零件底部存在支撑，表面比较粗糙，必须进行打磨抛光处理。

对 SLM 零件和 CNC 零件进行一系列的性能测试，测试结果如表 4-1 所示，其中力学性能指标参照前期研究成果由测试结果可以看出，相较于现有 CNC 加工的把手功能件，优化后成品的力学性能及尺寸精度都能满足要求，但在节约材料和应用造型方面，优化后把手比现有把手更加优越。

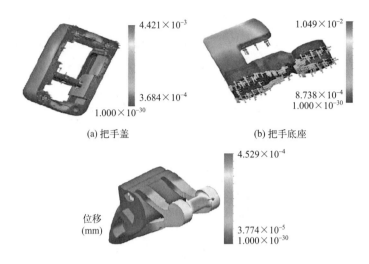

(a) 把手盖   (b) 把手底座

位移
(mm)

(c) 把手

⌃图 4-30　位移云纹图

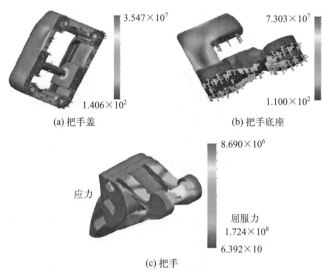

(a) 把手盖   (b) 把手底座

应力

屈服力

(c) 把手

⌃图 4-31　应力云纹图

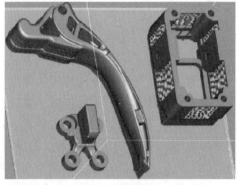

⌃图 4-32　通过软件添加支撑

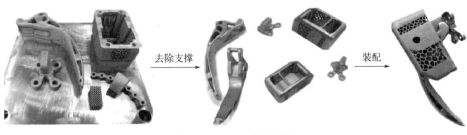

︿图 4-33　后处理流程

表 4-1　测试结果

参数	拉伸方向	CNC 零件	SLM 零件
尺寸精度/mm	—	<0.03	0.05
抗拉强度/MPa	垂直于成型方向	>480	614
	平行于成型方向	—	549
参数	拉伸方向	CNC 零件	SLM 零件
伸长率/%	垂直于成型方向	39	31.7
	平行于成型方向	—	18.7
总质量/kg	—	0.76495	0.36636

　　综合考虑 SLM 的工艺约束,对密封闭锁装置组件进行优化设计、成型应用及性能测试的全面研究,实验结果表明用 SLM 工艺成型的零件精度、力学性能等方面不逊色于传统制造方法,并且在轻量化和造型设计方面更具有优势。

　　用 SLM 工艺成型的零件后处理完成后将其装配在增材制造设备的成型腔密封门上,应用效果如图 4-34 所示。零件装配时配合良好,安装顺利,证明零件满足密封闭锁装置组件正常工作时的精度要求。对密封腔进行抽真空以后,最终实际测试的真空度为 -55kPa,满足低于 -30kPa 的真空度要求。另外分辨率为 0.001% 的测氧仪实际显示为 0,说明低于 0.001% 的氧含量浓度要求,同时优化后的把手质量减轻了 52.5%,大幅减少了材料的浪费。

︿图 4-34　装配应用优化效果

4.2 免组装机构设计

4.2.1 免组装机构设计概念

机械结构,作为工业与民用领域中不可或缺的重要部分,涵盖了诸如转轴机构、插销机构等多种复杂运动转换机构。在传统制造流程中,这些机械结构通常是由多个独立零件通过紧固件如铆钉、销钉、螺栓等进行连接而成的。然而,这种传统的制造方式不仅工序烦琐、效率低下,而且在一定程度上限制了设计者的创新思路,使得机械结构的设计受到装配手段和装配空间的限制。

增材制造技术,以其独特的离散/堆积原理,对零件的几何复杂性表现出极高的适应性,为机械结构的制造带来了革命性的变革。尤其是激光选区熔化技术,其高精度、高自由度的特点使得制造复杂机械结构成为可能。更为关键的是,增材制造技术能够直接制造出免组装的机械结构,无须进行烦琐的装配工序,这极大地简化了制造流程并提高了生产效率。

免组装机构设计,作为一种全新的设计理念,其核心在于通过数字化设计实现机构的同时装配和直接制造成型。这种设计理念彻底打破了传统机械结构设计的局限,使得设计者在设计时无须再考虑装配空间和装配手段,从而能够更加专注于机构的功能和性能优化。同时,免组装机构的外形设计也更为自由,不再受到装配空间的限制,为设计创新提供了更广阔的空间。

在免组装机构设计过程中,首先需要进行外形优化设计、有限元应力分析等,以确定机构的整体结构和关键部位的强度要求。随后,利用增材制造技术进行一体化制造,通过精确控制零件的成型摆放角度、支撑方式以及扫描路径等工艺参数,确保零件的性能和质量达到设计要求。最后,通过气密性、耐压性、极限综合等验证性实验对结构完整性进行验证考核,确保产品的可靠性。

图 4-35 展示了免组装机械结构制造的原理。通过增材制造技术,可以直接将数字化设计模型转化为实体零件,实现机构的整体制造。这一过程无须任何额外的装配步骤,确保了机构的整体性和稳定性。这种直接制造成型的方式不仅简化了制造流程,还提高了生产效率,为机械结构的设计制造带来了革命性的变革。

功能性免组装金属结构的数字化设计和增材制造方法总体上包含如下步骤:①建立机械结构中各零件的三维模型,并将各组件模型进行数字化装配,得到机械结构的三维模型;②将机械结构的三维模型导入增材制造设备,一次成型出整个机械结构;③对已成型的机械结构进行后处理(如去除支撑),得到机械结构的成品。对于其中的数字化装配,其一般流程如图 4-36 所示。

图 4-37 是一个曲柄摇杆机构的免组装机构数字化设计及制造实例。图 4-38 显示了链节之间连接在传统设计与 SLM 设计中的区别。

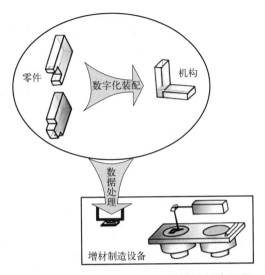

☆图 4-35　免组装机械结构的增材制造原理

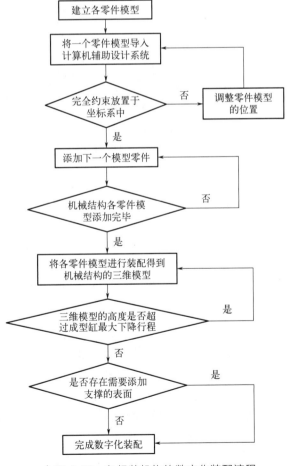

☆图 4-36　免组装机构的数字化装配流程

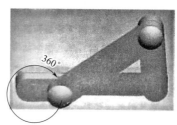

(a) 曲柄摇杠机构的数字化设计及组装　　(b) 3D打印直接制造结果

(c) 曲柄摇杆机构运动状态演示

⌃图 4-37　一个曲柄摇杆机构的免组装数字化设计及制造

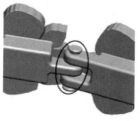
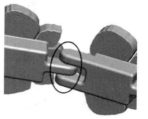

(a) 传统设计　　　　　　　　(b) SLM设计

⌃图 4-38　链节与链节之间的连接

在机械结构设计领域，面向传统制造与装配的设计方法（DfMA）与新兴的免组装机构的数字化设计方法之间，存在显著的设计理念和技术应用差异。与传统的 DfMA 方法相比，免组装机构的数字化设计与直接制造方法展现出了以下显著优势：

① 它能够充分利用增材制造技术一次性地直接制造出完整的机械结构，省去了烦琐的后续装配工序，显著缩短了产品的整体制造周期。

② 在机械结构的实际制造之前，免组装数字化设计允许对各个零部件进行精确的数字化装配模拟。这一步骤不仅能够在虚拟环境中预先修正零件间的装配关系，更能在源头上有效避免传统手工装配过程中可能出现的装配误差，从而极大地提升了机械结构的稳定性和可靠性。

③ 免组装机构的数字化设计方法在设计初期就无须过多考虑装配操作空间和装配方法，这使得设计师能够更为自由地探索机械结构的设计思路，打破传统装配的束缚。这一创新的设计理念使得机械结构的连接形式变得更为多样化，为实际应用场景提供了更多可能性，从而制作出更多符合实际需求、性能卓越的机械结构。

4.2.2　免组装机构设计方法

（1）间隙特征的引入

在工程领域中，特征常用于精确地描述和定义零件的形状、结构和功能属性。传统上，特征的定义更多地聚焦于零件的具体形态和结构，例如圆角、倒角、圆柱体等。然而，随着设计理念的演进和制造技术的发展，特别是免组装机构的兴起，需要引入一个全新的视角来审视零件特征的定义。

免组装机构作为一个集成的整体，其增材制造技术的核心原理与常规的单零件制造技术并无太大差异。然而，其独特之处在于它由多个零件组成，这些零件之间存在间隙，且这些间隙允许零件间进行相对运动。这种间隙不仅是形状上的区分，更蕴含了功能性的运动属性。

在此背景下，间隙视为一种表征零件形状和结构的关键属性。进一步地，根据构成间隙的零件之间的运动关系，为间隙赋予特定的运动属性。这样，免组装机构就可以被视作一个具备间隙特征的独特零件。

为了更好地理解间隙特征的引入过程，可以参考图 4-39 所展示的零件示例。图 4-39（a）展示了一个没有间隙的零件，它仅由一个矩形体特征构成；图 4-39（b）则展示了一个具有间隙形状的零件，这是通过在矩形体上移除特定部分形成的；而图 4-39（c）则是一个具备间隙特征的零件，它由两个矩形体和一个间隙特征共同组成。

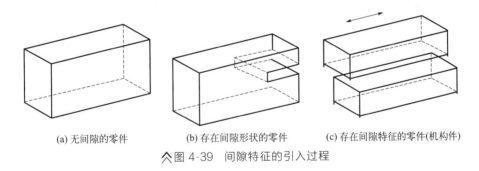

(a) 无间隙的零件　　(b) 存在间隙形状的零件　　(c) 存在间隙特征的零件(机构件)

∧图 4-39　间隙特征的引入过程

对比这三个示例，我们可以清晰地看到：无间隙的零件和存在间隙形状的零件均属于单零件范畴，而具备间隙特征的零件实际上应视为由两个或更多零件组成的组合体。间隙形状与间隙特征之间的关键区别在于，后者不仅具有形状上的间隙，还承载着设计上的运动约束和功能需求。当构成间隙特征的两个或多个零件具备运动属性时，该零件便转变为一个机构件，具备了更高的复杂性和功能性。

（2）免组装机构的设计框架

在间隙特征的概念被成功引入后，免组装机构的增材制造实质上转变为了具有间隙特征的零件的增材制造，其核心技术聚焦于间隙特征的增材制造。免组装机构的设计过程也紧密围绕间隙特征展开，形成了独特的设计逻辑和框架。

　　将免组装机构视作一个融合了间隙特征的复合零件，其设计框架中的结构层可以明确划分为两大部分：常规结构特征和间隙特征。常规结构特征沿袭了传统单零件设计的精髓，确保了零件的基本形态和功能；而间隙特征则是免组装设计的核心创新，它赋予了零件之间相对运动的能力，实现了无须额外组装步骤即可运行的目标。

　　经过这样的逻辑划分，免组装机构的设计过程可以精简地表达为以下公式：

$$\mathrm{GF} = \{F\}$$
$$= \{一般设计规则\} \bigcup \{常规结构特征\} + \{免装配机构的设计规则\} \bigcup \{间隙特征\}$$
$$(4\text{-}1)$$

　　式(4-1)清晰地揭示了免组装机构设计的内在逻辑：免组装机构的功能实现依赖于常规结构特征和间隙特征的协同作用。这两种特征的设计均受到各自设计规则的约束，即在一定的边界条件下进行优化。

　　如图 4-40 所示，免组装机构的设计框架将常规结构特征作为辅助功能实现的基石，而间隙特征设计则成为实现机构整体功能的关键。由于免组装机构的设计基于自由设计原则，因此免组装机构的设计规则也遵循一般设计规则，确保了设计的灵活性和创新性。

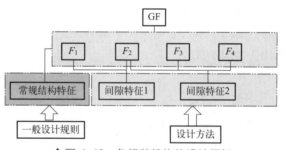

へ图 4-40　免组装机构的设计框架

　　从结构元素的时序关系来看，常规结构特征的设计通常先于间隙特征。这是因为在实际设计流程中，首先进行单个零件的设计，随后通过零件的装配形成机构，此时间隙特征才得以体现。然而，值得注意的是，间隙特征对常规结构特征也存在反馈作用。在设计之初，间隙特征便受到一定条件的约束，因为作为机构的一部分，配合间隙直接关联到零件的运动关系。若未预先界定零件的运动关系，机构的设计将失去明确的目标和方向。因此，从逻辑上看，间隙特征的条件约束是设计过程中不可或缺的一部分。

　　以轴和轴套构成的免组装机构为例，可以将轴和轴套视为常规结构特征，而它们之间的配合间隙则作为关键的间隙特征。整个机构可以被看作是一个具有独特间隙特征的复合零件。

　　在设计过程中，轴和轴套的形状与结构应遵循面向自由结构的一般设计规则，以确保零件的基本形态和功能得以实现。然而，设计的时序性要求我们先进行轴和轴套的设计，随后将轴精确地插入轴套中，完成机构的装配过程，此时轴与轴套之间所构建的间隙特征也得以体现。

重要的是，轴与轴套的装配关系不仅决定了它们之间的相对运动方式（如穿插、旋转等），还直接关联到整个机构所能实现的功能。在间隙配合的情况下，轴和轴套能够相对自由地运动，赋予机构以灵活性和动态性能；而在过盈配合的情况下，轴和轴套之间的紧密接触则限制了它们的相对运动，使机构表现出更高的稳定性和精度。

这两种不同的运动关系将导致机构功能的显著差异。因此，在进行轴和轴套的设计时，对它们之间的运动关系必须有一个明确的了解。运动关系是设计过程中一个重要的条件约束，它影响着形状、结构、尺寸以及公差等级等设计参数的确定。

为了确保设计的目的性和功能性，我们必须充分考虑间隙特征的反馈作用。这意味着在设计轴和轴套时，我们需要根据预期的机构功能来设定合适的运动关系，并据此调整和优化零件的设计参数。只有这样，我们才能确保免组装机构在实际应用中能够稳定、可靠地运行，并实现预期的功能。

（3）免组装机构的设计问题判据

在面向制造与装配的设计方法中，无论是针对手工装配还是自动化装配，都拥有若干设计准则或设计方法，旨在简化零件和结构的设计，同时确保产品的可靠性和成本控制。然而，这些设计方法与免组装机构的设计存在显著的区别。对于免组装机构而言，其零件的形状和结构在设计的起始阶段，应当首先遵循自由设计的一般规则，以确保设计的灵活性和创新性。然而，随着间隙特征的引入，免组装机构的设计需要特定的技巧和策略。

在进行免组装机构设计时，可以通过下面四个问题来检验和优化设计方案：

① 构成机构的零件是否存在运动关系 在机构设计中，并非所有构成它的零件都具备运动关系。如图 4-41 所示，轴与轴套之间存在明确的转动关系，需要相互配合以实现运动；然而，轴套与固定座之间则没有这样的运动关系，轴套被固定在固定座上。区分零件之间是否存在运动关系，旨在尽可能地减少零件的数量，这一目标与 DfMA 的设计原则相契合。

在某些情况下，由于传统加工方法的限制，即使某些零件之间不存在运动关系，也不得不采用多零件装配的方式。例如，在图 4-41 中，轴套和固定座如果合并为一个零件，将面临盲孔加工和整体外形加工时的装夹问题，这在传统设计中是需要考虑的。

然而，在免组装设计的视角下，不必受到这些传统加工方法的限制。因此，可以将轴套和固定座视为一个整体进行设计，从而简化机构的结构，减少零件数量。这种做法不仅提高了设计的灵活性，还降低了制造成本和装配复杂度，是免组装设计理念的重要体现。

② 构成机构的零件形状和结构是否只为了实现机构功能 机构功能的实现是机构中每个零件存在的核心目的。在理论上，零件的外形和结构应当纯粹为了满足机构功能而设计，无须因为其他非功能性需求而做出不必要的修改。

如图 4-42 所示，在传统 DfMA 思路下，为了方便轴装配到孔中，往往需要延长轴的长度，并在轴的延长部分设计便于装夹的平面。然而，这种设计并非直接针对机构功能本身，而是为了装配过程的便利性而增加的额外结构。

⋀图 4-41　轴套和固定座（减少零件数量）　　　⋀图 4-42　轴（简化零件形状）

在面向免组装的设计中，我们摆脱了这种装配过程的束缚。由于免组装机构不需要额外的装配步骤，因此无须考虑装配便利性对零件形状和结构的影响。这意味着我们可以更专注于机构功能本身，简化零件的形状和结构，避免为了装配而做出的不必要修改。这种设计思路不仅提高了设计的效率和准确性，还有助于降低制造成本和提高产品质量。

③ 间隙特征是否既能满足运动属性要求又具有可加工性　由于增材制造技术采用多样化的原材料形态，如丝材、粉末、液态等，免组装机构的设计必须审慎考虑成型材料对机构配合间隙的潜在影响。具体而言，若配合间隙过小，可能导致间隙中的材料难以有效去除，例如在 SLM 或 EBSM 工艺中，过小的间隙会使粉末残留，进而影响机构的运动功能。另一方面，过小的配合间隙也可能在成型过程中引发两个配合面的意外黏结，比如 SLM 工艺中激光的穿透效应可能导致配合面烧结或焊接，而在 FDM 工艺中，熔融丝材可能会渗透到另一配合面，造成不必要的黏结，最终可能导致机构无法顺畅运动。

然而，过度增大配合间隙同样不可取，因为它会降低机构的运动稳定性。因此，面向免组装机构的设计必须深入考虑原材料特性和具体的工艺条件，以实现配合间隙的优化。值得强调的是，免组装机构的设计在实现过盈配合方面通常面临较大的挑战，需要更加精细的设计和工艺控制来确保机构的顺畅运行。

④ 是否可以通过调整零件改变配合面或机构整体尺寸　采用数字化装配技术的显著优势之一在于，它允许在实际制造机构之前，就能直观地模拟和观察机构的各个动作位置。对于具有运动关系的零件，数字化装配技术提供了在无约束自由度上进行移动、旋转等操作的便利，这有助于优化配合面的面积或调整机构的整体尺寸，从而极大地促进了机构的加工过程。

如图 4-43 所示，通过预先执行数字化装配模拟，可以让轴沿着轴套的中轴线方向提起，这样的操作能够有效减少配合面的面积。随后，基于这一模拟结果，再进行增材制造，就能够避免制造过程中可能出现的粉末堵塞在配合间隙中的问题，从而提升了整个制造过程的效率和质量。

问题①和问题②聚焦于机构的形状和结构，其核心目标是通过优化设计使机构更加简洁高效。问题③和问题④则侧重于提升机构的可加工性，确保在实际制造过程中能够高效、准确地实现设计目标。

♠图 4-43　轴（减少配合面积）

　　然而，需要明确的是，通过检验和优化并不意味着所有免组装机构都能达到完美的状态。在实际设计中，往往面临着各种限制和挑战，使得问题只能得到部分解决，或者问题之间存在一定的相互约束。因此，需要根据具体情况进行综合权衡，找到最佳的解决方案，以实现机构设计的优化和可加工性的提升。

4.2.3　案例分析：激光熔覆喷嘴设计

　　传统的孔式熔覆喷嘴的结构如图 4-44 所示，其核心在于喷嘴中心开设的圆锥孔，它作为激光束通道，确保了激光能量的精准传输。沿着这一圆锥孔方向，送粉通道呈锥状均匀分布于激光束通道外侧，同时聚焦于光束轴上，确保粉末的均匀、连续输送。为了增强冷却效果，喷嘴的激光束通道内壁上镶嵌有冷却套，与喷嘴共同构成冷却腔，保障喷嘴在长时间工作下的稳定性。

　　按照具有复杂内腔结构零件的分类方法，将喷嘴的结构细分为冷却腔和基体结构两部分。冷却腔不再需要传统的焊接冷却套方式，而是直接作为喷嘴结构的一部分，简化了制造工艺，提高了生产效率，如图 4-45 所示。这种新型设计使得喷嘴的结构更加紧凑，功能更加完善。

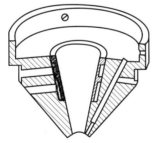

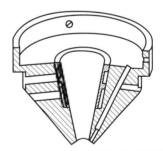

♠图 4-44　传统的孔式熔覆喷嘴的结构图　　♠图 4-45　具有内腔结构的喷嘴

　　为了将传统的喷嘴转换为具有复杂内腔结构的零件，采用构建内腔结构的方法。根据面向复杂内腔结构的设计框架，喷嘴的冷却腔和基体结构都应遵循一般的自由设计规则。传统的送粉通道加工方式存在局限性，如钻头难以一次性加工长而细小的通道，因此常采用台阶状的孔。然而，根据自由结构的特点，可以对送粉通道进行优化设计。例如，允许内部孔的存在，去除无功能需求的出口；同时允许细长孔的设计，无须采用台阶状。此外，从功能最大化的角度出发，可以采用光滑的内表面减小阻力，增大冷却腔体积以增强冷却效果，以及设计光滑曲面以增强激光反射。经过优化设计的喷嘴如图 4-46 所示，其性能得到了显著提升。

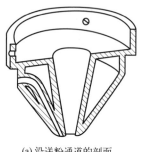 

(a) 沿送粉通道的剖面　　　　　　　　　　(b) 沿进出水口的剖面

⌄图 4-46　根据一般设计规则优化的喷嘴结构

除了结构上的优化，还对喷嘴上方的连接方式进行了改进。传统的连接方式需要拧上多个螺钉，操作烦琐且效率低下。而新型的螺旋连接方式不仅简化了安装过程，还提高了安装的可靠性（如图 4-47 所示）。

⌄图 4-47　螺纹连接的喷嘴

在建立满足自由设计规则的喷嘴数字化模型时，遵循基体结构与内腔结构的时序关系。先按照喷嘴的外形构建基体，然后构建内腔形状，最后通过布尔差运算获得喷嘴的数字化模型。这一过程确保了模型的准确性和完整性，为后续的制造过程提供了可靠的依据（如图 4-48 所示）。

激光喷嘴除了要遵循一般的自由设计规则，还应满足内腔结构的设计规则。对照两个规则，对喷嘴的结构进行以下分析判别和优化：

① 内腔中的粉末问题。喷嘴的冷却腔有进水口和出水口，并且口径相比粉末粒径要大得多，因此成型后冷却腔的粉末可以去除，无残留。

② 内腔中的支撑问题。如图 4-49（a）所示，以喷嘴的上方连接面为起始面，沿着喷嘴的轴向进行加工。喷嘴内壁与基板的夹角为 55°，除了图 4-49（a）中的黑色粗线段标记的面外，其余的面（如送粉通道外表面、激光通道内表面等）与基板的夹角均大于 55°，无须添加支撑；图示黑色粗线段标记的面属于悬垂结构，需要添加支撑。分析内腔结构，冷却腔的进出水口与送粉通道不干涉，而且冷却腔体积比较大，添加的支撑不会影响冷却效果。在支撑方面，根据喷嘴的加工路径和角度，合理设计支撑结构。虽然部分支撑无法在成型后去除，但由于其位置合理，不会影响喷嘴的功能实现。

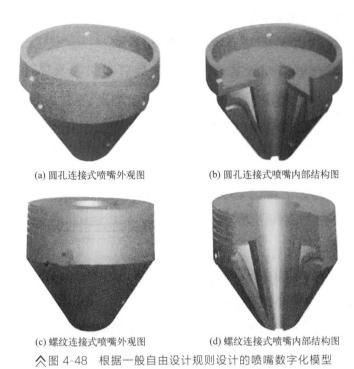

(a) 圆孔连接式喷嘴外观图　　　　(b) 圆孔连接式喷嘴内部结构图

(c) 螺纹连接式喷嘴外观图　　　　(d) 螺纹连接式喷嘴内部结构图

⋀图 4-48　根据一般自由设计规则设计的喷嘴数字化模型

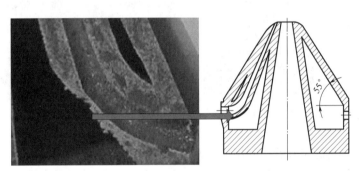

(a) 内腔中存在需添加支撑的结构　　　(b) 圆孔连接式喷嘴内部结构图

⋀图 4-49　根据两大设计规则设计的圆孔连接式喷嘴数字化模型

最终，设计出遵循一般自由设计规则和内腔结构设计规则的优化喷嘴模型。如图 4-49(b) 所示，这是最终设计的服从两大设计规则的圆孔连接式喷嘴内部结构。该设计不仅提高了喷嘴的性能，还简化了制造工艺，降低了生产成本。

喷嘴的制造过程采用 SLM 设备 Dimetal-280，这款设备配备了高功率的 200W 光纤激光器，其聚焦光斑直径控制在 $30 \sim 50 \mu m$ 的范围内，确保了激光束的高精度聚焦和能量集中。制造过程中，选用了优质的 316L 不锈钢球形粉末作为原材料，其平均粒径为 $17 \mu m$，最大粒径为 $35 \mu m$，这样的粒度分布既保证了粉末的流动性，又确保了成型件的致密度和性能。

为了防止熔池在成型过程中受到氧化，制造时采用了氮气作为保护气体，并将氧含量严格控制在 0.02% 以下。此外，Q235 钢作为基板，其优良的导热性和机械性能为喷嘴的制造提供了稳定的支撑。

在制造过程中，通过精确控制加工参数和扫描策略（如表 4-2 所示），确保了喷嘴成型的质量和精度。这些参数和策略的选择，是基于对材料性能、设备特性以及喷嘴结构特点的深入理解和分析。

表 4-2　加工参数和扫描策略

激光功率/W	扫描速度/(mm/s)	扫描间距/mm	层厚/mm	扫描策略
150	600	0.12	0.035	x-y 层间互错

为了验证内腔结构优化设计的有效性，首先按照传统的工艺参数制造了图 4-49(b) 所示的喷嘴。然而，从图 4-49 可以看出，未优化的喷嘴内腔存在严重的坍塌现象，送粉通道的形状不完整，这直接影响了喷嘴的使用性能。采用如图 4-50 所示的永久支撑结构，可以避免这种坍塌现象。

随后，采用相同的工艺参数制造了进行了内腔结构优化的喷嘴。如图 4-51 所示，优化后的喷嘴成型效果良好，内腔结构清晰，送粉通道完整无坍塌。这证明了内腔结构优化设计在喷嘴制造中的关键作用。

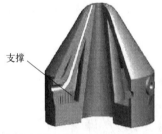
支撑

❰图 4-50　喷嘴内部坍塌的结构

❰图 4-51　用 SLM 工艺直接制造的喷嘴

制造完成后，利用线切割技术将喷嘴从基板上切离，并加工出螺纹段以便安装。为了提高喷嘴的美观性和反射能力，还对喷嘴表面进行了精细的打磨处理。打磨后的喷嘴表面光滑亮丽，如图 4-52 所示，不仅提升了外观质感，还增强了其在实际应用中的性能表现。

❰图 4-52　表面打磨后的喷嘴

综上所述，采用先进的 SLM 设备和优质的原材料，结合优化的加工参数和扫描策略，成功制造出了性能优异、结构合理的激光喷嘴。这一成果不仅展示了增材制造技术在复杂结构零件制造中的优势，也为喷嘴等关键部件的制造提供了新的解决方案。

4.3 增材制造仿生结构设计

4.3.1 仿生结构设计概念

（1）仿生设计学

仿生设计学，亦可称为设计仿生学（design bionics），它是在仿生学和设计学的基础上发展起来的一门新兴边缘学科，以自然界万事万物的"形""色""音""功能""结构"等为研究对象，有选择地在设计过程中应用这些特征原理进行设计，同时结合仿生学的研究成果，为设计提供新的思想、新的原理、新的方法和新的途径。生物在自身进化及自然选择的长期作用下，通过亿万年的洗礼，形成了独特的特性和功能，这为人类解决工程技术问题提供了大量的设计原型和许多创造性的设计方法，是人类技术创新取之不尽的灵感源泉。仿生设计学主要包括仿生物形态仿生设计、仿生物表面肌理与质感的设计、生物功能仿生设计、生物结构仿真设计等。

形态仿生设计学研究的是生物体（包括动物、植物、微生物、人类）和自然界物质存在（如日、月、风、云、山、川、雷、电等）的外部形态及其象征意义，以及如何通过相应的手法将之应用于设计之中，如各种动物的仿生形态设计的学科。

功能性仿生注重大自然原生态的性能，针对性能设计仿生的工业产品，增加产品的使用性能。这种设计不但要求设计者的理念充分，更要求与科学研究成果相结合，充分利用大自然资源的优势，结合工业设计，对生物的有机特征进行细致研究。这个过程中要符合实际和人体使用的需求。

结构仿生主要研究生物体对环境适应的原理，并将其应用到产品设计及建筑设计中，以改进结构设计中的缺陷和不足，提高结构效率、强化可靠性，如图 4-53 中的功能性仿生设计。结构仿生设计学主要研究生物体和自然界物质存在的内部结构原理在设计中的应用问题，研究最多的是植物的茎、叶及动物形体、肌肉、骨骼的结构。例如：蜜蜂的六角蜂巢（图 4-54），结构紧凑，巧妙合理，不但以最小的材料获得最大的空间，而且以单薄的结构获得最大强度和刚度，无论从美观还是实用角度来考虑，都是十分完美的。这类结构，不仅广泛应用于现代建筑，还应用于航空航天领域的航空发动机、家具等方面。

仿生的价值在于依照相似准则，按照生物系统的结构和性质为工程技术提

△图 4-53　具有防滑功能、疏水减阻功能的仿生设计

△图 4-54　结构仿生设计的航天器结构

供新的设计思想及工作原理，并找到新的更加经济、合理、高效和可靠的方法。例如，为了提高头盔的防护能力，模仿啄木鸟头部结构形状而研发的仿生安全头盔（图 4-55）；为降低风阻，模仿盒子鱼流线型身体而研发的低风阻汽车。除此之外还有蜂巢结构、肌理结构等。总体看来，结构仿生设计的应用已经成为产品改进和创新的现代趋势，对提高产品的实用性、保护性和方便性具有重要的指导意义。

△图 4-55　模仿啄木鸟头部结构形状而研发的仿生安全头盔

（2）仿生结构设计

生物经过十多亿年连续的进化、突变和选择，已经形成十分多样的材料和结构。这些天然生物材料通常利用有限的组分构造复杂的多级结构，并利用这种多级结构实现多功能性，达到人工合成材料不可比拟的优越性能。而仿生结构设计是通过研究生物形态、结构、材料、功能及其相互关系，在深入理解生物机理的基础上，分析生物功能、结构与工程的相似性，提出仿生构思或建立数学模型，最终用于工程结构的一种设计。一般结构仿生设计的方法如图4-56所示。

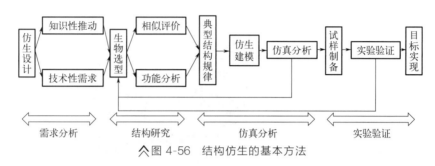
图 4-56　结构仿生的基本方法

大多数生物材料难以直接从自然中大规模获取并应用于材料与工程领域，因此，利用技术手段设计和制备具有类似结构与性能的仿生材料至关重要。目前，有研究人员利用多种方法成功制备了性能优异的仿生材料，一些在工程领域已经具有成熟的应用。然而，天然生物材料的一些主要特征，如精妙复杂的微纳米结构、不均匀结构的空间分布和取向等，很难使用传统的方法精确模仿。仿生材料的制备仍是材料领域的研究热点和亟待突破的难题。

增材制造技术在复杂结构、非均匀结构的成型方面具有极大优势。仿生结构设计与增材制造技术结合，可以通过对生物体和模型定性的、定量的分析，把其形态、结构转化为可以利用在技术领域的抽象功能，并可以考虑用不同的物质材料和工艺手段创造新的形态和结构，创造出近生物模型和技术模型。

4.3.2　仿生结构设计流程

仿生设计流程主要有两种类型：第一种始于对生物体的研究，通过研究大自然中生物体的精巧结构，在现实应用中匹配期望产生类似功能的工程结构来进行仿生；另一种始于工程结构设计过程中遇到的问题，为了解决工程问题从而转向自然界去寻找有类似结构或者能实现类似功能的生物体，分析其构型特征来进行仿生设计，如图4-57和图4-58所示。

类型一：自然启发到工程应用

① 研究生物体：深入探索大自然中生物体的独特结构与功能，理解其高效运作的原理。

② 确立优化目标：基于产品性能需求，明确需要提升的具体方面，设定仿生设计的优化目标。

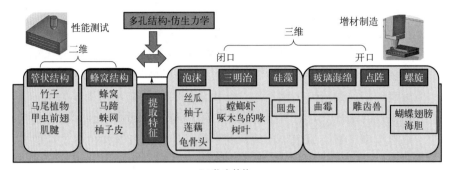

(a) 仿生结构

(b) 3D打印带螺旋结构的换热器

☆图 4-57   仿生学与增材制造

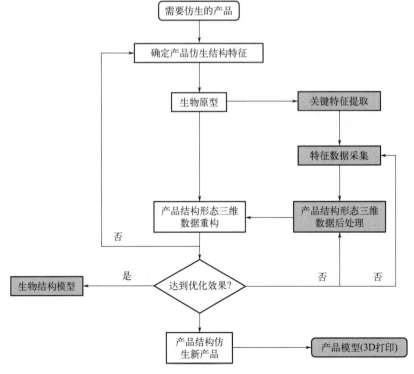

☆图 4-58   仿生结构设计流程

③ 筛选仿生原型：在自然界中寻找与产品优化目标相匹配的生物原型，依据相似理论进行筛选。

④ 数字化与特征提取：对选定的生物原型进行数字化处理，提取其关键特征，这些特征需对产品改进设计有直接帮助。

⑤ 仿生结构优化：基于提取的生物特征，进行仿生结构的数据重构与优化设计，通过多轮反馈调整，确保设计效果。

⑥ 模型建立与评估：构建新型仿生产品模型，通过验证评估其是否达到预设的优化目标，并考虑使用增材制造等先进制造技术实现产品原型。

类型二：工程问题导向的自然搜索

① 识别工程难题：在工程设计或产品开发过程中，明确遇到的具体问题或性能瓶颈。

② 问题导向的搜索：带着具体问题，转向自然界寻找具有潜在解决方案的生物体，这些生物体需具备类似结构或功能。

③ 原型研究与特征分析：深入研究选定的生物原型，分析其构型特征与功能实现机制，提取可借鉴的元素。

④ 仿生设计转化：将生物原型的关键特征转化为工程设计语言，进行仿生结构的设计与优化。

⑤ 迭代优化与验证：通过多次迭代设计，不断优化仿生结构，直至满足工程需求，并通过实验或模拟验证其性能。

⑥ 产品实现与评估：最终完成产品的制造与评估，确保仿生设计在实际应用中达到预期效果。

⑦ 两种路径虽起点不同，但均强调了对自然界的深入观察与学习，以及将生物智慧转化为工程创新的能力。

受仿生设计的启发，增材制造技术让组织工程、医学生物等领域实现了产品的智能化、创新性设计，达到了微观和宏观的统一，为新的产业变革带来了机遇。将仿生原理和增材制造技术结合，可以利用生物材料的设计原理指导先进功能材料的精确高效制备，并且更加深入地了解生物材料的合成原则与方法。对过去传统加工无法实现的仿生结构制备，随着增材制造技术的发展成为可能。仿生增材制造技术的发展，推动了复杂制造工艺仿生产品的加工工艺应用，也实现了数字化、网络化、高效化和制造智能化，为新材料、生物医疗、组织工程、智能装备等行业功能化产品的设计开发和应用提供了新思路，仿生结构设计、制造必将成为产品改善、结构创新的重要技术。

仿生设计与增材制造技术的结合使更多结构创新、性能优异的材料被人们制造，仿生设计与增材制造技术的未来发展必将更具潜力。其发展趋势如下：

① 随着仿生测试技术的不断创新和丰富，我们能更好地了解仿生品表面的材料结构、几何光学及功能特性，为仿生多尺度、复杂、具有功能梯度的结构以及从微观到宏观的设计和建模提供依据，实现设计的自由化、个性化和仿生最大化。

② 新的增材制造设备和工艺开发也将有助于仿生增材制造技术的实现；同时跨尺度（宏观/微米/纳米）的增材制造技术、4D 打印和曲面打印结合传统制造技术（增材/减材/等材制造）使未来的仿生材料结构更加多样、性能更加全面。

③ 仿生增材制造的材料将不断丰富，从功能材料、纳米材料、生物材料、导电墨水、超材料到智能材料等。

④ 随着大量仿生材料的制造，社会各个领域对创新仿生材料结构的需求不断增大，推动着仿生增材制造的发展。

4.3.3 案例分析

随着计算机辅助技术的发展及增材制造技术尤其是 SLM 成型技术的出现，人们提出了更多的金属仿生下颌骨假体的设计方案。借助计算机辅助技术，学者们设计出了一些具有镂空和多孔结构的仿生下颌骨假体，并通过增材制造技术成型，甚至应用到临床中。现有的下颌骨假体的轻量化设计常表现出以下特点：

① 一些根据下颌骨应力分布规律设计的下颌骨假体，往往具有宏观镂空结构，而不是尺寸更加微小的多孔结构，如 2012 年比利时就曾制造过一种钛合金下颌骨假体。由于不具备真正意义上的多孔结构，因此它们不具有利于骨细胞长入植入体孔隙的优势。

② 一些具有真正意义上的多孔结构的下颌骨假体，在设计上往往具有均匀的孔径和孔隙率。均匀分布的孔意味着在假体内部，无论是应力较低的区域，还是应力较高的区域，都具有同样密集的多孔结构，这会导致应力较低区域存在不必要的材料浪费。可见，在现有的下颌骨假体设计中，下颌骨的应力分布规律还没有被很好地用于指导下颌骨假体的设计。按照下颌骨的应力分布规律，对下颌骨假体的内部多孔结构进行有梯度、有区分的设计，将使多孔结构不必按照应力最大值下的孔隙率设计，而是可以根据不同区域受力程度的不同，呈现出一定的梯度分布。主要设计内容如下：

a. 个性化外壳设计。对于下颌骨假体的外部壳体结构，其优化设计主要基于假体植入部位的个性化要求，并对假体与植入部位之间的固定结构进行优化设计。

b. 轻量化多孔内胆设计。对于下颌骨假体的多孔内胆结构，需要进行进一步轻量化设计。简单来说，按照下颌骨的应力分布特点和规律，对下颌骨假体内部多孔结构的孔隙率参数进行具有梯度化规律的设计，使下颌骨假体孔隙率无须均匀分布，而是可以在高应力区设计相对密实的孔，在低应力区设计相对稀疏的孔。

设计方法：经过一系列的逆向建模操作和正向设计，优化得出的下颌骨假体外壳有高度个性化的外形，实现和植入部位的高度匹配。同时，在保持其一贯个性化特点的基础上，参考传统颌面外科钛板的形态，对连接植入部位两端

　　健康骨的固定结构进行优化设计。

　　完整的多孔下颌骨假体设计制作步骤可描述如下。

　　步骤一：CAD 辅助设计。为建立个性化下颌骨模型，首先将一名成年男性志愿者的头部 CT 扫描数据通过 Mimics16.0 软件提取下颌骨部分的三角面片模型，并以 STL 文件导出，如图 4-59 所示。其次，将其导入逆向建模软件 Geomagic Studio 8.0 中进行曲面重建，经过一系列逆向建模操作，最终获得下颌骨模型 IGES 文件，如图 4-60 所示，用于后续的有限元力学模拟及个性化多孔下颌骨假体的正向设计。

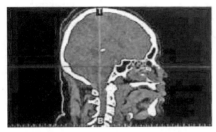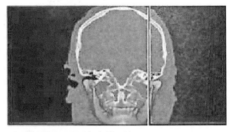

☆图 4-59　CT 扫描获得的下颌骨三维数字模型

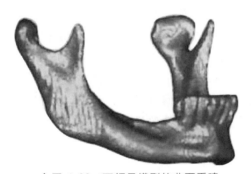

☆图 4-60　下颌骨模型的曲面重建

　　步骤二：模型的光滑处理。三角面片越多，模型越精细，但数据量越大，处理起来就越麻烦。由于仅要求下颌骨植入物能在面部形貌上与植入部位相匹配，对模型的还原度要求不如牙科类产品如局部义齿支架高，因此，可以考虑将模型表面进行光滑处理以减少下颌骨三角面片模型的面片数量，如图 4-61 所示。

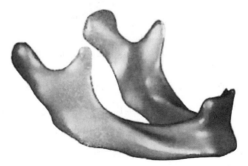

☆图 4-61　光滑处理后的下颌骨三角面片模型

步骤三：生成轮廓线。得到修复后的光滑模型后，对该下颌骨模型的处理就进入了曲面阶段。由于下颌骨模型形状不规则，因此采取精确曲面的方式，直接在三角面片上进行曲面拟合，如图 4-62 所示。构造曲面片这一步骤的目的是利用生成的轮廓线和边界线将下颌骨模型的表面划分成多个较为规则的四边形曲面区域，如图 4-63 所示。

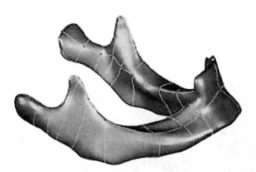

曲面片：0，面板：55，未填充：55
当前三角形：34014

⬆图 4-62　编辑轮廓线

曲面片：542，面板：56，未填充：0
当前三角形：34014

⬆图 4-63　构造曲面片

步骤四：构造格栅。选择命令"构造格栅"—"确定"，图 4-64 所示为本例下颌骨模型生成的格栅图，圆圈部分表示构造格栅质地不佳，通常有两个可能的原因：一是模型本身的形状非常不规则，二是前期的数据处理可能不够精细，比如轮廓线或曲面片的处理上存在问题。由于此处圆圈部分较少，可按照系统的提示对其进行修补完善。同时，由于圆圈区域本身属于下颌骨模型中曲面复杂的部分，修补效果可能不佳，因此也可直接进入下一个逆向建模的步骤。

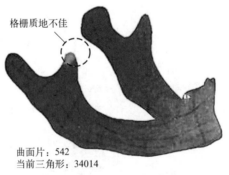

曲面片：542
当前三角形：34014

⬆图 4-64　构造格栅

步骤五：拟合曲面片。完成上述操作后，选择命令"拟合曲面片"—"合并曲面"—"确定"，并另存为 IGES 文件。至此，完成了对原始三角面片模型 STL 文件到下颌骨实体模型 IGES 文件的转换。图 4-65 所示即为经过逆向建模操作后获得的下颌骨模型，可以看到，这是一个高度个性化的模型，该模型将被用于下颌骨正中咬合状态下的有限元分析和进一步的正向设计。

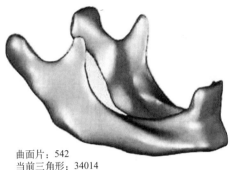

曲面片：542
当前三角形：34014

⌃图 4-65　拟合曲面片后的下颌骨模型

　　步骤六：有限元力学模拟。将 IGES 格式的下颌骨模型导入有限元软件
Abaqus 进行力学模拟。模型导入 Abaqus 软件后，经过设置弹性模量、生成自
动网格、添加约束、加载载荷等一系列步骤（图 4-66），模拟得出了正中咬合
状态下人体下颌骨的应力分布规律（图 4-67），为指导下颌骨假体的内部多孔
结构的孔隙率梯度分布设计（图 4-68）提供依据。

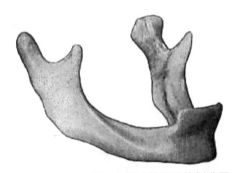

⌃图 4-66　下颌骨有限元模型网格划分图

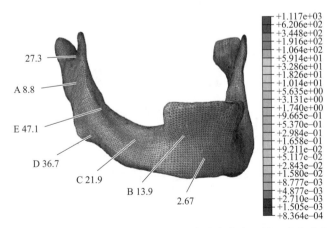

⌃图 4-67　下颌骨松质骨模型在正中咬合状态下的正应力分布

　　步骤七：将压缩实验与 Gibson-Ashby 抗压模型结合。使用德国万能实验
机 CMT5105（100kN）以 2mm/min 的纵向位移速率对孔隙率为 60％、65％、

︿图 4-68　下颌骨假体的各种设计

70％、75％、80％、85％的多孔结构样件进行压缩实验,以获得 SLM 多孔结构的压缩应力-应变数据（图 4-69）。成型三组每个孔隙率参数下的多孔样件,并进行三次压缩实验,取三次实验所获得的抗压强度的平均值对多孔金属材料的 Gibson-Ashby 抗压模型进行拟合,并根据拟合结果进行模型修正,最终建立起 SLM 成型镍钛合金八面体多孔结构的孔隙率参数与其抗压强度之间的数学关系。与应力区域 C 对应的个性化多孔下颌骨假体及模拟试戴如图 4-70所示。

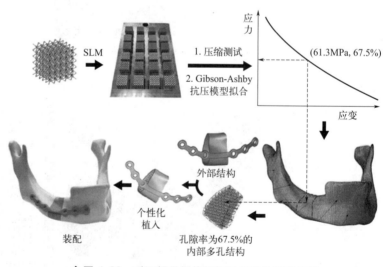

︿图 4-69　对下颌骨假体的轻量化设计研究思路

　　步骤八：用 SLM 工艺成型。将个性化多孔下颌骨假体模型导入 Magics 软件进行加工位置摆放、支撑添加以及切片处理,并采用优化后的工艺参数通过 SLM 成型设备 Dimetal-100 进行成型,最终获得图 4-71～图 4-73 所示的下颌骨假体样件。

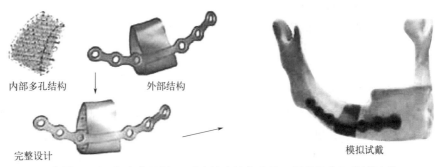

内部多孔结构　　　　　外部结构

完整设计

模拟试戴

☒图 4-70　与应力区域 C 对应的个性化多孔下颌骨假体及模拟试戴

☒图 4-71　SLM 成型下颌骨假体

☒图 4-72　超声波清洗，抛光与
喷砂后的下颌骨假体

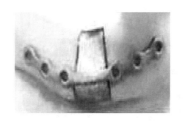

☒图 4-73　树脂模型试戴

4.4　功能梯度材料与增材制造

4.4.1　功能梯度材料（FGM）

功能梯度材料（FGM）是指在一个或多个维度方向上，材料组成或结构特征发生变化的大量新型材料。从技术上讲，FGM 是由两种或两种以上具有不同性质的材料组成的。通过不断改变这两种或两种以上材料的组成，不同材料之间的界面消失，使材料的性质逐渐变化，从而实现可调和特定位置的功能。FGM 可以由相同类型但性能不同的材料组成，如金属/金属、陶瓷/陶瓷，或不同材料的组合，如金属/陶瓷、陶瓷/聚合物。此外，通过控制组织中所包含的结构的尺寸或密度属性，单材料系统也可以用于生产具有渐进材料特性的结构，这可以称为功能梯度结构（FGS），也属于 FGM 的类别。功能梯度材料在各种应用中都是可取的。由于缺乏对设计和制造方法的理解，设计 FGM 仍然是一个挑战。而仿生材料中所显示的梯度模式和性能为设计 FGM 提供了主题。增材制造自下而上的特性使其能够对材料和结构进行无与伦比的控制，使得 AM 成为 FGM 发展的完美助力者。两者的整合为开发下一代先进材料提供了前所未有的机会。

　　FGM 是一种革命性的复合材料，其概念最初在 1984 年左右被提出。其核心理念在于解决一个严峻的挑战：在狭小的 10mm 横截面上创造一个能够承受高达 1000℃ 温度的热障。传统复合材料中，基体与增强体间的界面通常呈现尖锐过渡，这种结构在高温环境下容易诱发裂纹。这些裂纹的形成，主要是由于不同材料之间热膨胀系数的差异，导致界面应力的产生。

　　功能梯度材料则打破了这一局限，通过在两种不同材料的界面处引入平滑的渐变过渡，成功消除了尖锐界面的存在。这种平滑过渡不仅优化了材料的热学性能，还显著提高了其机械性能。如图 4-74 所示，功能梯度材料能够在材料的体积内实现组成或微观结构的空间变化，使得材料性能能够与所需功能性能相匹配。这种设计使得 FGM 能够在不同区域展现出特定的物理、化学和机械性能，从而满足多样化的应用需求。

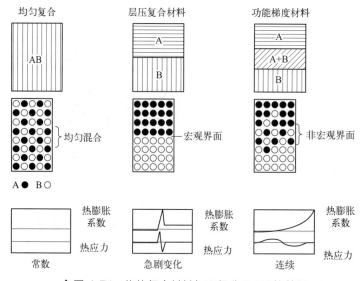

∧图 4-74　传统复合材料与双组分 FGM 的差异

　　在关键应用部位，功能梯度材料凭借其独特的组成梯度设计，能够显著减轻热应力，进而提升材料的整体性能。这一创新性的材料设计理念不仅推动了太空探索领域的飞速发展，也为其他涉及高温、高压等极端环境的应用场景提供了强有力的技术支持。

　　相较于传统的复合材料，功能梯度材料展现了其独特的优势。传统复合材料通常是两种不同材料的均匀混合，其最终性能往往是各组成材料性能的简单叠加。然而，在涂层或层压复合材料中，两种材料之间的变化往往是突然的、急剧的，这容易导致性能的不连续性和缺陷的产生。而功能梯度材料则能够在两种材料的界面处实现性能的逐渐过渡，避免了性能的突变和缺陷的产生，如图 4-74 所示。

随着材料科学研究的深入，功能梯度材料的应用前景日益广阔。其在航空航天、能源、汽车等领域的应用已经取得了显著的成果，为这些领域的发展注入了新的活力。未来，随着制备技术的不断进步和应用场景的不断拓展，功能梯度材料将有望为更多的领域带来革命性的进步。

功能梯度材料的应用价值深远，它巧妙地融合了多种性能于单一部件之中，成功消除了梯度区之间的尖锐界面，从而显著增强了界面强度。这一特性不仅促进了部件的高效集成，更有助于延长部件的使用寿命，提高了整体系统的可靠性和稳定性。与传统的合金和金属材料相比，功能梯度材料的使用带来了材料性能和效率的显著提升。它突破了传统材料的性能局限，为工程应用提供了更多可能性。

采用 FGM 部件，能够精确控制组件内部材料的各种性能参数，如质量、弹性模量、断裂韧性、耐磨性和硬度等。这种精确控制可以将各种原本不相容的物质巧妙地组合在一起，创造出适用于不同应用环境的新材料。更值得一提的是，功能梯度材料允许在需要特殊性能的区域进行选择性增强。这种设计灵活性使得 FGM 能够满足更为复杂的工程需求，为各种应用场景提供了定制化的解决方案。

因此，功能梯度材料在航空航天、能源、汽车等众多领域具有广阔的应用前景。在航空航天领域，FGM 能够承受极端温度和压力环境，提高飞行器的性能和安全性；在能源领域，它能够提高能源转换效率，降低能源消耗；在汽车领域，FGM 的应用有助于减轻车身质量，提高燃油效率，同时增强车辆的安全性能。

4.4.2　功能梯度材料的分类

功能梯度材料根据组成和性能特征，通常分为两大类：均质 FGM 和异质 FGM，如图 4-75 所示。均质 FGM 主要由单一材料构成，而异质 FGM 则由两种或多种材料组成，这些材料通过改变化学成分、密度或微观结构来实现分级，或以集成形式存在。

均质 FGM 的特点在于其组成材料的单一性，但性能却展现出多样性。这种多样性主要是通过密度梯度或微观结构的变化来实现的。通过精确的工艺控制，均质 FGM 内部的结构和性能可以呈现出连续变化，从而满足特定的功能需求。在热障涂层和高温结构件等需要平滑过渡性能的应用中，均质 FGM 表现出色。

相比之下，异质 FGM 则能够结合多种材料的优势，通过在不同区域使用不同的材料组合，实现性能的优化。这种材料在需要同时满足多种性能要求的应用中具有广泛的应用前景，如航空航天领域的热防护系统和推进系统。

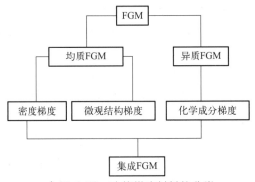

☒ 图 4-75　功能梯度材料的分类

(1) 密度梯度 FGM

在均质 FGM 中，密度梯度是通过改变材料中空间分布的孔隙度来实现的。实现密度梯度的方法主要有两种：改变孔径大小和/或改变孔隙密度。孔隙的形状和大小可以根据组件所需的性能进行设计和调整。图 4-76 展示了均质 FGM 材料中的孔径和孔隙密度梯度，清晰地展现了不同区域孔隙分布的变化。

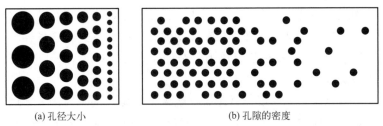

(a) 孔径大小　　　　　　　　(b) 孔隙的密度

☒ 图 4-76　通过调节孔径大小和孔隙的密度获得的两种密度梯度 FGM

孔径梯度的实现可以通过在梯度过程中改变粉末颗粒大小或优化加工和烧结参数来完成。而孔隙密度的调整则可以通过改变结构中分布的孔隙数量来实现，如图 4-77(a) 所示。在单一结构中改变密度不仅有助于减轻整体质量和减小部件密度，还可能对材料的拉伸强度和杨氏模量产生影响。这种特性使得均质 FGM 在航空航天、能源和汽车等领域具有广泛的应用前景，特别是在需要轻质化和高性能的结构件中。

(2) 微观结构梯度 FGM

微观结构梯度是均质 FGM 的另一重要特征。在这种材料中，微观结构经过定制以实现材料性能的逐渐变化。这一变化通常在凝固过程中实现，其中材料的表面被淬火，而内部由于冷却速度较慢，产生了与表面不同的微观结构。通过精确控制凝固过程中的冷却速度和条件，可以实现对 FGM 中微观结构梯度变化的精确调整。这种变化直接影响材料的各种性能，如硬度、强度、韧性、热膨胀系数等，从而使其能够满足特定应用的需求。

此外，通过构建多层次、多尺度的微观结构构型，如模拟自然界中骨骼重构的复杂层级设计 [如图 4-77(b) 所示]，进一步增强了 FGM 的微观结构梯度效应。

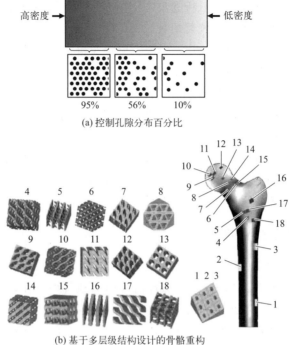

(a) 控制孔隙分布百分比

(b) 基于多层级结构设计的骨骼重构

⋀ 图 4-77　密度和微结构梯度材料

微观结构梯度的 FGM 在复杂应力和温度变化环境中表现出独特的优势。例如，在航空航天领域，这种材料可用于制造承受高温和极端机械应力的部件，如发动机叶片和涡轮盘。此外，它们还可用于制造热防护系统，以抵抗高速飞行时产生的极高温度。

（3）异质 FGM

在异质 FGM 中，存在两种或多种材料。由于多种材料的组成从一种材料逐渐变化到另一种材料，因此会产生具有不同组成的不同相。这些不同的相取决于增强材料的组成量和制造条件。例如，一个二元异质 FGM 系统包含两个组分 A 和 B。A 的浓度沿着某一方向从 100% 逐渐变化到 0%，导致材料中不同相的形成。理论上，存在三个具有不同相的区域：在第一个区域中，A 的浓度高于 B；在第二个区域中，B 的浓度高于 A；最后，混合区域具有 A 和 B 的组合组成，其中存在微观结构和组成的逐渐过渡。

（4）集成 FGM（IFGM）

FGM 的另一大类是将均质和异质 FGM 集成在一起，称为集成 FGM。集成 FGM 巧妙融合了均质与异质功能梯度材料的优势，实现了材料内部密度、化学成分及微观结构的综合调控。这种创新设计不仅丰富了功能梯度材料的性能维度，也为解决复杂工程问题提供了强有力的材料支撑。IFGM 的设计理念核心在于精准控制，即通过对材料各组分的精细布局与微观结构的精细设计，实现材料性能的定制化与梯度化。这种设计理念使得 IFGM 在极端环境下承受应力、提高结构效率或实现特定功能方面展现出巨大的潜力。

随着科学技术的不断进步，IFGM 的性能优势日益凸显，其应用领域也随之不断拓展。在航空航天领域，IFGM 凭借其卓越的耐高温、抗热震及机械应力性能，成为发动机叶片、燃烧室壁等关键部件的理想选择，为飞行器的安全飞行提供了坚实保障。在能源领域，其高效的热传导性与优化的催化活性，在热交换器、催化剂载体等领域展现出巨大的应用潜力，促进了能源的高效利用与转化。此外，在汽车工业、电子信息、生物医学等多个领域，IFGM 也展现出广阔的应用前景，为相关行业的发展注入了新的活力。更为引人瞩目的是，IFGM 在生物医学领域的应用前景。通过调控材料的成分和结构，可以实现与人体组织的良好相容性，并促进组织的修复和再生。因此，IFGM 在植入物、医疗器械等生物医学产品方面具有广阔的应用潜力。

4.4.3 功能梯度材料的制造方法

功能梯度材料的制造方法因产品类型（薄膜或块体）的不同而呈现出多样性。薄膜型 FGM 因其在表面性能方面的独特性，在多个工程领域中占据重要地位。其中，物理气相沉积（PVD）和化学气相沉积（CVD）技术以其卓越的精度和灵活性，成为生产 FGM 涂层的主流方法。而在需要承受极端工作环境的场合，块体 FGM 则显得尤为关键。

针对 FGM 的制造，主要的技术手段包括气相、液相和固相技术。在气相沉积技术中，PVD 和 CVD 通过精确控制气相元素的沉积，实现材料组成的渐变。这不仅为涂层带来了性能上的平滑过渡，也满足了多种特定应用对材料性能的需求。

液相技术，如离心铸造和带式铸造，则通过熔融材料的注入和精确控制冷却过程，形成具有梯度结构的块体材料。这种方法在制造大型和复杂形状的 FGM 部件时展现出独特的优势。

固相技术，特别是粉末冶金技术，通过混合不同比例的粉末材料，并在高温下压制和烧结，精确控制材料的成分和微观结构。这种技术对于制造高性能和高可靠性的 FGM 部件具有重要意义。

此外，增材制造技术在 FGM 制造领域的应用，为功能梯度增材制造（FGAM）提供了可能。通过逐层堆积材料，FGAM 能够精确控制每一层的成分和结构，从而实现高度定制化的功能梯度结构。这种技术在制造具有复杂形状和特殊性能需求的部件时具有显著优势。

在选择 FGM 制造方法时，应综合考虑材料的类型、性能要求、生产成本和生产效率等因素。不同的制造方法各具特色，应根据具体应用场景进行选择和优化。

表 4-3 概述了常见的 FGM 传统制造方法，这些方法各具特色，适用于不同的应用场景。然而，在面临制造具有晶格结构且几何形状极其复杂的最终产品时，传统的制造技术往往显得力不从心。

表 4-3　FGM 传统加工方法概括

过程	层厚	FGM 材料类型	相含量通用性	组件几何通用性
物理气相沉积	C	涂层	非常好	一般
化学气相沉积	C	涂层	非常好	一般
离心铸造	C	散装	非常好	较差
流延成型	M	散装	非常好	较差
粉末冶金	M,L	散装	非常好	较差

注：L—arge(>1mm)；M—medium(100~1000μm)；C—continuous(连续的)。

在这种情况下，FGAM 方法展现出了巨大的潜力和优势。FGAM 巧妙地将增材制造与 FGM 技术相结合，不仅继承了增材制造在构建复杂几何形状方面的能力，还发挥了 FGM 在材料性能优化方面的特长。通过逐层堆积材料，FGAM 能够精确控制每一层的成分和结构，从而实现高度定制化的功能梯度结构。

这种制造方法能够制造出具有复杂结构和优异性能的功能梯度部件，为先进工程应用提供了强有力的支持。无论是航空航天领域的高性能部件，还是生物医学领域的定制化植入物，FGAM 都能凭借其独特的制造能力满足复杂而严苛的性能要求。

4.4.4　功能梯度材料增材制造

FGAM 是一种先进的制造技术，它利用增材制造的逐层构建原理，通过精确控制材料的组成和结构梯度，实现工程部件内部材料属性的逐步变化。这种技术能够生产出具有可定制位置特定属性的自由形态结构，从而满足复杂工程应用对材料性能的特殊需求。

FGAM 技术的核心在于其能够在三维空间中精确控制材料的分布。通过调整打印过程中的材料配比、打印参数和路径规划，实现从一种材料到另一种材料的平滑过渡，从而在部件内部形成复杂的功能梯度结构。这种结构不仅可以在小区域内实现精细调控，还可以在战略位置进行定制，以实现特定应用所需的性能。

与传统制造方法相比，FGAM 技术具有显著的优势。首先，它提供了极高的设计自由度，使得工程师能够根据具体需求定制出具有复杂形状和性能要求的部件。其次，FGAM 技术适用于小批量和定制生产，能够快速响应市场变化，降低生产成本。此外，通过单步制造过程，FGAM 技术简化了生产流程，提高了生产效率，并降低了环境风险。

（1）FGAM 工艺链

典型的 FGAM 工艺链如图 4-78 所示，展示了 FGAM 制造从设计到最终产品的完整工作流程。该工艺链包含五个关键步骤，每一步都不可或缺，共同确保最终产品的质量和性能。

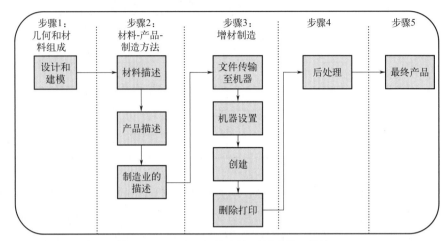

✦ 图 4-78　FGAM 从设计到制造的工艺流程

　　首先，是几何形状与材料组成的确定。在这一步骤中，设计师利用计算机辅助设计（CAD）工具进行产品开发、模拟和优化。通过描述部件的基本属性，如机械功能、几何形状、材料组成以及预期的梯度变化等，为后续的制造过程奠定基础。这一阶段的工作至关重要，它决定了产品的基本框架和性能要求。

　　接下来，是材料-产品-制造方法的规划。在这一阶段，设计师需要考虑材料的选择、微观结构的分配以及部件的化学组成和特性。通过数值模拟和分析，确定最佳的材料属性和梯度变化。同时，还需要考虑产品的几何形状和材料组成如何影响制造策略和过程控制。这一阶段的工作涉及多个领域的专业知识，需要设计师具备跨学科的知识储备和丰富的实践经验。

　　第三步是增材制造过程。在这一步骤中，经过设计的 CAD 文件被传输到增材制造机器中，机器根据预设的路径和参数进行逐层构建。数控编程在这一过程中发挥着关键作用，它确保了机器能够按照设计师的意图进行精确制造。此外，机器的设置和构建过程中的监控也是必不可少的，以确保制造过程的顺利进行。

　　第四步是后处理。增材制造完成后，部件往往需要进行一系列后处理工序，以改善其表面特性、几何精度和机械性能等。这些后处理方法可能包括打磨、机械加工、化学处理等多种手段。通过精心选择和应用这些后处理方法，可以进一步提升产品的质量和性能。

　　最后一步是最终产品的质量保证和验证。在这一阶段，通过对产品进行无损检测、应力分析或显微成像等实验分析，验证其是否符合设计要求和使用性能。这一过程是确保产品质量的关键环节，只有通过严格的质量控制和验证，才能确保最终产品能够满足客户的需求和期望。

　　（2）FGAM 部件的设计与建模

　　FGAM 部件的设计与建模是制造过程中至关重要的环节，它直接决定了最终产品的性能和质量。在设计与建模阶段，设计师需要充分利用先进的 CAD 和模拟工具，以确保部件的材料分布、性能梯度以及整体结构达到最优状态。

首先，设计软件的选择至关重要。为了实现 FGAM 部件的精确设计，软件需要具备模拟多材料和每种材料组成的功能。这意味着软件应能够处理复杂的材料组合，并在 3D CAD 文件中准确定义梯度材料。此外，软件还应支持有限元分析（FEA）和计算，以便对部件的性能进行准确预测和优化。

在设计过程中，体素建模方法是一种有效的工具。通过这种方法，设计师可以在每个几何切片的像素网格上分配不同的材料值，从而创建出由多种材料组成的混合体素。这些体素不仅代表了部件的几何形状，还包含了丰富的材料信息，如组成元素的加权百分比等。这种方法为设计师提供了更大的灵活性和精确性，使他们能够更精确地控制部件的材料分布和性能梯度。

除了体素建模方法外，还有一些专门针对 FGAM 设计的软件工具，如 VoxCAD 等。VoxCAD 是一款开源的、基于体素的数字材料模拟器。这些软件不仅提供了强大的设计功能，还集成了有限元分析等功能，使设计师能够在设计过程中实时查看和修改部件的性能表现。

通过采用这些先进的 CAD 和模拟工具，设计师能够更精确地控制 FGAM 部件的材料分布和性能梯度，从而优化部件的性能和制造过程。这有助于实现更高效的材料利用、减少浪费，并满足复杂工程应用中的特定需求。在设计阶段完成后，数据导出和文件格式的选择成为至关重要的环节。由于传统的 STL 文件格式主要基于网格，对于保留功能梯度材料（FGM）部件的详细信息和材料特性来说显得力不从心。因此，对于 FGAM 技术而言，需要选择能够全面记录部件外部和内部信息、材料规格、混合和梯度材料分布，以及子结构、材料和多孔结构特性的文件格式。

在众多文件格式中，AMF（增材制造格式）以其强大的功能性和扩展性脱颖而出。作为一种基于可扩展标记语言（XML）的文件格式，AMF 能够存储丰富的信息，包括颜色、材料类型、晶格结构、重复模式以及构成对象的体积单元等。这使得 AMF 成为能够完整表达 FGAM 部件复杂结构和材料特性的理想选择。同时，由于其开放性，AMF 得到了 SolidWorks、Inventor、Rhino 和 Mesh Mixer 等主流 CAD 软件的支持，为设计师提供了极大的便利。

另一种值得关注的文件格式是 FAV（可制造体素）。这是由富士施乐与日本庆应大学合作研发的一种基于体素的数据格式。在 FAV 中，每个体素都可以被赋予多种属性值，如颜色（RGB、CMYK 等）和材料信息。这种格式不仅允许设计师在一个集成的过程中完成 CAD 设计、CAE 分析和 3D 模型检查，还能够确保数据在转换过程中不丢失任何关键信息。

此外，3MF（3D 制造格式）也是一种备受推崇的文件格式。作为 3D 联盟开发的基于 XML 的开放格式，3MF 致力于实现增材制造设计应用程序与其他各种应用程序、平台、服务和打印机之间的无缝对接。通过 3MF 格式，设计师可以将"全保真"的 3D 模型发送到不同的环境中进行后续处理，从而确保

FGAM 部件在整个制造过程中的一致性和准确性。

综上所述，为了充分保留 FGAM 部件的复杂信息和材料特性，选择适当的文件格式至关重要。AMF、FAV 和 3MF 等文件格式以其强大的功能性和良好的兼容性，为 FGAM 部件的制造提供了有力的支持。通过采用这些文件格式，设计师可以确保 FGAM 部件从设计到制造的全过程都保持高度的精确性和一致性。

（3）FGAM 技术

用于生产 FGAM 部件的增材制造（AM）技术丰富多样，主要涵盖了六种关键技术：材料挤出（MEX）、光固化（VPP）、粉末床熔融（PBF）、材料喷射（MJT）、薄材叠层（SHL）和定向能量沉积（DED）。每种技术都有其独特的特点和应用领域，为 FGAM 部件的制造提供了广阔的选择空间。

① 材料挤出（MEX） MEX 是一种 AM 过程，其中材料通过喷嘴或孔选择性地分配。根据 MEX 的技术特点，可分为熔融沉积成型（FDM）和直写成型（DIW）两种类型。其中，DIW 技术根据材料输送方法可进一步分为三类，即基于空气、基于活塞和基于螺旋。早在 20 世纪末的技术中，基于挤压的方法就已被证明是制造 FGM 的最有前途的 3D 打印技术之一。通过改变不同性质或属性的多种材料的瞬时传递率，采用实时混合方法混合均匀，最终可以挤压和沉积均匀的动态复合材料，实现不同材料组分的现场分布。

MEX 技术通过计算机控制挤出和沉积过程，逐层构建 FGM 部件。这种技术通过调整沉积密度和方向，可以实现局部性能控制，从而在水平轴上形成性能的各向异性。材料选择和挤出参数控制对于实现精确的密度梯度和性能至关重要。此外，MEX 技术的设备精度、材料均匀性和流动性等因素也会影响最终部件的质量和性能。

② 光固化（VPP） 光固化技术中的直接光处理（DLP）方法利用数字微镜设备（DMD）将 CAD 模型转换为二维掩模图像，并逐层投影到树脂材料上，实现多材料组件的快速构建。DLP 技术相较于传统光固化技术具有更高的构建速度和精度，适用于制造具有复杂几何形状和精细结构的 FGAM 部件。

③ 粉末床熔融（PBF） PBF 技术逐层铺展和烧结粉末材料，利用激光或电子束进行选择性熔合或熔化。根据热源和熔合过程的不同，PBF 技术可分为多种类型，适用于制造具有不同材料组成的 FGAM 部件。PBF 技术具有高精度和能够处理多种材料的能力，但也面临粉末均匀性、层间结合强度等挑战。

④ 材料喷射（MJT） 材料喷射（MJT）技术，通常被 Stratasys 公司称为 PolyJet 技术，是一种利用喷射头精确地将多种材料逐层沉积以构建三维实体的增材制造技术。通过 Objet Studio 和 PolyJet Studio 软件，该技术能够实现具有不同物理特性的广泛数字材料范围的单次打印。在 FGAM 部件的制造中，MJT 技术展现出独特的优势。它能够在单次打印过程中使用多达 82 种不同的材料，这些材料在硬度、透明度、颜色、独特性能以及生物相容性等方面具有广泛的选择。

MJT 技术的灵活性使得它在 FGAM 部件制造中具有广阔的应用前景。无论是需要精确控制材料性能的医疗器械，还是追求独特外观和性能的艺术品，MJT 技术都能够提供高效、精准的解决方案。然而，随着材料种类的增加，如何确保材料之间的兼容性和稳定性，以及提高打印速度和精度，仍然是该技术面临的挑战。

⑤ 薄材叠层（SHL）　薄材叠层（SHL）技术是一种通过逐层叠加薄片材料来构建三维实体的增材制造技术。在 FGAM 部件的制造中，SHL 技术结合超声波固结（UC）等工艺，能够实现金属箔片等不同材料的连接，从而制造出具有功能梯度的部件。

通过精确控制每层薄片的材料类型和厚度，SHL 技术能够实现所需的功能梯度。在制造过程中，超声波焊接技术发挥着关键作用。它利用高频振动将不同材料的薄片焊接在一起，形成牢固的结合。这种连接方式避免了传统焊接方法中可能出现的热影响区，从而保留了材料的原始性能。

SHL 技术在制造复杂结构和材料梯度的部件方面具有独特优势。然而，该技术也面临着一些挑战，如薄片材料的制备、层间结合强度的提高以及制造过程中的精度控制等。为了克服这些挑战，研究者们正在不断探索新的薄片材料和优化工艺参数，以提高 FGAM 部件的质量和性能。

⑥ 定向能量沉积（DED）　定向能量沉积（DED）技术是一种通过高能束将金属粉末或丝材直接熔化并逐层沉积以构建三维实体的增材制造技术。在 FGAM 部件的制造中，DED 技术通过精确控制沉积材料的成分和结构，实现了具有复杂梯度结构的部件的制造。

激光金属沉积（LMD）作为 DED 技术的一种，通过调整送入熔池的金属粉末量，能够制造出具有梯度组成的金属部件。在制造过程中，热力学计算建模发挥着重要作用，它帮助优化工艺参数，以确保 FGAM 部件的质量和性能。

DED 技术的优点在于它能够精确控制沉积材料的成分和结构，从而实现对材料性能的精确调控。这使得 DED 技术在航空航天、汽车和医疗等领域具有广泛的应用前景。然而，DED 技术也面临着一些挑战，如熔池的稳定性控制、材料的均匀性保证以及制造成本的控制等。为了克服这些挑战，研究者们正在不断探索新的工艺方法和材料体系，以提高 DED 技术的效率和可靠性。

（4）FGAM 应用

FGAM 技术在不同领域中展现出了巨大的应用潜力和市场价值。表 4-4 列出了 FGAM 的主要应用领域，包括航空航天、生物医学、汽车和其他行业。以下是对 FGAM 技术在航空航天、生物医学、汽车以及其他行业中的应用的详细探讨。

表 4-4　FGAM 部件的潜在应用领域

FGMA 部件	应用领域
火箭发动机部件、换热板、反射器、涡轮、涡轮叶片、机头帽等	航空领域
牙科种植体、骨骼种植体等	生物医学领域

FGMA 部件	应用领域
发动机气缸套、钢板弹簧、火花塞、传动轴、汽车车身零部件、赛车刹车等	汽车行业
核反应堆内壁、太阳能电池、压电超声换能器、飞轮等	能源行业
防弹背心、装甲部件等	国防部门
刀具、刀片等	其他

① 航空航天领域   在航空航天领域，FGAM 技术以其独特的材料梯度和高性能特点，为制造复杂且性能卓越的部件提供了可能。飞机发动机叶片是 FGAM 技术应用的一个重要领域。通过精确控制材料的成分和结构梯度，可以优化叶片的耐热性、抗疲劳性和强度，从而提高发动机的性能和可靠性。此外，FGAM 技术还可用于制造机身结构件，实现轻量化和提高整体强度，以满足航空器对高性能和轻量化的需求。

② 生物医学领域   在生物医学领域，FGAM 技术为医疗器械和植入物的制造带来了革命性的变革。通过梯度设计，可以制造出与人体组织相匹配的材料，降低植入物的排斥反应并提高治疗效果。例如，利用 FGAM 技术可以制造出具有生物相容性的骨植入物，其材料成分和结构可以模拟自然骨骼，促进骨骼再生和愈合。此外，FGAM 技术还可应用于制造药物传递系统和生物传感器等医疗设备，实现精准医疗和个性化治疗。

③ 汽车行业   汽车行业是 FGAM 技术的另一个重要应用领域。通过精确控制材料的成分和结构梯度，FGAM 技术可以制造出高性能的发动机零件、底盘部件和车身结构件。这些部件不仅具有优异的力学性能和热性能，还能提高汽车的燃油效率和安全性。此外，FGAM 技术还可应用于汽车轻量化设计，通过优化材料分布和梯度结构，减轻汽车质量，提高能效和环保性能。

④ 其他行业   除了上述领域外，FGAM 技术还可应用于能源、电子和化工等其他行业。在能源领域，FGAM 技术可用于制造高效的太阳能电池板和燃料电池部件；在电子领域，可用于制造高性能的集成电路和传感器；在化工领域，可用于制造耐腐蚀和耐高温的管道和设备。

尽管 FGAM 技术在不同领域中展现出了巨大的应用潜力，但其推广和应用仍面临一些挑战。成本、生产效率和标准化等问题是制约 FGAM 技术广泛应用的主要因素。为了克服这些挑战，需要加大科研投入，提高生产效率和降低成本；同时，加强行业合作和标准化建设，推动 FGAM 技术的快速发展和广泛应用。

本章 4.3.3 节关于金属仿生下颌骨假体的设计与制造就是仿生梯度结构增材制造在医疗领域的典型应用。

4.5　创成式设计

"创成式设计"是由"generative design（GD）"翻译过来的一种对设计系统和方法的表达，早期通常翻译为"生成式设计"或"衍生式设计"，有些文献资料称这种方法为"算法辅助设计（algorithms-aided design，AAD）"或"计算性设计（computational design）"，建筑领域的人们习惯称之为"参数化设计"。这种方法起源于建筑领域，最近的十年中在建筑设计和视觉艺术领域得到广泛应用，但在制造业这一同样亟须创新与优化的关键领域，创成式设计的理念与应用尚属新兴，许多从业者对此仍知之甚少。

近几年，随着增材制造技术的成熟，人们发现"设计"成了制约增材制造大量应用的因素。于是 GD 方法开始引入产品设计领域，并率先在工业设计、珠宝设计等领域开始应用。近几年，各大 CAD 厂商都相继推出自己的相关产品，代表制造业产品设计已经迈进 GD 的时代。同时国内出现了"创成式设计"的翻译表达。这并不仅仅是噱头，而是包含了对这种方法的更深层次的理解，更明确了计算机及算法在设计过程中帮助设计师创新、探索更广泛的解决方案的能力。

4.5.1　起源与发展

早在文艺复兴时期，由于维特鲁威（Vitruvius）（古罗马建筑师）的著作（被称为《建筑十书》）对建筑师的影响，建筑学中的计算逐渐成为人们关注的焦点。

最初的计算主要关注各种元素间的几何关系，并开发了一些方法（或称算法），在指南针和直线的帮助下，可以推演和计算几何关系。更多的因素与形状的关系（如力与形状的关系）在当时还是难题。比如，现在我们已经了解的"悬链线问题"就曾经是达·芬奇苦苦思索而始终不得其解的难题，荷兰物理学家惠更斯也仅仅是用物理方法证明了这条曲线不是抛物线，但没有找到最终答案，直到几十年后（与达·芬奇的时代隔 170 年），雅各布·伯努利再次提出这个问题，并被他的弟弟约翰·伯努利找到了正确答案。

19 世纪末，建筑领域出现了一种新方法——找形（form-finding），可以解决类似悬链线的问题。一些先驱建筑设计师试图通过研究材料、形状和结构之间复杂而关联的关系，发现新颖和优化的结构。在当时缺乏物理数学模型理论基础的条件下，"找形"是依赖于物理模拟装置来实现的，例如：通过肥皂泡发现最小表面；通过悬垂织物，发现只受压力的拱顶和分支结构等。

随后的几十年中，"找形"成为确定优化结构的形状和形式的重要策略，如图 4-79 所示。但是，这种物理实验方法模拟的结构优化往往是单参数的（比如基于重力）情况，对于更复杂的情况，这种方法并不能满足结构优化的需求。就像新月沙丘的形状是由风力和重力共同作用形成的一样，实际的优化结构形状也受多参数的影响，它是目标与各种各样的参数交互作用的结果。

︽图 4-79　悬垂织物实验及优化的拱顶形状

　　1939 年，意大利建筑师路易吉·莫雷蒂（Luigi Moretti）首先提出了"参数化建筑"的定义。他认为建筑中的形式是由光影、建造肌理、体量、内部空间结构、材料的密度和品质、表面的几何关系以及诸如色彩等更为细小的参数形成的。形式的差异是由这些不同的参数差异造成的。基于此理解，加上他扎实的数学基础以及和数学家 Bruno de Finetti 的合作，让他得以在 1940 年就着手发展建筑参数化研究。

　　1960 年威尼斯双年展上，Moretti 展出了一系列通过参数化计算得出的运动场馆原型。他还成立了城市应用数学演算研究院（IRMOU），推演城市中交通流量的变化。参数化设计在 20 世纪 80 年代被倡导，如今许多 CAD 应用程序都提供了建立关系和使用变量的能力。

　　从建筑设计的发展历史来看，从古代基于几何规则和关系的演算方法，到基于物理模拟和数学计算的找形方法，再到参数化方法，其中都蕴涵了计算方法，我们可称之为"算法"。算法是指解题方案完整的描述，是一系列解决问题的清晰指令，算法代表着用系统的方法描述解决问题的策略机制。算法的计算不一定需要由计算机执行，实际上，很多算法的出现远远早于计算机的发明。不过，计算机的计算能力和编程技术的发展，确实为工程设计过程的算法操作和自动化提供了条件。

　　从 20 世纪 80 年代后期开始，学术研究和前卫实践者试图摆脱绘图软件的简单编辑限制，他们探索了"从内部"操纵软件的新方法，旨在通过编程找到未探索过的解决方案和形态。在运用算法方面，视觉艺术领域晚于建筑领域，但是，在利用计算机程序"生成"艺术方面，艺术领域早于建筑领域。20 世纪 60 年代，就有人尝试用机器自发地进行艺术创作。因为艺术创作没有约束，探索的空间更大，因此生成艺术（generative art）发展得非常快。现在看到各种神奇的视觉效果、影视的各种特效、图片处理软件、魔术等，都与生成艺术相关。特别是在人与计算机的交互方面，生成艺术已经发展到很高的水平。

设计师和艺术家们的这些探索也反过来推动了设计方法和工具的发展，并正在使它们发生革命性进步。一些建筑设计软件也从支持简单参数化的 CAD 绘图软件，发展出了满足设计师通过编程方法探索设计方案的创成式设计系统，最著名的有：Rhino/GH，Revit/Dynamo，Bentley/GC。生成艺术相关软件也有 Processing、Sverchok for Blender 等。许多设计师和艺术家很快意识到，更复杂的程序算法，特别是与先进的计算机技术结合，将可以处理超出人类能力的复杂性问题，使计算机成为工程师们的智能助手。

创成式设计，这一新兴的跨学科领域，正以前所未有的速度融合计算机技术的前沿成果，引领设计艺术的新纪元。众多尖端算法与技术，如参数化系统、形状语法（SG）、L-系统、元胞自动机（CA）、拓扑优化算法、进化系统及遗传算法等，被巧妙地编织进设计的经纬之中，极大地拓宽了创意的边界。此外，自然界与生物系统的精妙机制，如遗传进化的适应力、免疫系统的自我调节，乃至鸟类、蜜蜂、蚂蚁与细菌的群体行为智慧，均被巧妙地模拟并转化为仿生设计算法，不仅丰富了设计的灵感源泉，更在首饰装饰、家居用品等领域绽放出璀璨光芒。

过去几年间，创成式设计与艺术的浪潮席卷了多个领域，但在制造业产品设计领域却显得相对沉寂，这主要归因于传统制造工艺，尤其是减材工艺对复杂形态制造的局限性。然而，随着 AM 技术的飞跃式发展，这一僵局被彻底打破，曾经遥不可及的复杂结构如今得以轻松实现。

在此背景下，各大 CAD 软件巨头竞相推出"创成式设计"解决方案，承诺只需用户输入基本需求与约束条件，便能瞬间生成成千上万种设计方案。这一承诺虽令人振奋，却也引发了业界的广泛讨论与深思：设计软件是否已进化至如此高度智能，以至于逐渐取代工程师的创意角色？深入探究后不难发现，这些创成式设计软件的背后，是对经典拓扑优化算法的深度挖掘与应用。因此，市场上涌现的众多创成式设计成果，往往呈现出某种程度上的风格趋同，如图 4-80 所示，既展示了技术的力量，也映射出创新之路上的新探索。

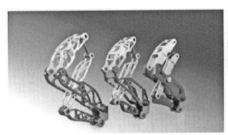

△图 4-80

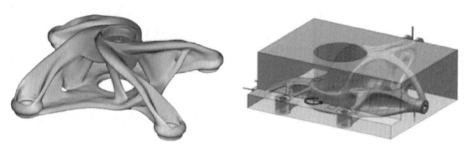

︽图 4-80　几家 CAD 厂商的创成式设计宣传图片

4.5.2　GD 概念及方法流程

创成式设计（generative design，GD）是一种基于算法和编程的设计方法，它彻底颠覆了传统 CAD（计算机辅助设计）手工建模的范式。在创成式设计中，设计师不再直接操作模型的具体形态，而是通过编写算法和程序来定义设计的逻辑和规则，最终由计算机根据这些规则自动生成设计结果。这种设计模式不仅提高了设计的效率，还极大地拓展了设计的可能性和创新空间。

（1）创成式设计的核心特点

算法驱动：创成式设计依赖于精心编写的算法和程序，这些算法定义了设计的生成逻辑和约束条件。设计师通过调整算法参数和规则，可以探索并生成大量符合特定条件的设计方案。

自动化生成：一旦算法被编写并运行，计算机将自动执行设计过程，生成符合规则的设计模型。这些模型可能是成千上万个，每个都代表了设计空间中的一个潜在解。

设计逻辑分解：为了编写有效的设计程序，设计师需要深入理解设计问题的本质，并将其分解为可操作的逻辑单元。这些逻辑单元通过编程元素（如变量、函数、循环等）相互关联，共同构成设计算法。

黑箱、白箱、灰箱概念：这三种概念有助于理解创成式设计程序的透明度和可控性（如图 4-81 所示）。黑箱算法对设计师而言是完全不透明的，只能输入参数并观察结果；白箱算法则完全由设计师编写，对内部结构和逻辑有完全掌控；灰箱算法则介于两者之间，部分使用现有算法，部分由设计师自定义。

（2）创成式设计的公式理解

"创成式设计＝基于规则的编码过程＋结构生长过程"这一公式准确地概括了创成式设计的核心要素。其中，"基于规则的编码过程"指的是设计师通过编程定义设计的规则和逻辑；"结构生长过程"则是指计算机根据这些规则自动生成设计模型的过程。这一过程类似于生物体在遗传信息指导下的生长和发育（如图 4-82 所示），因此用"物种"来比喻生成的模型集合是恰当的。

（3）决定设计"物种"的因素

基因组编码（算法与规则）：决定了设计"物种"的基本形态和特征。类

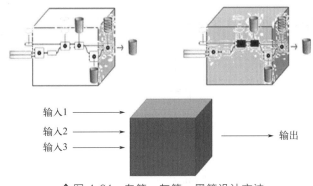

︿图 4-81　白箱、灰箱、黑箱设计方法

创成式设计=基于规则的编码过程+结构生长过程

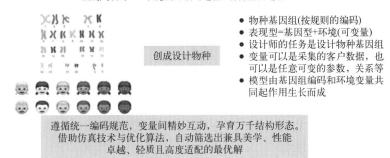

- 物种基因组(按规则的编码)
- 表现型=基因型+环境(可变量)
- 设计师的任务是设计物种基因组
- 变量可以是采集的客户数据，也可以是任意可变的参数，关系等
- 模型由基因组编码和环境变量共同起作用生长而成

创成设计物种

遵循统一编码规范，变量间精妙互动，孕育万千结构形态。借助仿真技术与优化算法，自动筛选出兼具美学、性能卓越、轻质且高度适配的最优解

︿图 4-82　理解创成式设计

似于生物体的基因组，设计算法中的规则、逻辑顺序以及内部变量的取值范围共同构成了设计"物种"的遗传信息。

　　环境变量：类似于生物体所处的外部环境条件，对设计"物种"中个体的具体表现形式产生影响。在创成式设计中，环境变量可能包括设计约束、材料特性、制造工艺等因素。

　　创成式设计确实将设计师的工作模式推向了一个全新的维度，使得他们的设计思维更加接近于程序员的逻辑思考方式。在这种模式下，设计师不再局限于脑海中的具体形象，而是更加关注于设计任务、目标、功能、约束条件以及几何关系和变形规则等抽象要素，并通过这些要素之间的逻辑关系来构建设计模型。这一过程不仅要求设计师具备深厚的专业知识，还需要他们掌握一定的编程技能或至少能够熟练使用可视化编程工具。

　　基于模型的系统工程（MBSE）在创成式设计中扮演了重要角色，但其应用在这一领域可能更加精细化和深入化。设计师需要更细致地分解设计问题，将复杂的系统拆解为可管理的组件，并为每个组件定义明确的规则和接口。这些规则和接口随后被转化为算法和程序，以实现设计的自动化生成。

　　对于产品设计工程师而言，如果直接编写代码存在困难，可视化编程软件无疑是一个理想的选择。这些软件提供了直观的图形界面和丰富的编程元素库，使得工程师可以通过拖拽、连接等方式快速构建算法模型，而无须深入掌握复杂的编程语言。

创成式设计的流程通常包括以下几个步骤（图 4-83）。

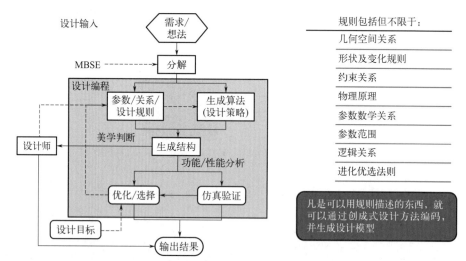

规则包括但不限于：
几何空间关系
形状及变化规则
约束关系
物理原理
参数数学关系
参数范围
逻辑关系
进化优选法则

凡是可以用规则描述的东西，就可以通过创成式设计方法编码，并生成设计模型

∧图 4-83　创成式设计的方法流程

设计输入与需求分析：一切始于清晰的设计输入，包括需求、想法乃至几何空间关系的构想。设计师在此阶段明确设计目标与约束，为后续步骤奠定坚实基础。

MBSE 引领的分解与编程：运用模型驱动系统工程（MBSE）方法论，设计被细致分解为多个子任务，涉及物理原理的考量、参数数学关系的建立、参数范围的界定，以及逻辑关系的梳理。在此框架下，设计师通过设计编程，将设计规则与策略转化为可执行的算法或模型。

算法驱动与模型生成：借助精心编写的算法或可视化编程工具，计算机自动生成符合所有设计规则与约束条件的设计模型。这一过程不仅高效，而且能够创造出传统手工难以企及的多样性和创新性。

智能优化与仿真验证：在模型生成后，通过优化选择算法，如进化优选法则，对模型进行智能筛选与优化。同时，结合仿真验证技术，确保设计方案的可行性与性能优越性。这一过程循环往复，直至达到最佳设计效果。

设计输出与美学融合：最终的设计模型不仅体现了技术的精准与高效，还融入了设计师的美学判断与个人风格。设计师在选择模型时，既考虑客观性能指标的达标情况，也不忘主观感受的和谐统一。

总之，创成式设计将设计师从传统的手工建模中解放出来，使设计师能够更加专注于设计逻辑和规则的构建。同时，随着可视化编程工具和算法技术的不断发展，创成式设计将更加易于掌握和应用，为产品设计领域带来更多的创新和突破。

创成式设计作为一种前沿的设计理念与技术，正深刻改变着设计制造领域的面貌。它不仅是人机交互的典范，更是自我创新能力的集中体现。通过集成用户的设计意图与先进的"创成式"系统，GD 能够高效生成众多潜在的设计方案几何模型，随后通过综合对比与筛选，为设计师提供最优选择，极大地缩短了设计周期并提升了设计质量。

在这一过程中，增材制造技术作为创成式设计的理想伙伴，以其独特的制造能力，将设计师天马行空的创意转化为现实，打破了传统制造工艺的局限，使得复杂结构的设计得以实现。两者相辅相成，共同推动着设计制造模式的革命性变革。

GD 技术的核心在于 CAD（计算机辅助设计）、CAE（计算机辅助工程）与 OPT（优化技术）的深度融合。这一融合过程始于 CAD 工具对产品初始实体模型的构建，随后通过 OPT 技术对模型进行优化调整，以提升其性能与效率。优化后的模型在 CAD 系统中进行重构，并借助 CAE 工具进行仿真验证，以确保设计的可行性与可靠性。最终，在多种优化方案中择优而选，实现设计方案的最终确定。

图 4-84 所展示的流程图，直观地揭示了创成式设计在设计过程中的重要作用。从问题定义到实现设计，再到详细设计，GD 系统始终扮演着关键角色。在问题定义阶段，GD 帮助设计师精准把握设计需求与约束条件；在实现设计阶段，则通过自动生成与评估优化设计方案，激发设计师的创造力；在详细设计阶段，则进一步细化优选方案，为制造环节提供精确指导。

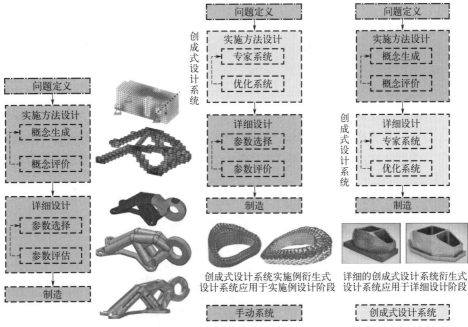

创成式设计系统实施例衍生式设计系统应用于实施例设计阶段

详细的创成式设计系统衍生式设计系统应用于详细设计阶段

︿图 4-84 创成式设计（GD）简化示意图

创成式设计系统的核心架构由专家系统与优化系统两大支柱构成。专家系统作为知识库的集大成者，汇聚了行业专家的智慧与经验，能够生成符合特定需求的多样化设计方案。而优化系统则如同一位精明的决策者，根据既定目标与约束条件，对专家系统输出的方案进行精准筛选与优化，确保最终设计方案既高效又可靠。

值得注意的是，尽管创成式设计带来了诸多优势，但其实施过程也面临着算法选择、数据处理复杂度及设计可靠性等方面的挑战。因此，在实际应用中，需充分评估这些挑战并采取有效措施加以应对，以确保创成式设计技术能够充分发挥其潜力，为设计制造领域带来更加深远的影响。

4.5.3　案例：定制轮毂中的创成式设计

本节将结合创成式设计的前沿方法，讲解轮毂个性化定制的过程。

目前常用车型的轮毂多为铝合金材质，铝合金轮毂从生产工艺上大致可分为铸造和锻造两种。铸造工艺以其成本低廉、操作简便及常规造型的优势，成为量产轮毂的首选；而锻造轮毂，则凭借卓越的耐疲劳性、拉伸强度及轻量化特性脱颖而出，其制造过程融合了锻造基础胚体的精细锻造与后续的机加工、切削等精湛技艺，赋予了轮毂更高的个性化自由度。如今，国内多家大型轮毂生产企业已开放锻造轮毂的定制服务，为车主们提供了更多元化的选择。

在创成式设计的强大助力下，轮毂的个性化定制迈入了一个前所未有的高效与便捷时代。本节将深入剖析常规轿车铝合金轮毂的三大核心组成部分——轮辋、轮辐及安装盘，并通过一系列图示来直观展示设计流程。图 4-85 展示了轮毂的三大主要部分，为后续设计提供了基础框架。基于轮胎尺寸、轮缘宽度等关键参数，构建了参数化轮辋模型（如图 4-86 所示），这一步骤确保了轮辋的快速选型与精准调用。随后，将轮毂偏距 ET 值作为设计核心，设计出能够适配不同车型的轮辐面，确保了轮毂与车辆的完美融合（如图 4-87 所示）。创成式设计不仅止步于此，它还助力生成了轮辋＋轮辐面的轮毂胚体模型。这一模型可直接作为锻造生产的数据基础（如图 4-88 所示），用户仅需输入相应规格，系统便能自动生成厂家锻造所需的胚体模型，极大地简化了锻造定制设计的复杂度，并降低了用户的技术门槛。接下来，进一步完善安装盘的设计。通

∧∧图 4-85　轮毂各部分构成

过增加螺栓孔节圆直径 PCD、安装盘直径、中心孔直径、螺栓规格等选项（如图 4-89 所示），创成式设计在安装盘选型部分同样展现出了高效与灵活。轮辐部分的设计更是创意无限。通过调整辐条的大小、形状与数量（如图 4-90 所示），并添加单支辐条的不同特征，得到了多种相对常规的轮辐样式（如图 4-91 所示）。创成式设计在这里发挥了关键作用，它让轮辐的造型变化成为可能。

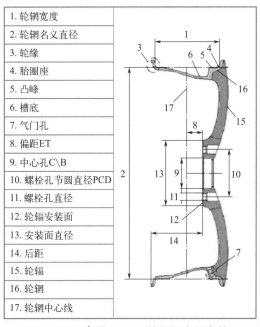

| 1. 轮辋宽度 |
| 2. 轮辋名义直径 |
| 3. 轮缘 |
| 4. 胎圈座 |
| 5. 凸峰 |
| 6. 槽底 |
| 7. 气门孔 |
| 8. 偏距ET |
| 9. 中心孔C\B |
| 10. 螺栓孔节圆直径PCD |
| 11. 螺栓孔直径 |
| 12. 轮辐安装面 |
| 13. 安装面直径 |
| 14. 后距 |
| 15. 轮辐 |
| 16. 轮辋 |
| 17. 轮辋中心线 |

︿图 4-86　轮毂的主要参数

︿图 4-87　基础轮辐面构建（ET 值为-20～80mm）

︿图 4-88　锻造轮毂胚体

︿图 4-89　安装规格信息输入

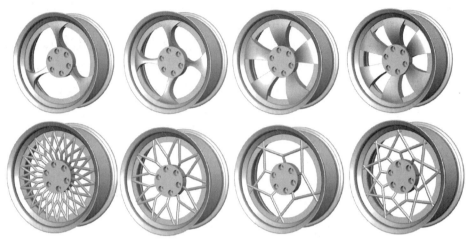

⌃图 4-90　轮辐辐条的变化

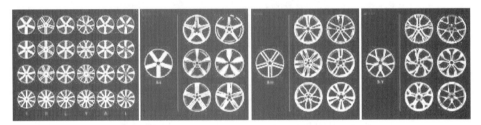

⌃图 4-91　轮辐添加变化元素衍生出的可加工样式

　　然而，个性化并非无限制。在将设计转化为实际产品时，仍需考虑工艺要求、法规限制及轮毂的安全性能。尽管如此，创成式设计仍能通过更改参数生成千变万化的轮辐造型（如图 4-92 所示），为独一无二定制轮毂的实现提供了可能。为了确保设计的可行性，需进行严格的仿真验证，模拟实际使用中的不同工况（如图 4-93、图 4-94 所示）。通过仿真结果，筛选出符合强度要求的造型方案，并进一步优化轮毂的拓扑结构，实现了减重、降本及性能提升的目标（如图 4-95 所示）。最终，这些经过创成式设计、仿真验证及拓扑优化的轮毂方案，不仅外观多样新颖，还满足了各种工况下的性能要求，并实现了轻量化设计（如图 4-96 所示）。为了将这些设计变为现实，借助增材制造技术，完成定制化轮毂的打印生产（如图 4-96 所示）。利用创成式设计与增材制造的融合优

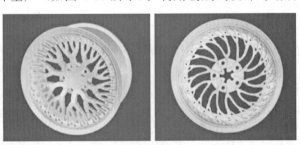

⌃图 4-92　创成式设计产生千变万化轮辐样式（不同轮辐样式的整体轮毂造型）

势，通过合作建立定制服务平台，用户可以轻松调整参数完成个性化定制方案，并快速交付生产。这一模式不仅简化了定制流程，还降低了沟通成本，提高了效率，满足了客户日益增长的定制化需求（如图 4-97 所示）。

分析依据：GB/T 5334—2005乘用车性能要求及试验方法
分析工况：弯曲工况和径向工况
弯曲工况：采用车轮的最大负荷为600kg进行计算，施加弯矩为2062Nm，力臂为0.6m，
　　　　　加载力为3437N。在轮辋的内侧边缘施加全约束
径向工况：径向加载为13230N，在120°按余弦分布进行加载，同时考虑轮胎充气压力250kPa。
　　　　　在轮胎的5个安装螺栓处施加全约束

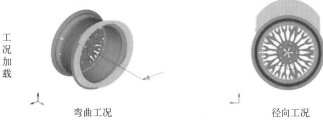

图 4-93　部分工况条件设置

仿真结果(铝合金)

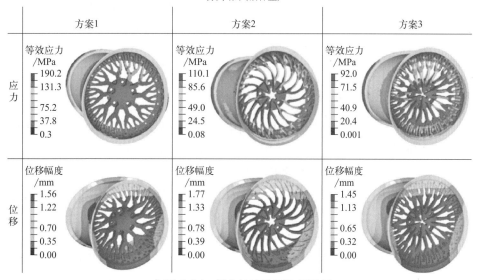

图 4-94　部分仿真验证结果展示

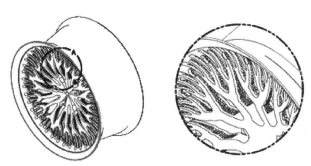

图 4-95　拓扑优化后定制轮毂方案

︽图 4-96　通过 3D 金属打印完成的定制轮毂实物

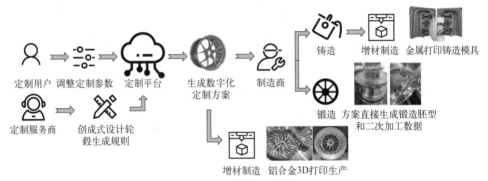

︽图 4-97　定制轮毂平台服务流程与制作环节

4.5.4　AI 驱动的创成式增材制造结构设计

在当今日新月异的科技浪潮中,制造业正经历着一场由人工智能(AI)引领的深刻变革。其中,AI 驱动的创成式增材制造结构设计以其独特的优势,成为了这场变革中的一颗璀璨明星。

创成式设计,作为一种高度自动化的设计方法,其核心在于通过预设的规则和算法,让计算机自主生成满足特定需求的设计方案。这种方法突破了传统设计思维的局限,使得设计师能够更专注于创新性和整体性的思考,而非被烦琐的细节所束缚。在增材制造领域,创成式设计更是如鱼得水,因为增材制造技术的特点使得几乎任何复杂结构都能够被精确、高效地制造出来。

然而,创成式设计也面临着一些挑战。如何确保生成的设计方案既满足性能要求,又具有良好的可制造性?如何在海量设计方案中快速筛选出最优解?这些问题成为了制约创成式设计发展的因素。幸运的是,随着 AI 技术的快速发展,这些问题正逐渐得到解决。

AI 技术以其强大的数据处理和学习能力,为创成式设计提供了强大的支持。通过深度学习算法,AI 可以学习并理解设计过程中的复杂规律,从而帮助设计师快速生成多个高性能的设计方案。同时,AI 还能对设计方案进行性能预测和评估,确保最终设计不仅满足设计需求,还能达到最优的性能。此外,AI 技术还能在海量设计方案中快速筛选出最优解,大大提高了设计效率。

　　当 AI 技术与创成式设计和增材制造技术相结合时，便诞生了 AI 驱动的创成式增材制造结构设计。这种设计方法充分利用了 AI 技术的优势，使得设计师能够更加轻松地实现复杂结构的设计和优化。

　　在 AI 驱动的创成式增材制造结构设计中，设计师只需设定一些基本的约束条件和目标函数，AI 算法便会自动生成多个满足要求的设计方案。这些设计方案不仅具有高度的创新性和个性化特点，还能够在增材制造过程中得到高效、精确的制造。此外，AI 技术还能对设计方案进行性能评估和优化，确保最终设计具有优异的性能和可靠性。

　　随着 AI 技术的不断发展和应用，AI 驱动的创成式增材制造结构设计将会在未来展现出更加广阔的应用前景。例如，在航空航天、汽车制造、医疗器械等领域中，AI 驱动的创成式增材制造结构设计将能够大大缩短产品开发周期、降低生产成本、提高产品质量和性能。同时，AI 驱动的创成式增材制造结构设计也能够满足消费者对个性化产品的需求不断增长的情况，推动制造业向更加智能化、定制化的方向发展。

　　总之，AI 驱动的创成式增材制造结构设计是一种具有巨大潜力和前景的设计方法。它将 AI 技术与创成式设计和增材制造技术相结合，为制造业带来了革命性的变革。我们有理由相信，在不久的将来，这种设计方法将会在更多领域中得到广泛应用和推广。

 —————————— 思考题

1. 简述结构优化的三个阶段。
2. 简述结构优化中常用的三种方法。
3. 论述拓扑优化设计与增材制造，并讨论将拓扑优化与增材制造相结合时，存在的两种基本的集成理念。
4. 列举 4 种典型的拓扑优化设计方法。
5. 简述 DfAM 拓扑优化的发展趋势。
6. 采用拓扑优化方法对零件进行面向增材制造的设计时，简述几个关键的阶段。
7. 阐述免组装机构设计概念和免组装机构的数字化装配流程。
8. 什么是仿生设计学？简述仿生结构设计的基本方法和基本流程，画出仿生结构设计流程的框图。
9. 论述仿生结构设计与增材制造技术的发展趋势。
10. 简述功能梯度材料与增材制造。
11. 简述面向增材制造的创成式设计方法。
12. 案例分析题。
　　① 面向增材制造的免组装结构设计。

寻找一种传统加工方式需要多个零件组装的结构，给出面向增材制造的一体化打印设计思路。

例如：单列圆锥滚子轴承的外圈可以分离，且外圈结构相对简单、加工容易，尝试对圆锥滚子轴承进行激光选区熔化直接免组装制造（图 4-98、表 4-5）。

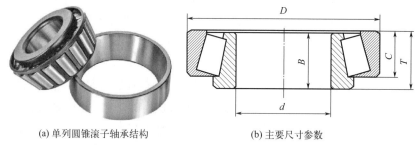

(a) 单列圆锥滚子轴承结构　　　(b) 主要尺寸参数

⌃图 4-98　第 12①题图

表 4-5　32904 型圆锥滚子轴承主要尺寸参数

参数	d	D	T	B	C
值/mm	20	37	12	12	9

② 增材制造仿生结构设计。

选择一种生物结构，给出面向增材制造的仿生设计思路。

例如：将蜂窝结构特征与动物骨质结构特征相融合（图 4-99），开发新型仿生抗冲击薄壁结构，进行面向 AM 的仿生结构设计。

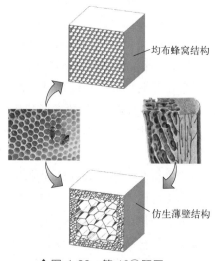

均布蜂窝结构

仿生薄壁结构

⌃图 4-99　第 12②题图

③ 仿生设计、拓扑优化与增材制造相融合。

针对图 4-100，论述仿生设计、拓扑优化和增材制造的关系。

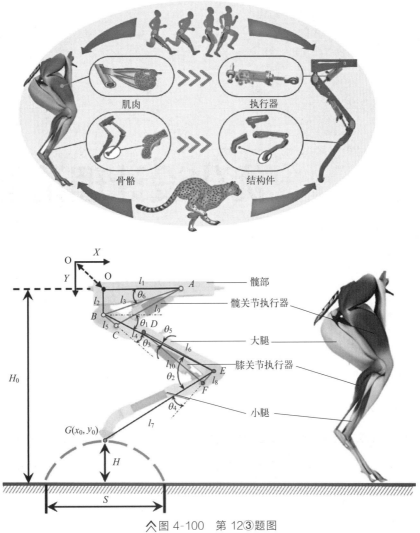

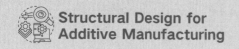

第5章

优化设计理论基础

在深入探索"优化设计理论基础"的殿堂时，我们踏上的不仅仅是一条学习科学方法论的道路，更是一次心灵与智慧的双重洗礼。优化设计，作为工程技术与数学方法的完美融合，不仅教会我们如何以最小的资源消耗达到最佳的设计效果，更在无形中塑造着我们的思维方式与人生哲学。

在学习过程中，基础理论犹如坚实的地基，支撑着整个学术大厦的巍峨耸立。它不仅是前人智慧的结晶，更是我们探索未知、创新实践的起点。正如高楼大厦离不开稳固的地基，我们的学术之路也需以扎实的理论基础为根基。大学教育，不仅仅是知识的简单堆砌，更是思维的启迪与品格的塑造。通过"优化设计理论基础"的学习，我们不仅要掌握先进的技术手段，更要培养起严谨的科学态度、敏锐的洞察力和不懈的创新精神。

5.1　优化设计的数学模型及建模基础

5.1.1　优化设计的基本概念

（1）优化设计的定义

在机械产品设计领域，优化设计是一种系统而科学的方法论，旨在根据特定问题的本质与既定条件，通过深入分析并综合考量所有相关要求与因素，从众多可行的设计方案中遴选出最优解。它依托于高等数学中的极值（或最值）求解理论，将计算机作为强大的计算工具，运用数值分析手段，精确求解出机械产品设计中的最佳设计参数。这一过程标志着从传统的"经验设计"向更加科学、高效的"优化设计"模式的转变。

（2）优化设计的实施过程

① 明确设计任务与目标：深入分析设计对象的需求与特性，提出明确的设计思路与方向。

② 构建优化数学模型：精选设计变量，依据设计目标构建目标函数，并确立所有相关的约束条件，形成完整的数学模型。

③ 选择并应用优化方法：根据问题特性，选择适合的优化算法（可自主编程或采用现成的软件工具），进行计算机模拟计算。

④ 结果分析与评估：对计算结果进行深入分析，评估其是否符合设计预期及实际可行性。

⑤ 迭代优化：若初步结果不满足要求或存在改进空间，则返回至步骤②，调整数学模型或优化策略，重新进行计算。

（3）优化设计的局限性

人机协作的依赖性：优化设计虽以计算机为核心工具，但人的智慧与经验在问题定义、模型构建及结果评估等关键环节仍发挥着不可或缺的作用。

最优解的相对性：所谓的"最优"是基于当前设计思想、约束条件及初始假设下的相对最优，任何条件的变化都可能导致最优解的重新定义。

经验判断的不可或缺性：即便通过精密的优化算法求得了理论上的最优解，但它在实际应用场景下的合理性验证与可行性评估，仍高度依赖于设计师深厚的工程经验及细致入微的判断。这一过程彰显了优化设计远非纯粹自动化的机械流程，而是融合了设计师持续参与、灵活调整与深刻洞察的智慧化成果，体现了科学与艺术、理性与经验的完美结合。

为了更具体地阐述其应用，考虑一个典型的优化问题实例——某空心圆柱压杆的设计优化。某空心圆柱压杆，压力载荷为 P，长度 L，截面外径 D_0，内径 D_1，如图 5-1(a) 所示。则中径 D 和壁厚 T 可表示为：

$$D=(D_0+D_1)/2$$

$$T = (D_0 - D_1)/2$$

假设材料已经选定，即材料的弹性模量 E、许用应力 $[\sigma]$ 和密度 ρ 等已确定。设计要求如下：

强度要求：$\sigma_c \leqslant [\sigma]$

稳定要求：$\sigma_c \leqslant \dfrac{\pi^2 E}{8L^2}(D^2 + T^2)$

空心圆柱压杆结构应满足：$\begin{cases} D \leqslant K_1 \\ T \geqslant K_2 \\ T \leqslant D/2 \end{cases}$　K_1，K_2 为定值

杆受到的压应力 $\sigma_c = \dfrac{P}{\pi D T}$

杆的质量：$\qquad\qquad\qquad\qquad W = \pi D T L \rho$

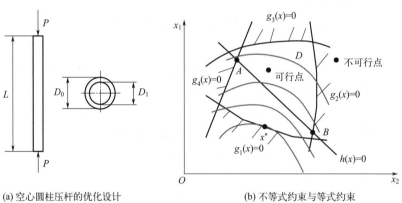

(a) 空心圆柱压杆的优化设计　　　　(b) 不等式约束与等式约束

⌃图 5-1　优化设计图问题

整个问题可以归结为：设计一个压杆，在满足上述 5 个约束条件的前提下，使 W 最小。如果采取"经验设计"的方法来解决这个问题，虽然通过人工选择几组不同的 D 和 T 组合，并逐个验证它们是否满足所有条件，我们可能找到一组满足所有条件且质量相对较轻的设计。但这种方法受限于个人的经验和直觉，无法确保我们获得的是全局最优解。因此，虽然可能得到一个可行的设计，但并非最佳选择。

5.1.2　优化设计的数学模型

采用"优化设计"的语言表示上述问题：

D、T（或者 D_0、D_1）为设计变量，表示成：$\boldsymbol{X} = (x_1, x_2)^{\mathrm{T}}$。$W$ 为目标函数，是设计变量的函数，表示成：$W = \boldsymbol{F}(x_1, x_2) = \boldsymbol{F}(\boldsymbol{X})$。这 5 个条件叫做约束方程，或者约束条件，表示为：

$$g_i(\boldsymbol{X}) \leqslant 0 \qquad (i = 1 \sim 5)$$

一般情况下，优化设计问题表述为：

$$\textbf{Min}\quad \boldsymbol{F}(\boldsymbol{X})=\cdots \qquad\qquad 目标函数$$

$$\textbf{S. T.}\quad \boldsymbol{g}_i(\boldsymbol{X})\leqslant 0 \qquad i=1,2,\cdots,m \qquad 约束方程（条件）$$

其中：$\boldsymbol{X}=(x_1,x_2,\cdots,x_i,\cdots,x_n)^{\mathrm{T}}$　设计变量

设计变量、目标函数和约束条件，是优化设计问题的三要素。

（1）设计变量

设计方案由一系列基本参数构成，涵盖几何量（如构件长度、截面尺寸）、物理量（如质量、截面二次矩）及性能导出量（如应力、固有频率）。在优化设计中，并非所有参数均需调整。基于经验，某些工艺、结构布局或性能参数可预先设为定值，即设计常数。而需通过优化方法动态调整以改善设计的参数，称为设计变量或优化参数。

设计变量是设计中的可变化参量（因素）。当有 n 个变量时，在欧氏空间里表示为一个列矢量：

$$\boldsymbol{X}=(x_1,x_2,\cdots,x_i,\cdots,x_n)^{\mathrm{T}} \qquad X\in\boldsymbol{R}^n$$

当设计变量取一组定值时，在数学上是 n 维空间的一个点，在工程上是一个设计方案（在经验设计中，若能满足要求，就可能成为真实的工程设计方案）：

$\boldsymbol{X}(1)=(x_1^{(1)},x_2^{(1)},\cdots,x_n^{(1)})^{\mathrm{T}}$ 是 n 维空间的一个点，工程设计的一个方案；

$\boldsymbol{X}(2)=(x_1^{(2)},x_2^{(2)},\cdots,x_n^{(2)})^{\mathrm{T}}$ 是 n 维空间的另一个点，工程设计的第二方案；

……　……　……

$\boldsymbol{X}(k)=(x_1^{(k)},x_2^{(k)},\cdots,x_n^{(k)})^{\mathrm{T}}$ 是 n 维空间的第 k 个点，工程设计的第 k 个方案。

每后一个方案都可以看成是前一个方案的改进，即：

$$\boldsymbol{X}(2)=\boldsymbol{X}(1)+\Delta\boldsymbol{X}$$

$$\boldsymbol{X}(k)=\boldsymbol{X}(k-1)+\Delta\boldsymbol{X}=\boldsymbol{X}(k-1)+\alpha\cdot\boldsymbol{S}$$

其中，$\boldsymbol{S}$ 是按照某种规则构造的单位矢量，即搜索方向；α 是搜索步长。

（2）目标函数

在工程设计领域，设计师们追求的是如何精准地衡量并提升设计方案的品质。为此，他们引入了目标函数这一关键工具，它如同一把可量化的标尺，通过设计变量的映射关系，为每个设计方案赋予了一个明确的评估值。这一评估值的大小直接反映了设计方案的优劣程度：值越小，方案越优；值达到最小，则标志着最优方案的诞生。

为了确保目标函数的实用性和便捷性，设计师们在构建时力求其计算过程简单明了，或直接通过查阅预设表格快速获取结果。机械优化设计的过程，实质上就是一场寻找目标函数最小值对应设计方案的精确探索之旅。

面对需要最大化特定性能指标的设计挑战，设计师们巧妙地运用了数学变换的智慧，将目标函数取负，从而将最大化问题转化为求解最小值的典型问题。这一转换策略不仅统一了优化处理的策略框架，还显著简化了优化过程的

复杂性，使得不同类型的优化需求都能在同一框架下得到高效解决。

在众多可行的设计方案中，那些脱颖而出的"优质"设计，必然在某些关键性能指标上展现出了更为卓越的优势。当这些优势能够被量化为设计变量的函数形式时，目标函数便成为了引导设计优化的核心驱动力。它不仅作为评价函数，为设计方案提供了客观、量化的评判标准，还以其对设计变量的高度依赖性［记作 $f(\boldsymbol{X})$］，指引着设计师们不断逼近最优解。

在建立目标函数的过程中，设计师们需要深入洞察设计问题的本质，准确把握优化目标的关键要素。针对那些难以直接达成的特定设计要求，通过针对性地优化目标函数，往往能够取得显著的成效。此外，当设计问题涉及多个需要同时优化的指标时，多目标函数优化策略便显得尤为重要。它要求设计师们在多个优化目标之间寻求平衡与折中，以实现整体设计方案的最优化。

目标函数作为 n 维变量的函数，其复杂的数学特性决定了其图像只能在高维空间中完整展现。为了在低维设计空间中直观反映目标函数的变化趋势，设计师们采用了目标函数等值面的方法。通过设定一系列常数 c，形成了一系列代表不同目标函数值的 n 维超曲面（在二维空间中则简化为曲线），从而为设计师们提供了直观理解目标函数变化规律的强大工具。目标函数等值面的数学表达式为：

$$f(\boldsymbol{X})=c$$

它代表一族 n 维超曲面，c 为一系列常数。例如，在二维设计空间中 $f(x_1,x_2)=c$，代表 x_1-x_2 设计平面上的一族曲线。

（3）约束条件

设计空间是一个包罗万象的集合，汇聚了各式各样的设计方案。然而，并非所有方案都能在工程实践中得到采纳，诸如面积取负值等明显不合逻辑的设计自然被排除在外。只有当设计方案能够满足所有既定要求时，它才被视为可行或可接受；反之，则为不可行或不可接受。

一个可行的设计方案，其基石在于遵循一系列严格的设计限制条件，这些条件统称为约束，它们为设计划定了明确的边界。根据约束的本质，我们可以将其划分为性能约束与侧面约束两大类别。性能约束聚焦于设计方案的性能表现，如确保结构满足强度、刚度及稳定性等力学要求，或是控制桁架某点的变形量在合理范围内。而侧面约束，亦称边界约束，则侧重于对设计变量取值范围的直接限制，如规定尺寸的选择范围或桁架高度的上下限。

从数学视角审视，约束条件可细分为等式约束与不等式约束，后者在实际工程中更为常见。值得注意的是，某些约束可能与其他约束存在重叠，这类冗余的约束需被识别并剔除，以确保优化过程的效率与准确性。

在图 5-1（b）所展示的二维优化设计案例中，直观地呈现了可行域与不可行域的划分，以及可行点与不可行点的区别。同时，还引入了起作用约束与不起作用约束的概念，进一步细化了约束在优化过程中的影响与作用。这一图示不仅加深了我们对设计空间与约束条件的理解，也为后续的优化设计工作提供了有力的视觉辅助。

　　等式约束是 R^n 内的超曲面，不等式约束是 R^n 内超曲面的某一侧的空间。由满足若干不等式约束构成的空间区域，叫可行域。等式约束的可行域是其超曲面上的某部分。可行域内的点叫内点，是可取方案的集合；可行域之外的点叫外点，为不可取方案。可行域边界上的点叫边界点。最优点经常在几个约束构成的边界上，这几个约束叫起作用约束，其余的叫不起作用约束。

　　优化设计问题的完整数学模型

$$\text{Min}\quad F(X)=\cdots \qquad\qquad X\in R^n$$
$$\text{S. T.}\quad g_u(X)\leqslant 0 \qquad\qquad u=1,2,\cdots,p$$
$$h_v(X)=0 \qquad\qquad v=1,2,\cdots,q$$

最优解：$X^*=(x_1^*,x_2^*,\cdots,x_i^*,\cdots,x_n^*)$，最优值：$F(X^*)$

5.1.3　优化设计问题的建模基础

　　建立优化设计问题的数学模型是进行优化的前提条件。一般而言，数学模型的建立过程因面向的优化问题不同而不同，如机械结构参数优化问题、机构运动参数优化问题、工艺参数优化问题、生产过程规划问题等。从面向的领域上讲，涉及机构学、机械设计学、制造工艺学、机电控制理论、传热学、流体力学、工程管理等问题。优化数学模型的表现形式也千差万别，如模糊数学方法、微分方程理论与建模、图论与网络模型、灰色系统建模等。

　　（1）数学模型的概念和建模的原则

　　模型是为了某个特定的目的，将现实世界中各种现象的某一部分信息缩减、提炼得到其替代物。广义上讲，数学模型是对现实世界中的某一特定现象，为了某一特定的目的，做出适当的简化假设，运用适当的数学工具得到的一个数学结构。数学模型是研究和掌握研究对象运行规律的有力工具，是认识、分析、设计、预报及预测、控制和研究实际系统的基础。

　　机理分析和统计分析是建立数学模型的两类主要方法。机理分析又称理论分析，主要是运用自然科学中的已被证明的正确的理论、原理和定律，对被优化和研究的对象（因素）进行分析、演绎、归纳，找出反映其内部机理的基本规律，用数学方程表示这些机理，从而建立系统的数学模型。统计分析主要是指对研究对象的机理不很清楚，但可以通过输入数据进一步得到输出数据，采用统计的方法建立其激励与响应的关系方程，作为研究对象的数学模型近似。数学建模的基本要求是准确、简练和正确，即要求用正确的理论知识建立模型，准确地反映优化问题的本质，并尽量做到简练、简化，便于优化求解。其建模的原则归纳如下。

　　① 合理假设性原则。优化设计的数学模型是对复杂设计问题进行的简化和抽象，提出满足目标函数和约束要求的合理假设。合理假设性原则要求进行反复的迭代与检验，这是保证模型有效性的关键。

　　② 模型的因果性原则。因果性意味着系统的输入量和输出量由某一数学函

数进行联系，因果性是优化设计数学模型的必要条件。

③ 模型的适应性原则。优化设计的数学模型需要满足设计变量变化的适应性原则，并且具有一定的可移植性。例如，在建立动态模型时，必须保证满足系统的动态适应能力，这是模型能被广泛应用的基础。

（2）建立优化设计数学模型的步骤

数学建模是一种对原型进行抽象、分析、求解的科学方法综合体，它没有固定的模式，与建模人员对原型的认识、掌握的数学知识的数量及程度密切相关。面对一个优化设计问题，通常其数学模型的建立包括准备阶段、模型假设阶段和构造模型阶段，具体操作过程如下。

① 准备阶段：该阶段需要对要研究的物理对象进行解析，明确问题的背景，收集相关领域的资料和数据，进行建模的筹划和安排。

② 模型假设阶段：根据优化问题的要求，简化不重要的、非本质的因素，确定优化问题设计变量，提出需要满足的约束条件。在该阶段，要统筹考虑优化问题的基本要求，解决好计算效率和模型复杂性之间的矛盾。

③ 构造模型阶段：运用相关领域的知识，根据准备阶段和模型假设阶段的结果，建立可计算的数学关系，形成优化问题的目标函数。

一旦优化设计的数学模型建立起来，就可以选择适宜的优化方法进行数学求解，进而对模型进行分析和验证。优秀的优化设计数学模型是实现寻找目标函数最优点的基本保证，也体现了工程设计人员对优化问题的科学认识。

（3）数学建模需要注意的问题

在给定机械优化设计问题条件后，为建立合理而有效的优化设计数学模型，需要设计者注意以下几方面的问题。

① 区分数学建模时的主要因素和次要因素。一个优化设计问题的模型，常有许多特性，这些特性与许多因素有关，在一定条件下，有的因素是主要的，有的因素是次要的。例如，研究航天地面模拟器工作状态的模型时应考虑其动态指标，与其相关的因素如质量、速度、加速度等就是主要因素；但研究其结构特性时，上述因素就变成了次要因素，而其结构的尺寸参数、材料特性、布局参数等就变成了主要因素。明确优化设计问题数学建模时的主要因素和次要因素，是抓住主要矛盾、确定优化问题的维数、实现合理数学建模的关键。

② 确定设计变量和约束条件。在机械优化设计问题中，过多的设计变量会使问题变得复杂，造成计算时间和计算容量都有所增加。因此，应尽量减少对目标函数和约束条件影响较小的设计变量。对于约束条件，要尽量避免优化中不起作用的约束条件，去除能够产生空的可行域的约束条件。

③ 确定目标函数。应优先考虑将多目标优化设计问题简化为单目标问题，通过合理权重分配或主次排序实现。同时移除或放宽多余或不必要的约束条件，以减少优化问题的复杂度。一般来说，确定性优化问题适合采用微分方程或差分方程来获得其目标函数，非确定性系统适合采用概率统计的方法来建立目标函数。

④ 对优化模型进行必要的评估和检验。对所建立的优化模型进行有效的评估和检验是判断假设合理性以及模型正确性的关键。优化模型的评估和检验可以在优化设计之前进行，在采用优化方法进行求解之后也需要对其有效性进行分析和评价。

一般来说，优化问题的建模和求解离不开计算机软件，传统的建模和求解过程常采用高级语言来实现，如 Python 语言、FORTRAN 语言、C/C++语言。基于优化方法的基本原理，编写合适的机械优化程序，具有优化原理清晰、建模求解明确、易于查看修正等优点，但是这一过程很难用于求解复杂的或大型的优化设计问题。当前，采用商业化或开源的软件实现优化的建模和求解也是发展的重要趋势，如求解规划问题的 LINGO 软件、Mathworks 公司出品的 MATLAB 软件、FE-design 公司出品的 TOSCA 软件以及商业化的有限元分析软件的优化模块等。在进行大型复杂的机械结构优化设计时，特别需要借助商用的有限元分析软件实现其优化过程。

5.1.4　优化设计问题的基本解法

求解优化设计问题可以采用解析解法和数值的近似解法。解析解法就是把所研究的对象用数学方程（数学模型）描述出来，然后再用数学解析方法（如微分、变分方法等）求出优化解。但在很多情况下，优化设计问题的数学描述比较复杂，因而不便于甚至不可能用解析方法求解；另外，有时对象本身的机理无法用数学方程描述，而只能通过大量试验数据用插值或拟合方法构造一个近似函数式，再来求其优化解，并通过试验来验证；或直接以数学原理为指导，从任取一点出发通过少量试验（探索性的计算），并根据试验计算结果的比较，逐步改进而求得优化解。这种方法是属于近似的、迭代性质的数值解法。

数值解法不仅可以用于求复杂函数的优化解，也可以用于处理没有数学解析表达式的优化设计问题。因此，它是实际问题中常用的方法，很受人们的重视。其中具体方法较多，并且目前还在继续发展。但是应当指出，对于复杂问题，由于不能把所有参数都完全考虑并表示出来，只能是一个近似的最优化的数学描述。由于它本来就是一种近似，那么，采用近似性质的数值方法对它们进行解算，也就谈不上对问题的精确性有什么影响了。

不论是解析解法，还是数值解法，都分别具有针对无约束条件和有约束条件的具体方法。可以按照对函数导数计算的要求，把数值方法分为需要计算函数的二阶导数、一阶导数和零阶导数（即只要计算函数值而不需计算其导数）的方法。

在机械优化设计中，大致可分为两类设计方法。一类是优化准则法，它是从一个初始设计 x^k 出发（k 不是指数，而是上角标，x^k 是 $x^{(k)}$ 的简写），着眼于在每次迭代中应满足的优化条件，根据迭代公式（其中 C^k 为一对角矩阵）$x^{k+1}=C^k x^k$，来得到一个改进的设计 x^{k+1}，而无须再考虑目标函数和约束条件的信息状态。

另一类设计方法是数学规划法，虽然它也是从一个初始设计 x^k 出发，对结构进行分析，但是按照如下迭代公式 $x^{k+1} = x^k + \Delta x^k$，可以得到一个改进的设计 x^{k+1}。

在这类方法中，许多算法是沿某个搜索方向 d^k 以适当步长 α_k 的方式实现对 x^k 的修改，以获得 Δx^k 的值。此时上式可写成 $x^{k+1} = x^k + \alpha_k d^k$。

而它的搜索方向 d^k 是根据几何概念和数学原理，由目标函数和约束条件的局部信息状态形成的。也有一些算法是采用直接逼近的迭代方式来获得 x^k 的修改量 Δx^k 的。

在数学规划法中，采用上式进行迭代运算时，求 n 维函数 $f(x) = f(x_1, x_2, \cdots, x_n)$ 的极值点的具体算法可以简述如下。

首先，选定初始设计点 x^0，从 x^0 出发沿某一规定方向 d^0 求函数 $f(x)$ 的极值点，设此点为 x^1；然后，再从 x^1 出发沿某一规定方向 d^1 求函数 $f(x)$ 的极值点，设此点为 x^2，如此继续。一般来说，从点 x 出发，沿某一规定方向 d^k 求函数 $f(x)^k$ 的极值点 $x^k (k = 1, 2, \cdots, n)$，这样的搜索过程就组成求 n 维函数 $f(x)$ 极值（优化值）的基本过程。它实际上是通过一系列（n 个）的一维搜索过程来完成的。其中的每次一维搜索过程都可以统一叙述为：过点 x^k 且沿 d^k 方向，求一元函数 $f(x^{k+1}) = f(x^k + \alpha_k d^k)$ 的极值点的问题。既然是在过点 x^k 沿 d^k 方向上求 $f(x^k + \alpha_k d^k)$ 的极值点，那么这里只有 α_k 是唯一的变量。因为无论 α_k 取什么值，$x^{k+1} = x^k + \alpha_k d^k$ 总是位于过点 x^k 的 d^k 方向上。所以这个问题就是以 α_k 为变量的一元函数 $\varphi(\alpha_k)$ 求极值的问题。这种一元函数求极值的过程可简称为一维搜索过程，它是确定 α_k 的值使 $f(x^k + \alpha_k d^k)$ 取极值的过程。所以，数学规划法的核心一是建立搜索方向 d^k，二是计算最佳步长 α_k。

由于数值迭代是逐步逼近最优点而获得近似解的，所以要考虑优化问题解的收敛性及迭代过程的终止条件。

收敛性是指某种迭代程序产生的序列 $\{x^k\}(k = 0, 1 \cdots)$ 收敛于：

$$\lim_{k \to \infty} x^{k+1} = x^*$$

点列 $\{x^k\}$ 收敛的充要条件是：对于任意指定的实数 $\varepsilon > 0$，都存在一个只与 ε 有关而与 x 无关的自然数 N，使得当两自然数 m、$p > N$ 时，满足：

$$\| x^m - x^p \| \leqslant \varepsilon$$

或

$$\sqrt{\sum_{i=1}^{n} (x_i^m - x_i^p)^2} \leqslant \varepsilon$$

或

$$| x_i^m - x_i^p | \leqslant \varepsilon_i = \frac{\varepsilon}{\sqrt{n}}$$

根据这个收敛条件，可以确定迭代终止准则。一般采用以下几种迭代终止准则。

① 当相邻两设计点的移动距离已达到充分小时，若用矢量模计算它的长

度，则：

$$\| x^{k+1} - x^k \| \leqslant \varepsilon_1$$

或用 x^{k+1} 和 x^k 的坐标轴分量之差表示为：

$$| x_i^{k+1} - x_i^k | \leqslant \varepsilon_2 \quad (i = 1, 2, \cdots, n)$$

② 当函数值的下降量已达到充分小时，即：

$$| f(x^{k+1}) - f(x^k) | \leqslant \varepsilon_3$$

或其相对值：

$$\left| \frac{f(x^{k+1}) - f(x^k)}{f(x^k)} \right| \leqslant \varepsilon_4$$

③ 当某次迭代点的目标函数梯度已达到充分小时，即：

$$\| \nabla f(x^k) \| \leqslant \varepsilon_5$$

采用哪种收敛准则，可视具体问题而定。

　　优化准则法与数学规划法各有千秋。优化准则法，以其能够快速实现设计参数的显著调整而著称，特别适用于大型复杂机械系统的优化，这些系统往往需要借助有限元分析等方法进行性能评估。该方法的核心在于通过高效的迭代过程（通常仅需十几次迭代），迅速逼近最优解，且其迭代速度并不显著受限于结构规模的大小，显示出极高的实用性和效率。

　　另一方面，数学规划法，作为应用数学的一个重要分支，建立在坚实的数学理论基础之上。它以高可信度和精确度闻名，为优化问题的求解提供了坚实的基石。数学规划法通过严谨的数学模型和算法，确保解的最优性或接近最优性，是优化领域不可或缺的方法之一。其学习过程可能相对复杂，需要系统掌握数学原理和优化算法。值得注意的是，随着优化理论的不断发展，优化准则法与数学规划法在解题思路上呈现出日益趋同的趋势，二者在实际应用中往往相互借鉴，共同推动优化技术的进步。

5.2　优化设计的数学基础

（1）目标函数（多元函数）的偏导数与梯度

　　设目标函数为 $F(X)$，$X \in R^n$，$F(X)$ 的图像在 $n+1$ 维空间中构成了一个超曲面。其偏导数为 $\frac{\partial}{\partial X_1} F(X), \frac{\partial}{\partial X_2} F(X), \cdots, \frac{\partial}{\partial X_n} F(X)$。偏导数的几何意义为目标函数沿各个坐标轴的变化率。

　　梯度：梯度是一个矢量，是由各个偏导数为元素的矢量，表示为 $\nabla F(X)$。

$$\nabla F(X) = \left(\frac{\partial}{\partial X_1} F(X), \frac{\partial}{\partial X_2} F(X), \cdots, \frac{\partial}{\partial X_n} F(X) \right)^{\mathrm{T}}$$

"∇" 为梯度算子，$\nabla = \left(\dfrac{\partial}{\partial \boldsymbol{X}_1}, \dfrac{\partial}{\partial \boldsymbol{X}_2}, \cdots, \dfrac{\partial}{\partial \boldsymbol{X}_n} \right)$。

梯度的几何意义：目标函数在 $\boldsymbol{X}$ 点的数值上升最快的方向；而 $-\nabla \boldsymbol{F}(\boldsymbol{X})$ 为目标函数值下降最快的方向（注：此处上升和下降最快是局部最快，不是全局最快）。

梯度的模：

$$\| \nabla \boldsymbol{F}(\boldsymbol{X}) \| = \sqrt{\left(\dfrac{\partial \boldsymbol{F}}{\partial \boldsymbol{X}_1} \right)^2 + \left(\dfrac{\partial \boldsymbol{F}}{\partial \boldsymbol{X}_2} \right)^2 + \cdots + \left(\dfrac{\partial \boldsymbol{F}}{\partial \boldsymbol{X}_n} \right)^2}$$

将梯度的每个元素都除以其模，构成的矢量是梯度方向的单位矢量。

（2）方向与方向导数

在 $\mathbf{R}^n$ 内用指向该方向的单位矢量 $\boldsymbol{S}$ 表示一个方向，$\boldsymbol{S} = (\cos\alpha_1, \cos\alpha_2, \cdots, \cos\alpha_n)^{\mathrm{T}}$。$\alpha_i$ 为方向 $\boldsymbol{S}$ 与坐标轴 $\boldsymbol{X}_i$ 之间的夹角，其中：$\cos\alpha_i (i = 1, 2, \cdots, n)$ 叫方向余弦。显然：

$$\| \boldsymbol{S} \| = \sqrt{\cos^2\alpha_1 + \cos^2\alpha_2 + \cdots + \cos^2\alpha_n} = 1$$

方向导数是目标函数 $\boldsymbol{F}(\boldsymbol{X})$ 沿方向 $\boldsymbol{S}$ 的变化率，

$$\dfrac{\partial \boldsymbol{F}(\boldsymbol{X})}{\partial \boldsymbol{S}} = \dfrac{\partial \boldsymbol{F}}{\partial \boldsymbol{X}_1} \cos\alpha_1 + \dfrac{\partial \boldsymbol{F}}{\partial \boldsymbol{X}_2} \cos\alpha_2 + \cdots + \dfrac{\partial \boldsymbol{F}}{\partial \boldsymbol{X}_n} \cos\alpha_n$$

方向导数 $\dfrac{\partial \boldsymbol{F}(\boldsymbol{X})}{\partial \boldsymbol{S}}$ 是一个标量（数量），引进矢量分析中的点积的概念，方向导数为梯度 $\nabla \boldsymbol{F}(\boldsymbol{X})$ 与方向 $\boldsymbol{S}$ 的点积：

$$\dfrac{\partial \boldsymbol{F}(\boldsymbol{X})}{\partial \boldsymbol{S}} = \nabla \boldsymbol{F}(\boldsymbol{X}) \cdot \boldsymbol{S}$$

$$= \sum_{i=1}^{n} \dfrac{\partial \boldsymbol{F}}{\partial \boldsymbol{X}_i} \cos\alpha_i = \| \nabla \boldsymbol{F}(\boldsymbol{X}) \| \cdot \cos(\nabla \boldsymbol{F}, \boldsymbol{S})$$

方向导数的值不仅随所取点 $\boldsymbol{X}$ 变化，而且随在点 $\boldsymbol{X}$ 不同的方向 $\boldsymbol{S}$ 而变化。当角 $(\nabla \boldsymbol{F}, \boldsymbol{S}) = 0°$ 时（$\nabla \boldsymbol{F}$ 与 $\boldsymbol{S}$ 重合时）方向导数最大，且：

$$\dfrac{\partial \boldsymbol{F}(\boldsymbol{X})}{\partial \boldsymbol{S}} = \| \nabla \boldsymbol{F}(\boldsymbol{X}) \|$$

因此梯度方向是目标函数增加（上升）最快的方向。当 $\cos(\nabla \boldsymbol{F}, \boldsymbol{S}) = 0$ 时，角 $(\nabla \boldsymbol{F}, \boldsymbol{S}) = 90°$；$\boldsymbol{S}$ 与 $\nabla \boldsymbol{F}$ 垂直时，$\dfrac{\partial \boldsymbol{F}(\boldsymbol{X})}{\partial \boldsymbol{S}} = 0$，即 $\boldsymbol{S}$ 在目标函数的等值面（线）上。

（3）海塞矩阵 $\boldsymbol{H}(\boldsymbol{X})$ (Hessian)

海塞矩阵 $\boldsymbol{H}(\boldsymbol{X})$ 是由目标函数 $\boldsymbol{F}(\boldsymbol{X})$ 的二阶偏导数组成的 $n \times n$ 矩阵：

$$H(X)=\begin{bmatrix} \dfrac{\partial^2 \boldsymbol{F}}{\partial \boldsymbol{x}_1^2} & \dfrac{\partial^2 \boldsymbol{F}}{\partial x_1 \partial x_2} & \cdots & \dfrac{\partial^2 \boldsymbol{F}}{\partial x_1 \partial x_n} \\ \dfrac{\partial^2 \boldsymbol{F}}{\partial x_2 \partial x_1} & \dfrac{\partial^2 \boldsymbol{F}}{\partial x_2^2} & \cdots & \dfrac{\partial^2 \boldsymbol{F}}{\partial x_2 \partial x_n} \\ \vdots & \vdots & \vdots & \vdots \\ \dfrac{\partial^2 \boldsymbol{F}}{\partial x_n \partial x_1} & \dfrac{\partial^2 \boldsymbol{F}}{\partial x_n \partial x_2} & \cdots & \dfrac{\partial^2 \boldsymbol{F}}{\partial x_n^2} \end{bmatrix}$$

如果将梯度 $\nabla F(X)$ 理解成目标函数的一阶"导数"，则海塞矩阵 $H(X)$ 就是目标函数的二阶"导数"。

因此：$H(X)=\nabla(\nabla F(X))=\nabla^2 F(X)$，若 $\dfrac{\partial F(X)}{\partial x_i \partial x_j}=\dfrac{\partial F(X)}{\partial x_j \partial x_i}(i\neq j)$，则海塞矩阵是一个对称矩阵（$n\times n$ 阶）。

从海塞矩阵的左上角开始，分别取其 1×1 个、2×2 个、3×3 个、$\cdots$、$n\times n$ 个元素构成的行列式，叫海塞矩阵的主子式。

$$一阶主子式：\left|\dfrac{\partial^2 \boldsymbol{F}(X)}{\partial x_1^2}\right|=\dfrac{\partial^2 \boldsymbol{F}(X)}{\partial x_1^2}$$

$$二阶主子式：\begin{vmatrix} \dfrac{\partial^2 \boldsymbol{F}}{\partial x_1^2} & \dfrac{\partial^2 \boldsymbol{F}}{\partial x_1 \partial x_2} \\ \dfrac{\partial^2 \boldsymbol{F}}{\partial x_2 \partial x_1} & \dfrac{\partial^2 \boldsymbol{F}}{\partial x_2^2} \end{vmatrix}$$

按照行列式的计算法则，可以计算海塞矩阵各阶主子式的值。若各阶主子式恒大于 0，则称 $H(X)$ 正定；各阶主子式负、正相间，则称 $H(X)$ 负定；各阶主子式正、负不定，则称 $H(X)$ 不定。

（4）目标函数的二阶泰勒展开

一元函数 $f(x)$ 在 $x=x_0$ 点泰勒展开式为：

$$f(x)=f(x_0)+f'(x_0)\Delta x+\frac{1}{2}f''(x_0)\Delta \boldsymbol{x}^2+\cdots \quad (\Delta x=x-x_0)$$

泰勒展开可以理解为在函数 $f(x)$ 的某点 x_0 附近，用一简单的多项式去逼近（或者代替）复杂的函数 $f(x)$。只要所取的多项式的次数足够大，就能使二者的误差足够小，条件是 $f(x)$ 在 x_0 附近连续且多阶可导。

对于多元函数 $F(X)$，$X\in \boldsymbol{R}^n$，也可以在点 X_0 处展开成泰勒多项式。只要将一元函数泰勒展开中的 $f'(x_0)$ 换成 $\nabla F(X_0)$，$f''(x_0)$ 换成 $H(X_0)$，一般二阶展开式（中间的"·"为矢量或矩阵乘）：

$$F(X)=F(X_0)+\nabla F(X_0)\cdot \Delta X+\frac{1}{2}[\Delta \boldsymbol{X}^{\mathrm{T}}\cdot \boldsymbol{H}(X_0)\cdot \Delta X]+\cdots$$

其中，$\Delta X=X-X_0$，为 n 维矢量；$\Delta \boldsymbol{X}^{\mathrm{T}}\cdot \boldsymbol{H}(X_0)\cdot \Delta X$ 为二次型函数。

（5）无约束目标函数极值存在的条件

一元函数 $f(x)$ 在 $x = x_0$ 点取得极值的必要条件：

$$f'(x_0) = 0 \qquad 即\ x_0\ 是驻点。$$

其充分条件：

$$\begin{cases} f''(x_0) > 0, & x_0\ 是极小值点 \\ f''(x_0) < 0, & x_0\ 是极大值点 \\ f''(x_0) = 0, & x_0\ 不是极值点 \end{cases}$$

此条件可以推展到多元函数 $F(\boldsymbol{X})$ 在 $\boldsymbol{X} = \boldsymbol{X}_0$ 处取得极值的必要条件：

$$\nabla \boldsymbol{F}(\boldsymbol{X}_0) = 0, \quad 即：\frac{\partial \boldsymbol{F}}{\partial x_1} = \frac{\partial \boldsymbol{F}}{\partial x_2} = \cdots = \frac{\partial \boldsymbol{F}}{\partial x_n} = 0 \quad (\boldsymbol{X}_0\ 也叫驻点)$$

充分条件：

$$\begin{cases} \boldsymbol{H}(\boldsymbol{X}_0)正定, & \boldsymbol{X}_0\ 为极小值点 \\ \boldsymbol{H}(\boldsymbol{X}_0)负定, & \boldsymbol{X}_0\ 为极大值点 \\ \boldsymbol{H}(\boldsymbol{X}_0)不定, & \boldsymbol{X}_0\ 不是极值点 \end{cases}$$

说明：

① 在探讨"极值"与"优化"问题时，有必要明确两者在概念上的微妙差异。具体而言，"极值"一词，在此语境下，特指函数在其定义域内某一点或局部小区域内所达到的最大或最小值状态，是一种局部性质的体现。相较之下，"最值"（即全局最大值或最小值）则具有更为广泛和全面的意义，它涵盖了整个函数定义域内可能达到的最大或最小数值点，是全局性质的度量。

② 值得注意的是，尽管理论上通过判断函数的海塞矩阵的正负定性来识别极值点或最值点的方法具有深刻的数学基础，但在面对复杂多变的目标函数时，这一方法的实际应用却面临着巨大挑战。海塞矩阵的计算不仅要求极高的计算能力，还需依赖精准的数值分析技术，以确保结果的准确性和可靠性。对于许多实际工程和科学问题中的复杂函数而言，这一过程往往耗时费力，甚至可能因数值稳定性问题而难以得出有效结论。因此，在优化设计中，合理选择和应用优化算法，结合实际情况灵活调整策略，显得尤为重要。

5.3　约束优化极值条件

5.3.1　约束优化问题的极值条件

设最优点 $\boldsymbol{X}^*$，约束函数集为 $g_u(\boldsymbol{X}) \leqslant 0 (u = 1, 2, \cdots, p)$。$\boldsymbol{X}^*$ 使约束函数变成等式的约束叫起作用约束。几何意义如图 5-2 所示。$\boldsymbol{X}^*$ 在 $g_u(\boldsymbol{X}) \leqslant 0$ 中

某几个的边界上，其中 $\boldsymbol{X}^0$ 是无约束极值点；$\boldsymbol{X}^*$ 是约束极值点；$g_1(\boldsymbol{X})$、$g_2(\boldsymbol{X})$ 是起作用约束，$g_3(\boldsymbol{X})$ 为不起作用约束。

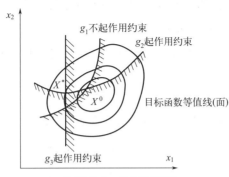

△图 5-2　约束示意图

5.3.2　库恩-塔克定律（K-T 条件）

库恩-塔克条件（Kuhn-Tucker conditions，简称 K-T 条件）是非线性规划问题中，当存在不等式约束时，最优解必须满足的一组必要条件。这些条件由哈罗德·威廉·库恩（Harold William Kuhn）和阿尔伯特·威廉·塔克（Albert William Tucker）在 20 世纪 50 年代提出，是处理不等式约束的优化问题的重要工具。如果最优点 $\boldsymbol{X}^*$ 在可行域内（所有约束均为不起作用约束），则约束最优点与无约束最优点重合；如果最优点在可行域的边界上，有起作用约束，最优点与目标函数和起作用约束都有关。简单来说，它告诉我们如何在满足这些不等式约束的条件下，找到使目标函数达到最大或最小值的点（即最优解）。

K-T 条件主要包括以下几点：

梯度为零：在最优解处，目标函数关于非约束变量的梯度（即偏导数）必须为零。这意味着在没有约束的方向上，目标函数的变化率为零，达到了局部最优。

活动约束的梯度方向一致：对于所有起作用的约束（即实际限制了最优解的约束），目标函数的梯度与约束的梯度必须满足一定的条件，通常是通过拉格朗日乘子来实现的。这保证了在约束边界上，目标函数仍然可以取得最优值。

互补松弛性：对于所有不起作用的约束（即没有限制最优解的约束），其对应的拉格朗日乘子必须为零。这表示这些约束在求解过程中可以忽略。

在非线性规划问题中，当存在不等式约束时，K-T 条件为我们提供了寻找最优解的必要条件。根据起作用约束的数量，我们可以进一步分析目标函数与约束条件之间的相互作用。接下来，我们将分别探讨只有一个、两个以及 i 个起作用约束时，K-T 条件的具体表现及其几何意义。

（1）只有一个起作用约束

目标函数的负梯度方向 $\nabla \boldsymbol{F}(\boldsymbol{X}^*)$ 与约束函数 $g(\boldsymbol{X}^*)$ 的梯度方向重

合，即：

$$-\nabla \boldsymbol{F}(\boldsymbol{X}^*)=\lambda\ \nabla g(\boldsymbol{X}^*),\quad \lambda\geqslant 0$$

几何意义：约束函数与目标函数的某等值线（面）相切。

（2）两个起作用约束条件（图 5-3）

目标函数的负梯度 $-\nabla \boldsymbol{F}(\boldsymbol{X}^*)$ 是各起作用约束的梯度的线性组合（加权合成）：

$$-\nabla \boldsymbol{F}(\boldsymbol{X}^*)=\lambda_1\ \nabla g_1(\boldsymbol{X}^*)+\lambda_2\ \nabla g_2(\boldsymbol{X}^*),\quad \lambda_1、\lambda_2\geqslant 0$$

几何意义：$-\nabla \boldsymbol{F}(\boldsymbol{X}^*)$ "夹"在各 $\nabla g(\boldsymbol{X}^*)$ 之间。

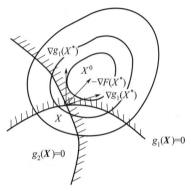

∧图 5-3 两个起作用约束条件

（3）i 个起作用约束

$$-\nabla \boldsymbol{F}(\boldsymbol{X}^*)=\sum_{u=1}^{I}\lambda_1\ \nabla g_u(\boldsymbol{X}^*),\quad \lambda_1、\lambda_2、\cdots、\lambda_I\geqslant 0$$

几何意义：$-\nabla \boldsymbol{F}(\boldsymbol{X}^*)$ "夹"在各 $\nabla g(\boldsymbol{X}^*)$ 之间。

K-T 条件的核心意义并非直接求解最优值，而是作为一套严格的数学准则，用于验证和检验在给定的约束条件下，一个候选解是否确为优化问题的最优解。这些条件涵盖了目标函数和约束函数的梯度关系，以及不等式约束的边界条件，从而确保了在复杂优化问题中，所找到的解点满足所有必要的最优性条件。因此，K-T 条件在优化理论中扮演着至关重要的角色，它们不仅帮助研究者确认解的最优性，还指导了算法设计，以确保算法能够收敛到满足这些条件的解上。简而言之，K-T 条件是检验而非求解最优值的关键工具。

采用 K-T 条件检验步骤如下：设 $\boldsymbol{X}^*$ 是 $\boldsymbol{F}(\boldsymbol{X}^*)$ 的可能最优值。

① 求出 $-\nabla \boldsymbol{F}(\boldsymbol{X}^*)$；

② 求出起作用约束集，将 $\boldsymbol{X}^*$ 代入 $g_u(\boldsymbol{X})$ 中，有 i 个约束函数值 $g_u(\boldsymbol{X})\approx 0$ 的为起作用约束（至少有一个）；

③ 求出 $\nabla g_u(\boldsymbol{X}^*)$，$u=1,2,\cdots,I$；

④ 检查：若 $-\nabla \boldsymbol{F}(\boldsymbol{X}^*)=\sum\limits_{u=1}^{I}\lambda_u\ \nabla g_u(\boldsymbol{X}^*)$，其中 $\lambda_u\geqslant 0$，至少有一个 $\lambda_u>0$，则 $\boldsymbol{X}^*$ 是最优点，否则不是（具体检查方法是解方程组，求出 λ_i 的具体值）。

K-T 条件作为非线性规划问题中解析解的深刻剖析，不仅要求解必须位于可行域之内，还要进一步确保在该解处，目标函数的梯度能够由约束函数的梯度通过线性组合精确表示。这一特性体现了目标函数与约束条件之间的微妙平衡与和谐共存。同时，K-T 条件还附加了非负性和互补松弛性的严格规定，这些条件共同构成了判定局部最优解的必要基石。

例：对于约束化优化问题：$\mathrm{Min} f(\boldsymbol{X}) = (x_1 - 2)^2 + x_2^2$

$$g_1(\boldsymbol{X}) = x_1^2 + x_2 - 1 \leqslant 0$$

$$\text{S. T} \qquad g_2(\boldsymbol{X}) = -x_2 \leqslant 0$$

$$g_3(\boldsymbol{X}) = -x_1 \leqslant 0$$

试用 K-T 条件判断当前迭代点 $\boldsymbol{X}^k = \begin{bmatrix} 1 & 0 \end{bmatrix}^\mathrm{T}$ 是否为约束最优点。

解：为了验证点 $\boldsymbol{X}^k = \begin{bmatrix} 1 & 0 \end{bmatrix}^\mathrm{T}$ 是否为给定优化问题的局部最优点，使用 K-T 条件。首先，写出拉格朗日函数，并设置相关的偏导数为零，同时考虑约束的活跃性（即是否为紧约束）。

① 写出拉格朗日函数。

拉格朗日函数为：$L(\boldsymbol{X}, \lambda_1, \lambda_2, \lambda_3) = f(\boldsymbol{X}) + \lambda_1 g_1(\boldsymbol{X}) + \lambda_2 g_2(\boldsymbol{X}) + \lambda_3 g_3(\boldsymbol{X})$

即：$L(x_1, x_2, \lambda_1, \lambda_2, \lambda_3) = (x_1 - 2)^2 + x_2^2 + \lambda_1(x_1^2 + x_2 - 1) + \lambda_2(-x_2) + \lambda_3(-x_1)$

② 当前迭代点 $\boldsymbol{X}^k = \begin{bmatrix} 1 & 0 \end{bmatrix}^\mathrm{T}$ 是可行点，因为它满足约束条件。

即：$g_1(\boldsymbol{X}^k) = x_1^2 + x_2 - 1 = 0$, $g_2(\boldsymbol{X}^k) = 0$, $g_3(\boldsymbol{X}^k) = -1 < 0$

③ 当前迭代点 $\boldsymbol{X}^k$，起作用约束为 $g_1(\boldsymbol{X})$ 和 $g_2(\boldsymbol{X})$，其不在 $g_3(\boldsymbol{X})$ 上（$\lambda_3 = 0$），而在 $g_1(\boldsymbol{X})$ 和 $g_2(\boldsymbol{X})$ 交点上。

④ 当前迭代点 $\boldsymbol{X}^k$ 处，目标函数和其作用约束的梯度为：

$$\nabla f(\boldsymbol{X}^k) = \begin{bmatrix} 2x_1 - 4 & 2x_2 \end{bmatrix}^\mathrm{T}_{\boldsymbol{X}^k} = \begin{bmatrix} -2 & 0 \end{bmatrix}^\mathrm{T}$$

$$\nabla g_1(\boldsymbol{X}^k) = \begin{bmatrix} 2x_1 & 1 \end{bmatrix}^\mathrm{T}_{\boldsymbol{X}^k} = \begin{bmatrix} 2 & 1 \end{bmatrix}^\mathrm{T}$$

$$\nabla g_2(\boldsymbol{X}^k) = \begin{bmatrix} 0 & -1 \end{bmatrix}^\mathrm{T}$$

⑤ 求解拉格朗日乘子 λ_1、λ_2。

按 K-T 条件应有：$\nabla f(\boldsymbol{X}^k) + \lambda_1 \nabla g_1(\boldsymbol{X}^k) + \lambda_2 \nabla g_2(\boldsymbol{X}^k) = 0$

$$\begin{bmatrix} -2 \\ 0 \end{bmatrix} + \lambda_1 \begin{bmatrix} 2 \\ 1 \end{bmatrix} + \lambda_2 \begin{bmatrix} 0 \\ -1 \end{bmatrix} = 0, \quad 得到 \begin{cases} -2 + 2\lambda_1 = 0 \\ \lambda_1 - \lambda_2 = 0 \end{cases}$$

解得 $\lambda_1 = 1 > 0$，$\lambda_2 = 1 > 0$ 均为非负，说明当前迭代点 $\boldsymbol{X}^k = \begin{bmatrix} 1 & 0 \end{bmatrix}^\mathrm{T}$ 是一个局部最优点，如图 5-4 所示。

值得注意的是，尽管 K-T 条件对于识别非线性规划问题的局部最优解至关重要，但它们并不总是足以保证全局最优性的确立。在某些复杂情境下，即便满足了所有 K-T 条件，也可能存在其他更优的解点未被探索。然而，在特定的规划类型中，如凸规划问题，K-T 条件的满足则成为了判定全局最优解的充分且必要条件，极大地简化了问题的求解与分析过程。

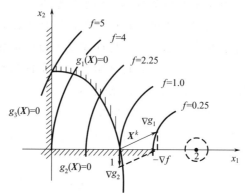

5.3.3　寻优过程的数值解法与逐步逼近策略

在优化问题中，当面对一个可行域内的起始点时，通常采取的策略是沿着能使目标函数值下降的方向进行逐步搜索。这个过程涉及构造下降方向、一维搜索法寻找驻点，并通过多次迭代逼近最优解。这种方法在文献中有时被称为"盲人爬山法"，因为它模拟了在不完全可见的地形中通过试探和逐步调整来寻找山顶的过程。若 $X^{(k)}$ 是 $F(X)$ 可行域内的一个点，在 $X^{(k)}$ 点构造能使 $F(X)$ 下降的方向 $S^{(k)}$，用一维搜索法找到在 $S^{(k)}$ 方向上 $F(X)$ 最小的驻点 $X^{(k+1)}$，有 $X^{(k+1)}=X^{(k)}+\alpha_k S^{(k)}$。在 $X^{(k+1)}$ 点重复上述步骤，经过若干次迭代，即可得到最优解。

该方法在具体实施时需要考虑四个关键问题：

① 确定可行域与初始点：首先，我们需要明确优化问题的可行域，并在该区域内选择一个初始点作为起点，即必须找出 $F(X)$ 的可行域及可行域内至少一个初始点。

② 构建能使 $F(X)$ 下降的方向 $S^{(k)}$：构建 $S^{(k)}$ 的不同方法，就形成了不同的寻优方法。如最速下降法［用 $-\nabla F(X)$ 作方向］，坐标变换法（用各坐标轴方向作 S），牛顿法（改进的梯度法）等。

③ 确定寻优步长 α_k：已知 $X^{(k)}$ 和 $S^{(k)}$ 后，将点 $X^{(k+1)}=X^{(k)}+\alpha_k S^{(k)}$ 代入目标函数 $F(X)$，则 $F(X)$ 变成 α_k 的一元函数，可用解析法求能使 $F(X)$ 在此方向最小的极值点。

④ 结束寻优过程的条件：寻优过程的终止通常基于以下三个条件：

a. 目标函数值的变化量小于某个预设的阈值 $\|X^{(k+1)}-X^{(k)}\|\leqslant\varepsilon_1$，表明已经接近最优解。

b. 下降方向的长度（或梯度的范数）小于某个阈值 $\left|\dfrac{F(X^{(k+1)})-F(X^{(k)})}{F(X^{(k)})}\right|$ $\leqslant\varepsilon_2$，说明已经处于平坦区域或接近最优解。

c. 利用梯度的信息来判断是否接近最优解 $\|\nabla F(X^k)\|\leqslant\varepsilon_3$。但由于计算梯

度的复杂性和额外成本，这一条件在工程实践中并不常用。

针对设计变量相对有限（如仅限于两个或三个）的优化问题，一种直观而有效的方法是采用网络法（亦称网格搜索法），该方法通过精心在可行域的边界上布置密集的网格，系统地探索解空间。具体而言，通过对可行域的上、下、左、右（或对于三维问题，还包括前、后边界）进行细致的网格划分，覆盖并评估解空间内的多个候选点。

以转向梯形问题为例，这种方法尤为适用。通过在上、下、左、右四个边界上精确划分网格，能够为每一个网格点计算其对应的目标函数值。这一过程不仅确保了搜索的全面性，还通过比较不同网格点上的函数值，高效地识别出潜在的最优解区域。随后，通过进一步细化该区域的网格或采用更精细的搜索策略，可以精确地定位并验证全局或局部最优解。

网络法的优势在于其直观性和易于实现，尤其适合于设计变量较少、计算成本相对可控的场景。然而，随着设计变量数量的增加，网格的复杂度将呈指数级增长，可能导致计算量急剧上升，从而限制了该方法的适用性。因此，在选择优化策略时，需根据具体问题的规模和复杂度进行权衡。

5.3.4　一维搜索法

一维搜索法（一维优化）是求解单变量函数最优解的重要工具。设已知 $\boldsymbol{X}^{(k)}$ 和 $\boldsymbol{S}^{(k)}$ 后，构建新点 $\boldsymbol{X}^{(k+1)} = \boldsymbol{X}^{(k)} + \alpha_k \boldsymbol{S}^{(k)}$ 代入目标函数 $\boldsymbol{F}(\boldsymbol{X}^{(k)} + \alpha_k \boldsymbol{S}^{(k)})$，是步长 α_k 的一元函数，即 $\boldsymbol{F}(\boldsymbol{X}^{(k)} + \alpha_k \boldsymbol{S}^{(k)}) = \boldsymbol{F}(\alpha_k)$，求出使 $\boldsymbol{F}(\alpha_k)$ 最小的步长 α_k 的过程叫一维搜索法。

确定初始搜索区间的进退算法可以按照以下步骤进行：

① 选定初始点和初始步长：

选定一个初始点的估计值 (x_0)。

选定一个初始步长 $(h > 0)$。

② 前进一步并计算函数值：

令 $x_2 = x_0 + h$，计算函数值 $\boldsymbol{F}(x_2)$。

③ 判断函数值的大小：

如果 $\boldsymbol{F}(x_2) \leqslant \boldsymbol{F}(x_0)$，则表明 x_2 比 x_0 更接近极小值点，此时需要：

放大步长，令 $h = 2h$。

更新初始点，令 $x_0 = x_2$。

重复步骤②和步骤③，即继续前进一步并判断函数值的大小。

如果 $\boldsymbol{F}(x_2) > \boldsymbol{F}(x_0)$，则表明 x_2 远离极小值点，此时需要后退一步：

令 $h = -h$，即步长变为负值，表示后退。

接下来进行步骤④。

④ 后退一步并计算函数值：

令 $x_1 = x_0 + h$，注意此时由于 h 为负值，所以实际上是后退。

计算函数值 $\boldsymbol{F}(x_1)$。

⑤ 再次判断函数值的大小：

如果 $F(x_1) \leqslant F(x_0)$，则表明 x_1 比 x_0 更接近极小值点，此时需要：

放大步长，令 $h = 2h$。

更新初始点，令 $x_0 = x_1$。

重复步骤④和步骤⑤，即继续后退一步并判断函数值的大小。

如果 $F(x_1) > F(x_0)$，则表明当前区间 $[x_1, x_2]$ 可能包含极小值点，此时停止计算。

⑥ 确定搜索区间：

令 $a = \min(x_1, x_2)$，$b = \max(x_1, x_2)$。

则 $[a, b]$ 即为包含极小值点的搜索区间。

以上步骤就是确定初始搜索区间的进退算法。通过不断前进和后退，并比较函数值的大小，最终可以确定一个包含极小值点的搜索区间。这种算法适用于单峰函数，即只有一个极小值点的函数。

下面简要介绍斐波那契法和 0.618 法（黄金分割法）这两种试探法，以及一维搜索方法中的等间隔搜索法。

（1）斐波那契法（分数法）

斐波那契法是一种基于斐波那契数列的搜索方法。它通过在搜索区间内取斐波那契数列中的两个点，并计算它们的函数值，然后根据函数值的大小关系来缩小搜索区间。这种方法不需要计算函数的导数，仅通过比较函数值来逐步缩小搜索范围。

（2）0.618 法（黄金分割法）

0.618 法，也称为黄金分割法，是一种非常有效的单峰函数优化算法。它基于黄金分割比例（约等于 0.618）来选择搜索区间内的两个点，并计算它们的函数值。通过比较这两个点的函数值，可以确定新的搜索区间，并重复这个过程，直到搜索区间足够小或满足精度要求。

（3）等间隔搜索法

等间隔搜索法是一种简单的一维搜索方法。它首先将搜索区间等分为 N 个子区间，并计算每个子区间端点的函数值。然后，它选择函数值最小的子区间作为新的搜索区间，并重复这个过程，直到搜索区间的宽度满足精度要求。这种方法假设目标函数是凸函数或凹函数，并且可以通过比较函数值来预测极值点所在的区间。

下面是一个简单的 Python 代码示例，用于演示 0.618 法（黄金分割法）的实现。

```
def golden_section_search(f,a,b,tol= 1e-5):
    phi=(1+ 5 ** 0.5)/2  # 黄金分割比例
    c=b-(b-a)/phi  # 第一个试探点
    d=a+(b-a)/phi  # 第二个试探点
```

```
while abs(b-a)> tol:
  fc=f(c)
  fd=f(d)
    if fc<fd:
        b=d
  else:
        a=c
    # 更新试探点
    if abs(b-a)< tol:
        break
    c=b-(b-a)/phi
    d=a+(b-a)/phi
    return(a+b)/2  # 返回近似最优解
# 示例函数:f(x)=x^2,在区间[-2,2]上搜索最小值
f=lambda x:x**2
x_min=golden_section_search(f,-2,2)
print(f"The approximate minimum is at x={x_min},with f(x)={f(x_min)}")
```

这个示例代码定义了一个 golden _ section _ search 函数，它接受一个目标函数 f、搜索区间的下界 a 和上界 b，以及一个可选的容差 tol（用于控制搜索精度）。然后，使用 0.618 法来搜索目标函数在给定区间上的最小值，并返回近似最优解。在示例中，使用了一个简单的二次函数 $f(x)=x^2$，并在区间 $[-2,2]$ 上搜索其最小值。

5.4　无约束问题的优化方法

无约束优化问题：Min　$F(X)$，$X \in R^n$

设 $F(X)$ 至少二阶可导，即存在：

$$\nabla F(X)=\left(\frac{\partial F}{\partial x_1},\frac{\partial F}{\partial x_2},\cdots,\frac{\partial F}{\partial x_n}\right)^{\mathrm{T}}$$

$$H(X)=\begin{vmatrix}\dfrac{\partial^2 F}{\partial x_1^2} & \cdots & \dfrac{\partial^2 F}{\partial x_1 \partial x_n}\\ \vdots & & \vdots\\ \dfrac{\partial^2 F}{\partial x_n \partial x_1} & \cdots & \dfrac{\partial^2 F}{\partial x_n^2}\end{vmatrix}$$

5.4.1 梯度法——最速下降法

基本思路：每次以点的负梯度方向为搜索方向，即：

$$\boldsymbol{S}^{(k)} = -\nabla \boldsymbol{F}(\boldsymbol{X}^{(k)}) \quad 或 \quad \boldsymbol{S}^{(k)} = \frac{-\nabla \boldsymbol{F}(\boldsymbol{X}^{(k)})}{\parallel \nabla \boldsymbol{F}(\boldsymbol{X}^{(k)}) \parallel}$$

$$\boldsymbol{X}^{(k+1)} = \boldsymbol{X}^{(k)} + \alpha_k \boldsymbol{S}^{(k)}$$

因为负梯度方向是函数值在该点下降最快的方向，所以此法又叫最速下降法。这里"最速"只是在点这一局部最速，在整体上并不一定最速。实践中表明，此法在寻优初期效果不错，往后越来越慢，两个相邻的搜索方向正交，具有明显的锯齿现象（如图5-5和图5-6所示）。此外，需要反复求梯度，实际的工程问题常不能满足，所以用得不广泛。但其基本思想正确，对寻求其他方法有启发作用。

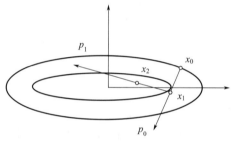

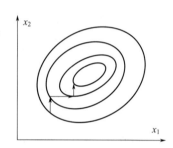

⋀图5-5 相邻搜索方向正交   ⋀图5-6 最速下降法的搜索路径

最速下降法程序框图如图5-7所示，具体迭代过程为：

① 给定初始点 $\boldsymbol{X}^{(0)}$，收敛精度 ε，并令计算次数 $k \Leftarrow 0$；

② 计算 $\boldsymbol{X}^{(k)}$ 点的梯度 $\nabla f(\boldsymbol{X}^{(k)})$ 及梯度的模 $\parallel \nabla f(\boldsymbol{X}^{(k)}) \parallel$，并令：

$$\boldsymbol{d}^{(k)} = -\frac{\nabla f(\boldsymbol{X}^{(k)})}{\parallel \nabla f(\boldsymbol{X}^{(k)}) \parallel}$$

③ 判断是否满足精度指标 $\parallel \nabla f(\boldsymbol{X}^{(k)}) \parallel \leqslant \varepsilon$；若满足，$\boldsymbol{X}^{(k)}$ 为最优点，迭代停止，输出最优解 $\boldsymbol{X}^* = \boldsymbol{X}^{(k)}$ 和 $f(\boldsymbol{X}^*) = f(\boldsymbol{X}^{(k)})$，否则进行下一步计算；

④ 以 $\boldsymbol{X}^{(k)}$ 为出发点，沿 $\boldsymbol{d}^{(k)}$ 进行一维搜索，求能使函数值下降最多的步长 α_k，即 $\min\limits_{\alpha} f(\boldsymbol{X}^{(k)} + \alpha \boldsymbol{d}^{(k)}) = f(\boldsymbol{X}^{(k)} + \alpha_k \boldsymbol{d}^{(k)})$；

⑤ 令 $\boldsymbol{X}^{(k+1)} = \boldsymbol{X}^{(k)} + \alpha_k \boldsymbol{d}^{(k)}$，$k \Leftarrow k+1$，转到步骤②。

例：Min $\boldsymbol{F}(\boldsymbol{X}) = 60 - 10x_1 - 4x_2 + x_1^2 + x_2^2 - x_1 x_2$。

解：$-\nabla \boldsymbol{F}(\boldsymbol{X}) = -\begin{bmatrix} -10+2x_1-x_2 \\ -4+2x_2-x_1 \end{bmatrix} = \begin{bmatrix} 10-2x_1+x_2 \\ 4-2x_2+x_1 \end{bmatrix}$

第一轮： 取 $\boldsymbol{X}^{(0)} = \begin{bmatrix} 0 \\ 0 \end{bmatrix}$， $-\nabla \boldsymbol{F}(\boldsymbol{X}^{(0)}) = \begin{bmatrix} 10 \\ 4 \end{bmatrix}$

$$\boldsymbol{X}^{(1)} = \boldsymbol{X}^{(0)} + \alpha_1 \begin{bmatrix} 10 \\ 4 \end{bmatrix} = \begin{bmatrix} 10\alpha_1 \\ 4\alpha_1 \end{bmatrix}$$

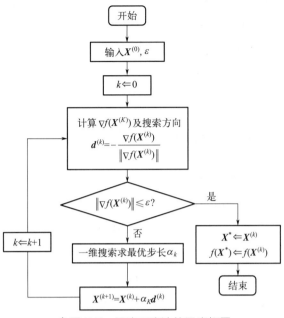

$\widehat{\wedge}$图 5-7　最速下降法的程序框图

代入 $\boldsymbol{F}(\boldsymbol{X})$，得：　　$\boldsymbol{F}(\alpha_1) = 76\alpha_1^2 - 116\alpha_1 + 60$

求步长 α 可以用黄金分割法，但此处为二次函数，可以直接写出来：

$$\alpha_1 = \frac{116}{2 \times 76} = 0.763$$

$$\therefore \boldsymbol{X}^{(1)} = \begin{bmatrix} 7.63 \\ 3.05 \end{bmatrix} \quad （至此，应该检验 \boldsymbol{X}^{(1)} 是否为最优值）$$

第二轮：

$$-\nabla \boldsymbol{F}(\boldsymbol{X}^{(1)}) = \begin{bmatrix} 3.05 - 2 \times 7.63 + 10 \\ 7.63 - 2 \times 3.05 + 4 \end{bmatrix} = \begin{bmatrix} -2.21 \\ 5.53 \end{bmatrix}$$

$$\boldsymbol{X}^{(2)} = \boldsymbol{X}^{(1)} + \alpha_2 \begin{bmatrix} -2.21 \\ 5.53 \end{bmatrix} = \begin{bmatrix} 7.63 - 2.21\alpha_2 \\ 3.05 + 5.53\alpha_2 \end{bmatrix}$$

代入 $\boldsymbol{F}(\boldsymbol{X})$，得：

$$\boldsymbol{F}(\alpha_2) = 47.7\alpha_2^2 - 30.5\alpha_2 + 15.7, \alpha_2 = 0.32$$

$$\therefore \boldsymbol{X}^{(2)} = \begin{bmatrix} 6.92 \\ 4.82 \end{bmatrix}$$

（至此，也应该检验 $\boldsymbol{X}^{(2)}$ 是否为最优值）

如此继续下去，经若干步以后，可得最优点 $\begin{bmatrix} 8 \\ 6 \end{bmatrix}$。

5.4.2　牛顿法

牛顿法是为了改善梯度法收敛越来越慢的缺点而发明的搜索方法。其基本

思路是用 $F(X)$ 在 $X^{(k)}$ 处的泰勒展开式 $\Phi(X)$ 代替 $F(X)$，用 $\Phi(X)$ 的极值 $\bar{X}^*$ 去逼近 $F(X)$ 的极值，取 $X^{(k+1)}=\bar{X}^*$，开始下一轮寻优。

$F(X)$ 在 $X^{(k)}$ 点的泰勒展开式为：

$$F(X)\approx\Phi(X)=F(X^{(k)})+\nabla F(X^{(k)})^{\mathrm{T}}(X-X^{(k)})$$
$$+\frac{1}{2}(X-X^{(k)})^{\mathrm{T}}H(X^{(k)})(X-X^{(k)})$$

此二次函数取得极值的必要条件是展开函数的梯度等于 0（驻点）：

$$\nabla\Phi(X)=0$$

即：$\nabla\Phi(X)=\nabla F(X^{(k)})+H(X^{(k)})(X-X^{(k)})=0$

解此方程，得：

$$\bar{X}^*=X^{(k)}-[H(X^{(k)})]^{-1}\nabla F(X^{(k)})$$

其中，$[H(X^{(k)})]^{-1}$ 是海塞矩阵的逆矩阵。

取：$X^{(k+1)}=\bar{X}^*=X^{(k)}-[H(X^{(k)})]^{-1}\nabla F(X^{(k)})$ 作为下一轮寻优的起点。

将上式与寻优迭代的一般形式 $X^{(k+1)}=X^{(k)}+\alpha^{(k)}\cdot S^{(k)}$ 相比，牛顿法的本质，是以负梯度方向为搜索方向、以海塞矩阵的逆为步长的搜索方法。

优点：不需要一维搜索，对真正的二次函数一步到达最优点。

缺点：要求海塞矩阵及其逆。

例：Min $F(X)=60-10x_1-4x_2+x_1^2+x_2^2-x_1x_2$。

解：仍取 $X^{(0)}=\begin{bmatrix}0\\0\end{bmatrix}$ 为初始点，因 $F(X)$ 是二次函数，其泰勒展开式 $\Phi(X)$ 与 $F(X)$ 完全相同，只需求其 $\nabla F(X)$、$H(X)$ 和 $[H(X)]^{-1}$。

如前：

$$-\nabla F(X^{(0)})=\begin{bmatrix}10\\4\end{bmatrix}$$

$$\frac{\partial^2 F}{\partial x_1^2}=2,\frac{\partial^2 F}{\partial x_1\partial x_2}=\frac{\partial^2 F}{\partial x_2\partial x_1}=-1,\frac{\partial^2 F}{\partial x_2^2}=2$$

$$\therefore H(X^{(0)})=\begin{bmatrix}2&-1\\-1&2\end{bmatrix}$$

$$[H(X^{(0)})]^{-1}=\frac{H^*(X^{(0)})}{|H(X^{(0)})|}=\frac{1}{3}\begin{bmatrix}2&1\\1&2\end{bmatrix}$$

$$\therefore\bar{X}^*=X^{(0)}-[H(X^{(0)})]^{-1}\nabla F(X^{(0)})=\begin{bmatrix}0\\0\end{bmatrix}+\frac{1}{3}\begin{bmatrix}2&1\\1&2\end{bmatrix}\begin{bmatrix}10\\4\end{bmatrix}=\begin{bmatrix}8\\6\end{bmatrix}$$

这就是最优值，$X^*=\bar{X}^*$，因是二次函数，所以一步到达 X^*。

$|H(X^{(0)})|$ 是 $H(X^{(0)})$ 的行列式。$H^*(X^{(0)})$ 是 $H(X^{(0)})$ 的伴随矩阵。伴随矩阵的各元素是原矩阵中各对应元素乘以其代数余子式，再经转置而来的。代数余子式是去掉该元素所在行和列，剩下的元素组成的行列式，其符号是 $(-1)^{i+j}$，转置是 $a_{ji}\Rightarrow a_{ji}$。

5.4.3　改进牛顿法

上述牛顿法可以认为是搜索方向为 $S^{(k)} = -\left[H(X^{(k)})\right]^{-1} \nabla F(X^{(k)})$ 且 $\alpha_k = 1$ 的迭代。当遇到 $F(X)$ 非线性严重时，不一定收敛。此外牛顿法对初始点的要求较严，因此有人对牛顿法作了修正。

取 $S^{(k)} = -\left[H(X^{(k)})\right]^{-1} \nabla F(X^{(k)})$ 作搜索方向，但 α_k 不假定为 1，而是由一维搜索决定，即：

$$X^{(k+1)} = X^{(k)} - \alpha_k \left[H(X^{(k)})\right]^{-1} \nabla F(X^{(k)})$$

这种方法叫改进牛顿法，或者修正牛顿法。它保持了牛顿法收敛快的特点，但对起始点放宽了要求，对目标函数二阶可导、海塞矩阵可逆的寻优问题非常有效。但这样的优化问题在工程中极少出现，但其思想具有重要的理论意义。后人在此基础上发明了变尺度法（也叫 DFP 法）。变尺度法的基本思路是构造一个 $A^{(k)}$ 代替改进牛顿法中的 $\left[H(X^{(k)})\right]^{-1}$，$A^{(0)}$ 取单位矩阵。$A^{(k)}$ 的构造虽不需要求 $H(X^{(k)})$ 及其逆，但构造方法仍很烦琐，本节不做介绍。

5.5　现代优化算法与增材制造

随着科技的不断进步，人们面临的问题越来越复杂，传统的优化方法往往难以有效解决。因此，现代优化算法应运而生，它们借鉴了自然界的生物进化、物理过程或群体行为等机制，通过构建高效的搜索和优化策略，为复杂问题的求解提供了新的途径。现代优化算法在科学研究、工程应用以及日常生活中都有着广泛的应用，对于推动社会进步和科技发展具有重要意义。

现代优化算法的基本思想是通过模拟自然界的某种机制或过程，构建出一种能够自适应地调整搜索策略的优化方法。这些方法通常不依赖于问题的具体数学性质，而是通过迭代的方式在解空间中搜索最优解。它们具有较强的全局搜索能力，能够避免陷入局部最优解，从而找到更好的解。

5.5.1　常见现代算法简介

常见的现代优化算法包括以下几种。

遗传算法（genetic algorithm，GA）。最早是由美国的 John Holland 于 20 世纪 70 年代提出的，该算法是根据大自然中生物体进化规律而设计的，是模拟达尔文生物进化论的自然选择和遗传学机理的生物进化过程的计算模型，是一种通过模拟自然进化过程搜索最优解的方法。该算法通过数学的方式，利用计算机仿真运算，将问题的求解过程转换成类似生物进化中的染色体基因的交叉、变异等过程。在求解较为复杂的组合优化问题时，相对一些常规的优化算法，通常能够较快地获得较好的优化结果。遗传算法已被人们广泛地应用于组合优化、机器学习、信号处理、自适应控制和人工生命等领域（图 5-8）。

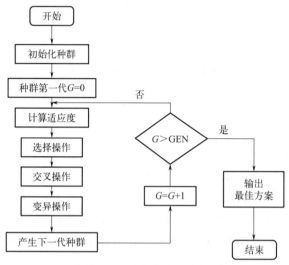

︿图 5-8　遗传算法程序框图

　　粒子群优化算法。是一种模拟鸟群或鱼群社会行为的优化方法。它将问题的解表示为粒子，每个粒子都具有位置、速度和适应度等属性。通过粒子间的信息共享和协作，不断调整粒子的位置和速度，从而找到最优解。粒子群优化算法具有收敛速度快、实现简单的特点，广泛应用于函数优化、图像处理等领域。

　　蚁群算法。是一种模拟蚂蚁觅食行为的优化方法。它通过模拟蚂蚁释放信息素、跟随信息素寻找食物源的过程，在解空间中寻找最优解。蚁群算法具有较强的鲁棒性和自适应性，适用于组合优化问题的求解，如旅行商问题、车辆路径问题等。

　　模拟退火算法。是一种模拟物理退火过程的优化方法。它通过引入一个温度参数，控制搜索过程的随机性和收敛速度。在搜索过程中，算法以一定的概率接受较差的解，从而避免过早陷入局部最优解。模拟退火算法在求解一些复杂的连续或离散优化问题时具有较好的效果。

　　禁忌搜索算法。是一种避免重复搜索的优化方法。它通过设置一个禁忌表来记录已经搜索过的解，避免在后续搜索中重复访问这些解。同时，算法还采用了一些启发式策略来指导搜索方向，提高搜索效率。禁忌搜索算法在求解一些具有特定约束条件的优化问题时具有优势。

　　人工神经网络算法（artificial neural network，ANN）。是 20 世纪 80 年代以来人工智能领域兴起的研究热点。它从信息处理角度对人脑神经元网络进行抽象，建立某种简单模型，按不同的连接方式组成不同的网络，在工程与学术界也常直接简称为神经网络或类神经网络。神经网络是一种运算模型，由大量的节点（或称神经元）之间相互连接构成。每个节点代表一种特定的输出函数，称为激励函数（activation function）。每两个节点间的连接都代表一个对于通过该连接信号的加权值，称之为权重，这相当于人工神经网络的记忆。网络的输出则依网络的连接方式、权重值和激励函数的不同而不同。而网络自身通常都是对自然界某种算法或者函数的逼近，也可能是对一种逻辑策略的表达。ANN 的原理如图 5-9 所示。

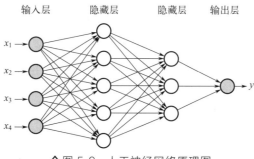

⌃图 5-9　人工神经网络原理图

KAN 模型（Kolmogorov-Arnold networks）。作为一种创新的深度学习架构，正逐步崭露头角，被视为多层感知机（MLP）领域的一项富有前景的替代方案。其灵感深植于 Kolmogorov-Arnold 表示定理的精髓之中，这一设计哲学颠覆了传统 MLP 中固定节点激活函数的模式，转而在网络的"边"（即连接权重）上部署可学习的激活函数，如图 5-10 所示。更进一步，KAN 摒弃了常规的线性权重矩阵，代之以样条函数参数化的一维可学习函数作为权重参数的全新表述，这一变革不仅提升了模型的精准度与效率，还在数据拟合与偏微分方程（PDE）求解等复杂任务中展现出卓越的性能。

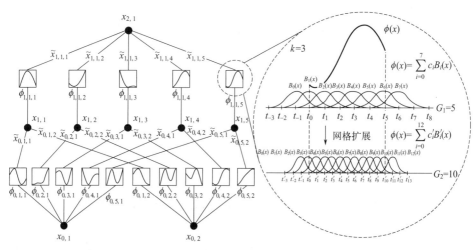

⌃图 5-10　流经网络的激活符号（左图)和激活函数参数化为
B-样条曲线（可在粗粒度和细粒度网格之间切换）

KAN 的核心优势之一在于其紧凑的计算图设计，相较于同等精度的 MLP，KAN 能以更少的参数实现相当甚至更高的预测准确性，体现了高度的参数效率。此外，KAN 的架构特性还赋予了其卓越的解释性，其直观的可视化能力及与人类的交互友好性，为科学家探索并重新发现自然界中的数学与物理规律提供了强有力的工具。

这一革命性的进展，虽初听起来令人耳目一新，实则与数学领域的逼近理论紧密相连，深刻体现了 Kolmogorov-Arnold 表示理论的核心洞见：即便是在由双层网络构成的简单框架内，通过巧妙地在连接权重上引入可学习的激活函数，亦能达成强大的表示能力，这是对传统节点激活函数模式的一次重要超越。

尤为值得一提的是，KAN 模型在实验复现上的高效性，除特定参数扫描实验外，几乎所有实验均能在单个 CPU 上于短短十分钟内完成，极大地降低了计算成本，拓宽了应用门槛。然而，正如任何新兴技术均伴随挑战，KAN 模型亦不例外，其主要挑战之一在于训练速度相对较慢，通常比同等参数的 MLP 慢约十倍，这是未来研究与优化需重点关注的领域。

5.5.2　现代优化算法在增材制造领域的应用

增材制造过程中涉及众多优化问题，如工艺参数优化、结构优化设计、材料选择优化等。这些优化问题往往具有多目标性、非线性、约束性等特点，传统的优化方法难以有效求解。因此，现代优化算法在增材制造中的应用显得尤为重要。

增材制造过程中的工艺参数，如打印速度、温度、层厚等，对打印件的质量、精度和效率具有重要影响。通过现代优化算法对工艺参数进行优化，可以在满足打印要求的前提下，提高打印效率，降低生产成本。例如，遗传算法可以通过编码和解码操作，搜索到一组最优的工艺参数组合，使得打印件的强度和精度达到最佳状态。

增材制造可以实现复杂结构的快速成型，但如何设计出既满足性能要求又节省材料的结构是一个挑战。现代优化算法可以在满足结构性能约束的前提下，通过调整结构形状、尺寸等参数，实现结构的最优化设计。粒子群优化算法可以通过模拟鸟群觅食行为，找到一种最优的结构设计方案，使得结构在轻量化的同时保持足够的强度和刚度。

增材制造所使用的材料种类繁多，不同材料具有不同的性能特点和应用场景。通过现代优化算法对材料进行选择优化，可以在满足性能要求的前提下，选择成本更低、环保性更好的材料。模拟退火算法可以通过模拟物理退火过程，在材料选择空间中搜索到一组最优的材料组合，使得打印件的性能和成本达到最佳平衡。

在航空航天领域，增材制造被广泛应用于复杂零部件的制造。航空航天零部件对性能要求极高，传统的制造方法难以满足需求。通过现代优化算法对增材制造工艺参数和结构进行优化设计，可以制造出性能更优、质量更轻的零部件，提高飞行器的性能和安全性。例如，利用遗传算法对航空发动机的叶片结构进行优化设计，可以在保证强度和刚度的前提下，减轻叶片的质量，提高发动机的推重比。

　　医疗器械是增材制造应用的另一个重要领域。通过现代优化算法对医疗器械的结构和材料进行优化设计，可以制造出更符合人体工学、更舒适耐用的医疗器械。例如，利用粒子群优化算法对人工关节的结构进行优化设计，可以提高关节的耐磨性和使用寿命；利用模拟退火算法对生物相容性材料进行选择优化，可以降低医疗器械对人体的副作用。

　　在汽车制造领域，增材制造被用于制造复杂零部件和定制化产品。通过现代优化算法对汽车零部件的工艺参数和结构进行优化设计，可以提高零部件的性能和精度，降低生产成本。例如，利用蚁群算法对汽车发动机的进气道进行优化设计，可以提高发动机的燃烧效率和动力性能；利用遗传算法对汽车车身结构进行优化设计，可以在保证安全性的前提下，减轻车身质量，提高燃油经济性。

　　尽管现代优化算法在增材制造中已经取得了一定的应用成果，但仍面临一些挑战。首先，增材制造过程中的优化问题往往具有高度的复杂性和不确定性，需要更加智能和高效的优化算法来求解。其次，不同领域和应用场景下的优化问题具有不同的特点和需求，需要针对性地开发适用的优化算法。此外，算法的计算效率和收敛性也是需要重点考虑的问题。

　　展望未来，随着增材制造技术的不断发展和应用场景的不断拓展，现代优化算法在增材制造中的应用将更加广泛和深入。一方面，可以通过引入新的优化算法和策略，提高算法的求解效率和精度；另一方面，可以结合机器学习、深度学习等技术，实现更加智能和自适应的优化设计。此外，还可以将现代优化算法与其他先进制造技术相结合，形成更加完善和高效的制造体系。

5.5.3　深度学习助力增材制造梯度力学超材料逆向设计

　　超材料（metamaterial）指的是一些具有人工设计的结构并呈现出天然材料所不具备的超常物理性质的复合材料。这些特殊性质主要来自人工的特殊结构设计。超材料在电磁学、光学、声学、力学、生物材料和热工等领域有着广泛的应用前景。例如，在隐身技术中，超材料可以实现对电磁波的有效控制，从而实现隐身效果。

　　近十年来，超材料的研究领域经历了前所未有的飞跃式发展，这一繁荣景象源自三大关键领域的深度融合与相互促进：一是研究范围的显著拓展，超材料的设计不再局限于光学与电磁学特性，而是深入到了机械力学、声学、生物医学及热学等更广泛的领域；二是增材制造技术的成熟与革新，这一技术能够以前所未有的精度和灵活性，在不同尺度上制造出功能多样、结构复杂的材料，实现了材料性能的精准定制；三是计算技术的飞速进步，特别是基于人工智能的计算能力、云计算、GPU 及 TPU 等先进计算资源的广泛应用，极大地提升了设计空间的探索效率，为超材料的优化设计提供了强有力的技术支持。

　　北京理工大学的研究者们提出了一种如图 5-11 所示的加速梯度力学超材料

逆向设计的深度学习方法。该研究构建了一个由对抗神经网络（GAN）、性能预测网络（PPN）和结构生成网络（SGN）组成的多重网络深度学习框架（如图 5-12 所示），实现了力学性能参数与拓扑结构之间的快速双向映射。通过将各向异性材料的杨氏模量、剪切模量和泊松比等属性空间与 R-G-B 色彩空间进行类比，研究团队成功地将梯度力学超材料的逆向设计转化为色彩匹配问题，极大地简化了设计流程。

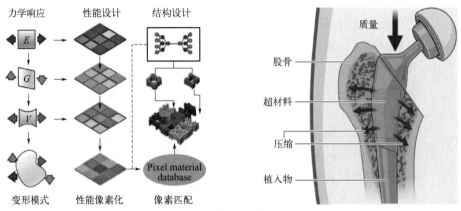

⋀图 5-11　AI 阻力超材料设计研究总体方案

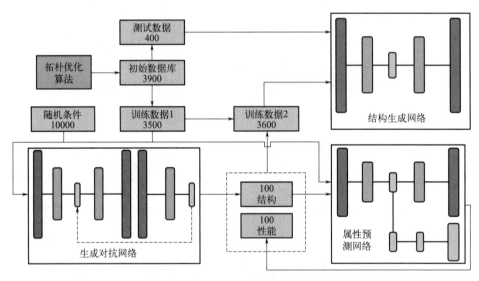

⋀图 5-12　深度神经多网络系统实现多属性胞元的定制总体思路框图

　　为验证这一创新设计的有效性，研究团队利用先进的 HTL 树脂 3D 打印技术制备了超材料结构样件，并采用数字图像相关（DIC）方法进行了全面验证（如图 5-13 所示）。实验结果表明，所设计的超材料在力学性能上完全符合预期，验证了逆向设计方法的科学性与实用性。

　　在此基础上，研究团队进一步提出了一种结构像素化方法，将超材料的 E-v-G 属性与 R-G-B 色彩通道进行一一映射，构建了结构属性像素数据库。通

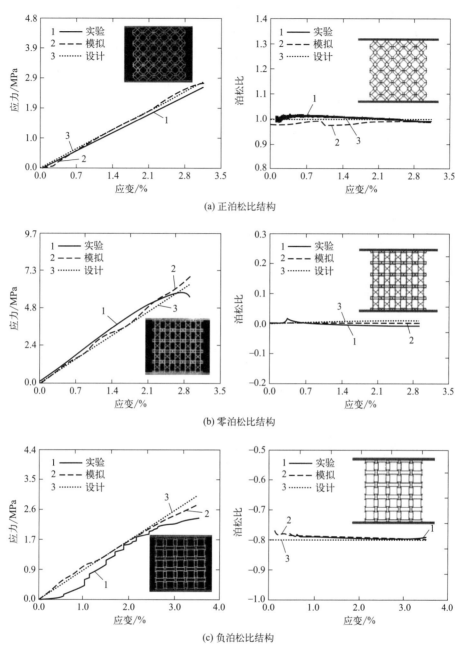

(a) 正泊松比结构

(b) 零泊松比结构

(c) 负泊松比结构

︽图 5-13　周期性超材料的应力应变曲线和泊松比应变曲线
其中左侧插图为 3D 打印试件，右侧插图为有限元分析模型

过像素匹配的方式生成初始设计，并借助网络系统对结构连通性进行优化，确保了宏观结构的可制造性（如图 5-14 所示）。以髋关节假体为例，研究团队利用这一方法快速设计了梯度超材料结构。该结构通过模仿实际骨骼的力学属性分布特征，自动排列模量与泊松比梯度变化的超材料胞元（如图 5-15 所示），有效调整了宏观结构的变形模式，使髋关节植入结构在承受非轴向载荷时，两侧均能保持压应力状态，从而解决了假体界面失效的难题。

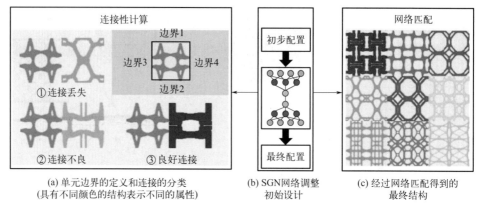

(a) 单元边界的定义和连接的分类
(具有不同颜色的结构表示不同的属性)

(b) SGN网络调整
初始设计

(c) 经过网络匹配得到的
最终结构

∧图 5-14   相邻胞元结构连通性的实现

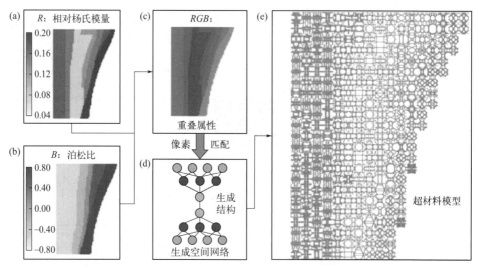

∧图 5-15   神经网络系统实现梯度模量/泊松比髋关节结构设计

（a）具有生物相似结构的梯度模量分布；（b）受变形模式启发的泊松比分布；（c）叠加后的最终力学性能
分布；（d）GSN网络在像素匹配后调整结构；（e）满足目标模量和泊松比设计要求的超材料髋关节结构

　　最终，两种模型（超材料模型与多材料模型）的水平位移计算结果（如图 5-16 所示）高度一致，均显示假体两侧界面受到均匀挤压，与骨组织紧密结合，有效防止了界面破坏。这一研究成果不仅验证了超材料设计方法的准确性，还展示了其在生物医学领域的巨大应用潜力，为未来的材料科学研究提供了宝贵的启示与借鉴。

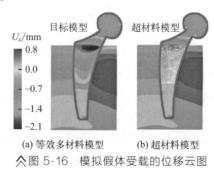

(a) 等效多材料模型   (b) 超材料模型

∧图 5-16   模拟假体受载的位移云图

——————— 思考题

1. 简述优化设计问题的数学模型。

2. 简述寻优过程的数值解法与逐步逼近策略。

3. 求 $\min f(x) = (x_1 - 2)^2 + (x_2 + 2)^2$，

   满足约束条件 $\begin{cases} x_1 + x_2 \leqslant 0 \\ x_1 - 1 \leqslant 0 \\ -x_2 + 1 \leqslant 0 \end{cases}$

   ① 写出对应优化设计问题的三个具体要素；

   ② 采用图解法求解该问题，并在图上指出优化设计的可行设计域。

4. 求目标函数 $\min \boldsymbol{F}(\boldsymbol{X}) = 60 - 10x_1 - 4x_2 + x_1^2 + x_2^2 - x_1 x_2$ 的梯度及给定方向的方向导数。

5. 求目标函数 $\min \boldsymbol{F}(\boldsymbol{X}) = 60 - 10x_1 - 4x_2 + x_1^2 + x_2^2 - x_1 x_2$ 的海塞矩阵及其逆。

6. 求目标函数 $\min \boldsymbol{F}(\boldsymbol{X}) = 60 - 10x_1 - 4x_2 + x_1^2 + x_2^2 - x_1 x_2$ 在给定点 $(0, 1)$ 的泰勒展开式。

7. 考虑以下优化问题：

   $$\min f(x, y) = x^2 + y^2$$

   受约束于：

   $$g_1(x, y) = x + y - 1 \leqslant 0$$
   $$g_2(x, y) = x - 2y + 1 \geqslant 0$$

   采用 K-T 条件验证点 $(x, y)^{\mathrm{T}} = (2/5, 3/5)^{\mathrm{T}}$ 是不是该优化问题的局部最优点。

8. 求函数 $f(x) = \sin(x) + 3$ 取最小值时的 x 值。

9. 采用最速下降法求解 $\min f(x) = 2x_1^2 + x_2^2$。

   初始点 $\boldsymbol{x}^{(1)} = (1, 1)^{\mathrm{T}}$，$\varepsilon = 1/10$ ［最优解 $\boldsymbol{x}^* = (0, 0)^{\mathrm{T}}$］。

10. 采用牛顿法解问题：$\min (x_1 - 1)^4 + x_2^2$ ［最优解 $\overline{\boldsymbol{x}} = (1, 0)^{\mathrm{T}}$］。

11. 已知目标函数：$\min \boldsymbol{F}(\boldsymbol{X}) = x_1^2 - x_1 x_2 + x_2^2 + 2x_1 - 4x_2$

    用最速下降法优化第一轮，用牛顿法优化第二轮，用改进牛顿法求出最优值。

12. 简述遗传算法和人工神经网络方法。

13. 简述模拟退火算法和蚁群算法。

14. 自学遗传算法和人工神经网络方法，并分别简述这两种方法的基本原理和求解步骤。

15. 检索一篇增材制造与机器学习方法的英文文献，并做课堂汇报。

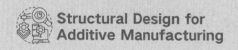

第6章

增材制造优化软件介绍

在探索"增材制造优化软件介绍"这一章时,我们不仅仅是在学习一款工具或技术,更是在审视当前国际科技竞争态势下,我国在软件领域所面临的重要挑战与机遇。拓扑优化作为增材制造领域的核心技术之一,其软件工具的高效与精准直接关系到产品设计的创新性与竞争力。然而,我们必须清醒地认识到,在这一关键领域,我国软件技术的发展仍面临"卡脖子"问题,与发达国家相比存在一定差距。

这一现状,既是对我们的警醒,也是激励我们前行的动力。它要求我们在学习增材制造优化软件的过程中,不仅要掌握其操作技巧与应用方法,更要深刻领会软件技术对于国家科技创新与产业发展的重要性。我们要认识到,软件是信息技术之魂,是国家综合实力的重要体现。在全球化竞争日益激烈的今天,掌握核心软件技术,对于保障国家安全、促进经济发展、提升国际竞争力具有不可估量的价值。

6.1　增材制造优化设计软件

在增材制造领域，优化技术与仿真软件的深度融合，为设计师开辟了新的设计维度，极大地提升了设计的自由度和效率。通过拓扑优化，设计师能够精确地确定材料布局，以最小的材料消耗实现最优的结构性能。同时，结合仿真软件，设计师可以进一步考虑应力、屈服强度等多种设计要求，利用晶格等复杂结构进行精细化的材料分配，从而达到设计的最优化。

表 6-1 列出了几款主要的优化设计软件，这些软件各具特色，广泛应用于航空航天、汽车制造、医疗器械等多个领域。

表 6-1　主要的优化设计软件

软件名称	国家	主要核心优势	功能亮点	典型案例
3D Xpert	美国	全流程集成，技术兼容性强	从设计、仿真、数据处理到切片规划无缝衔接；支持多种 3D 打印技术；在同一软件环境中完成所有 AM 流程（包括 DfAM、打印准备、模拟和检查）	
DS SIMULIA Suite Dassault Systèmes（达索系统）	法国	集成的增材制造仿真模块，加速产品从设计到制造的迭代周期	针对增材制造优化的拓扑与创成式设计、丰富的材料模型库以预测材料性能，以及高效的数据处理与后处理工具。其增材制造仿真模块特别适用于控制温度场、熔池行为及残余应力	
Catia ? Catopo Dassault Systèmes（达索系统）	法国	三大拓扑优化引擎：Optistruct、Tosca。Permas-Topo。计算结果直观三维展示，平滑化处理；新模型无缝转换为 Catia 格式	基于 Catia，熟悉界面，上手无忧；操作模式贴近 Catia GPS/GAS，流畅体验；输入即分析，自动化流程，易学高效	

软件名称	国家	主要核心优势	功能亮点	典型案例
Materialise 3-matic	比利时	高级数据处理，自动化修复与优化	强大的布尔运算功能；自动支撑生成；优化打印路径；多材料设计支持；STL 文件修复	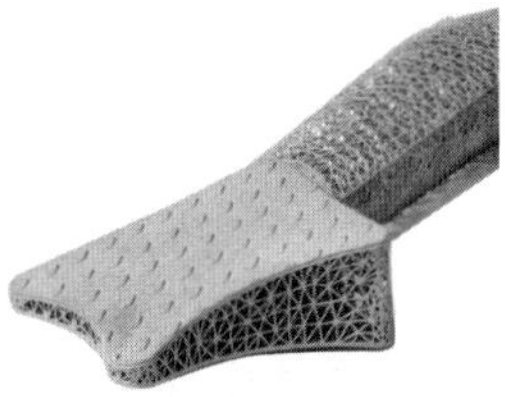
nTopology	美国	拓扑优化，创成式设计	创成式设计工具；直接在几何体上操作；多材料设计；自动化设计迭代；生成轻量化结构	
Autodesk Netfabb	美国	自动化修复与优化，增材制造准备	STL 文件修复；自动支撑生成；优化切片路径；网格处理与分析；增材制造仿真	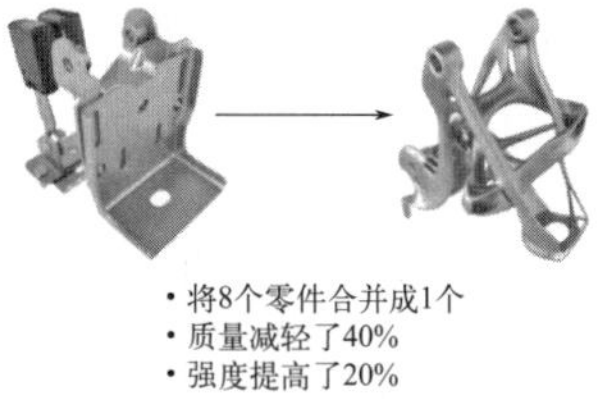 • 将8个零件合并成1个 • 质量减轻了40% • 强度提高了20%
Altair OptiStruct	美国	结构优化，多物理场仿真	线性与非线性结构分析；多物理场仿真；优化设计；拓扑优化；与 HyperMesh 集成	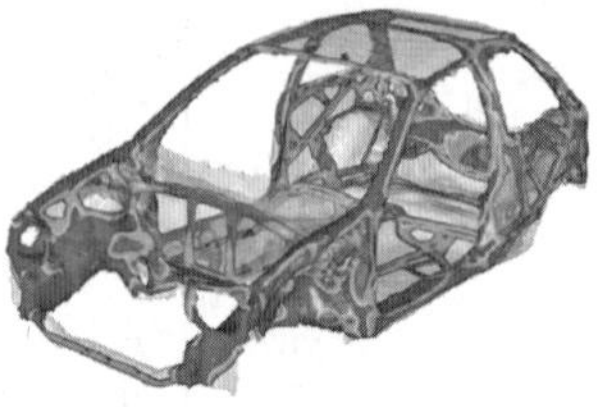
Altair Inspire	美国	拓扑优化，快速迭代设计	与 CAD 无缝集成；快速生成优化方案；支持多种材料与制造工艺；自动化设计验证；Inspire Print3D 模块	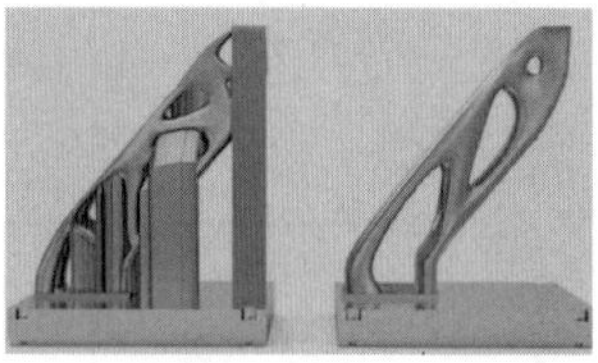
SolidWorks Simulation	法国	有限元分析，优化设计	静态与动态应力分析；热分析；疲劳分析；优化设计功能；与 SolidWorks CAD 集成	

续表

软件名称	国家	主要核心优势	功能亮点	典型案例
ANSYS Ansys workbench Ansys Additive	美国	全面的工程仿真解决方案	流体动力学分析；结构分析；热分析；电磁分析；多物理场仿真；优化设计；与 CAD 软件集成；集成了增材制造模块	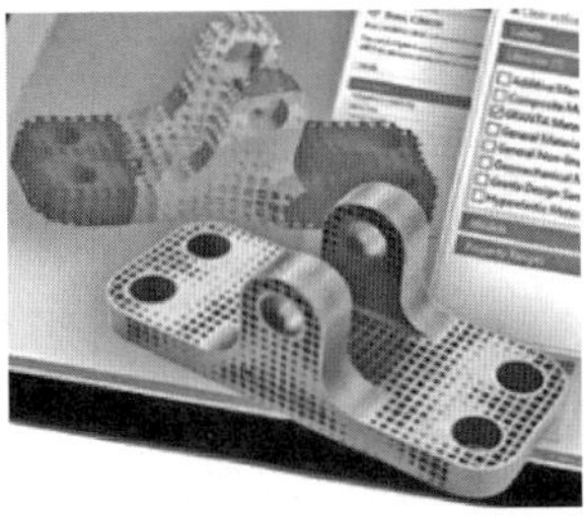
西门子 3D 打印设计 NX 软件	德国	综合 CAD/CAM/CAE 解决方案，适用于复杂产品设计	强大的三维建模能力，集成仿真分析，增材制造设计工具，自动化制造编程	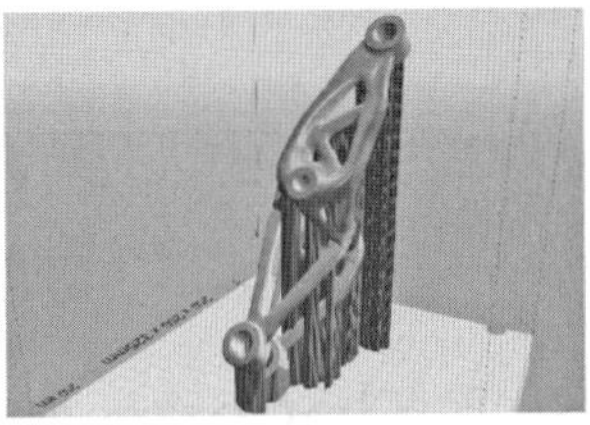
Genesis	美国	集成有限元求解器与优化算法的结构优化软件，支持拓扑、形状、尺寸、形貌、自由尺寸及形状等多种优化类型	采用高级近似法与自研算法，优化路径清晰，计算量小，并嵌入高速 SMS 求解器。支持多学科软件接口，无缝集成。具备强大的拓扑优化功能。内置多样优化变量与目标。后处理工具丰富，支持结果可视化与模型导出。支持多工况多目标耦合优化，高效应对复杂工程问题	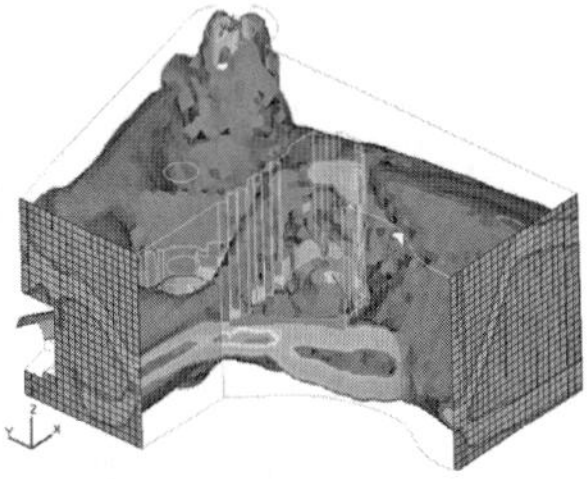
Tosca（FE-Design 公司）	德国	在增材制造优化设计中，以其高效无参结构优化能力著称，广泛兼容多种有限元求解器，并考虑材料与工艺约束，确保优化结果符合增材制造需求	支持多目标优化，内置增材制造特定优化模块，通过自适应网格技术和直观 GUI，快速生成可制造且性能优化的 CAD 模型	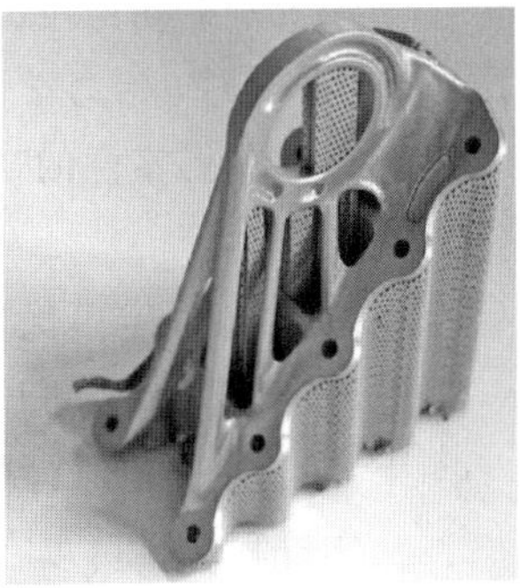

续表

软件名称	国家	主要核心优势	功能亮点	典型案例
DLUTopt（大连理工大学郭旭院士团队）	中国	移动可变形组件方法；复杂曲面薄壁结构拓扑/加筋优化；人工智能增强的超大规模结构拓扑优化	"控制台＋核心功能模块"架构；支持内部建模和外部模型导入；导出光滑化几何模型和优化报告；高效求解百万量级三维拓扑优化问题	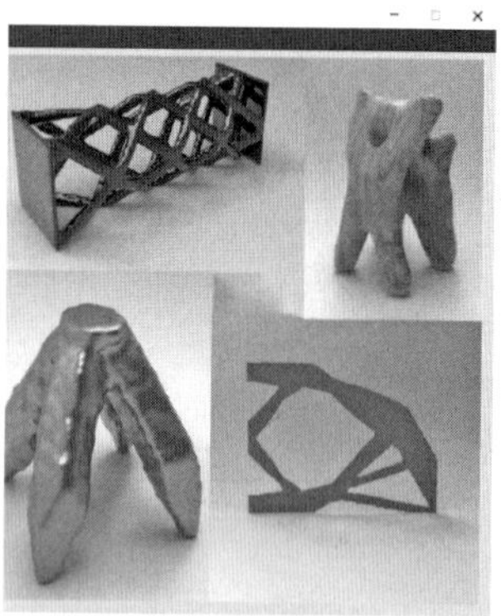

6.2　Inspire 软件介绍

6.2.1　拓扑优化设计的一般工作流程

大多数拓扑优化设计的一般工作流程如下：

① 确定零件的受力和约束：首先对模型零件进行分析，获得零件在实际使用过程中的受力状态，包括受力类型、大小、方向和位置，以及与其他零件之间的配合关系，获得零件的运动副。需要注意的是，正确、合理地理解作用在零件上的力和约束对于拓扑优化至关重要，将直接导致优化后的零件的可靠性。

② 简化初始零件模型：根据零件预留的空间位置，确定零件的原始尺寸；分析确定初始零件中与受力、约束等有关的必须保留的区域，删除设计中由于传统制造而产生的其他特征。

③ 初始力学性能计算：根据零件材料、受力和约束等条件，进行有限元计算，获得零件的初始力学性能指标，包括位移、安全系数、米泽斯（Mises）等效应力等。

④ 确定可优化的"设计空间"：避免优化过程中改变需要保留的区域，设计空间区域为可以优化的区域。

⑤ 确定零件的工作工况：一般而言，零件的受力工况是多样的，在实际操作过程中，可以在每种工况中使用单一的力。可以通过模拟特定工况下的最坏情况来设计最优零件，然后将各种工况的设计概念组合成一个涵盖所有受力工

况的新设计。但是，如果了解每个单独力的影响，也可以同时设置多个受力的优化。

⑥ 执行拓扑优化：可以选择成熟的专用软件或自编程序完成拓扑优化工作。

⑦ 模型光顺化与重构：拓扑优化生成的是粗糙的模型，需要进行平滑处理将其转换为平滑模型。此过程可以采用专用软件完成。

⑧ 力学性能校核计算：在模型几何重构结束之后，对几何重构后的零件进行有限元计算，获得优化后的零件的最终力学性能指标，包括位移、安全系数、米泽斯等效应力等，以确认优化后的零件力学性能满足使用要求。

需要注意的是，实际拓扑优化结果为多次迭代优化结果，需要借助有限元分析确认优化结果的安全系数，循环重复拓扑优化，获得优化的拓扑优化结构；另外，拓扑优化可以在不降低力学性能的条件下减少材料用量，因此可以使用比原始材料更昂贵和/或更佳的材料，以获得性能更优异、更轻巧的结构零件。

6.2.2　Inspire 软件设计流程

Altair Inspire 是一款概念设计工具，可用于结构优化、有限元分析、运动分析和增材制造分析。软件使用拓扑、形貌、厚度、点阵和 Poly NURBS 优化生成能够适应不同载荷的结构形状，采用多边形网格，可以将其导出到其他计算机辅助设计工具中，作为设计灵感的来源，也可以生成 STL 格式文件快速进行成型设计。图 6-1 所示为 Inspire 结构优化设计流程。Inspire 结构优化工作流程如图 6-2 所示。

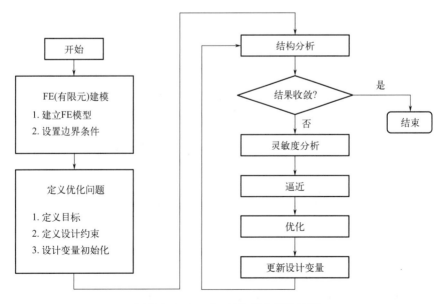

⌃图 6-1　Inspire 结构优化设计流程

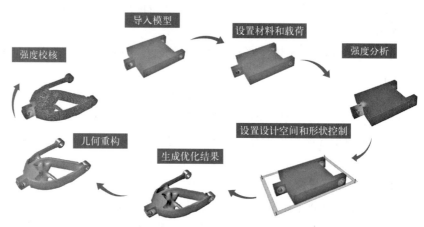

△图 6-2　Inspire 结构优化工作流程

6.2.3　Inspire 功能介绍

Inspire 可以实现分析、优化、运动仿真、几何重构和制造工艺仿真，其主要功能包括：草图和几何设计、Poly NURBS 建模、结构仿真、运动仿真与优化、制造仿真和 3D 打印工艺（支持激光粉末床熔融和黏结剂喷射成型两种工艺）等，具体功能如图 6-3 所示。

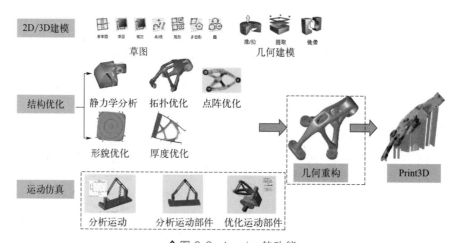

△图 6-3　Inspire 的功能

6.2.4　菜单栏和工具栏

本书采用的是 Inspire 2022.2 版本，各版本之间有所差异。Inspire 启动界面如图 6-4 所示。界面中包括功能区、模型视窗、模型浏览器、属性编辑器和状态栏等。其中功能区包括："文件""编辑""视图" 3 个基础工具菜单，以及"草图""几何""Poly Mesh""Poly NURBS""结构仿真""运动""制造""Print3D"等多个模块（图 6-4）。

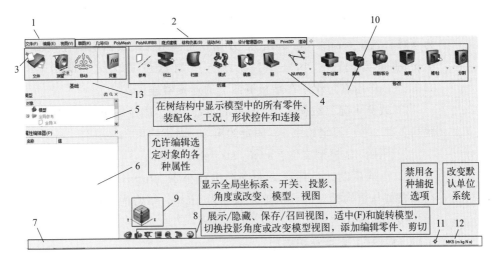

∧图 6-4 Inspire 软件界面

1—下拉菜单；2—功能区；3—基础工具栏（固定）；
4—组；5—模型浏览器（F2）；6—属性编辑器（F3）；
7—状态烂；8—查看控件；9—指南针；10—模型视窗；
11—捕捉过滤器；12—单位系统选择器；13—历史进程浏览器

6.3 Inspire 实例：汽车刹车踏板的拓扑结构优化

案例介绍：已知汽车刹车踏板总成中的刹车踏板零部件，踏板零部件根据实际的受载情况进行适当的简化调整，主要的载荷来自垂直于踏板面的力、垂直于踏板侧面的力，端部和中间的孔为安装孔，使用固定约束和力来表征安装孔的固定和受力情况，如图 6-5 所示。

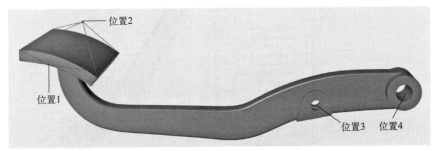

∧图 6-5 刹车踏板关键位置示意图

零部件材料及载荷条件如下：

① 材料：ABS（丙烯腈-丁二烯-苯乙烯共聚物）。

② 约束：中间两处圆柱孔位置分别施加固定约束 1、固定约束 2，分别释放旋转自由度，末端圆柱孔位置施加固定约束 3。

③载荷：施加两个力，力 1 沿 Z 轴负方向，大小为 50N，力 1 作用点位置为（111mm，0mm，63.2mm），作用点与作用在踏板面上的连接器连接；力 2 沿 Y 轴正方向，大小为 50N，力 2 作用点位置为（94mm，－73.6mm，34mm），作用点与作用在踏板侧面上的连接器连接。

④载荷工况：载荷工况 1——固定约束 1、固定约束 2、固定约束 3、力 1；载荷工况 2——固定约束 1、固定约束 2、固定约束 3、力 2。

⑤原始 3D 模型文件：arm_straight.x_t。

⑥重构后设计目标：最大变形位移小于 30mm，最小安全系数大于 1.5。初始模型与重构模型的分析单元尺寸为 5mm。结构优化最小厚度约束为 9mm。

操作步骤：

（1）打开汽车刹车踏板模型

①打开 Altair Inspire 软件，按 F2、F3 键分别打开"模型浏览器"和"属性编辑器"，按 F7 键打开"演示浏览器"。

②单击"演示浏览器"，"演示浏览器"中包含了 Altair Inspire 软件自带的指导模型库，即"Motion""Print3D""Structures"，分别指的是运动仿真、3D 打印工艺仿真和结构优化三个模块的模型库。

③在"演示浏览器"窗口中，单击"Structures"文件夹，选择"arm_straight.x_t"文件，双击打开"汽车刹车踏板"原始模型，如图 6-6 所示。

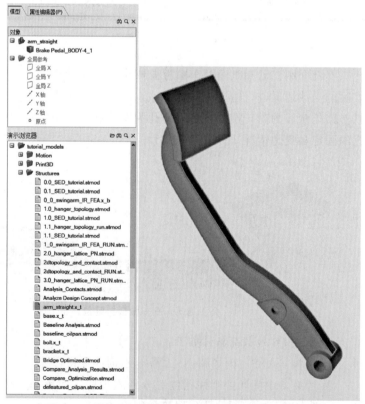

︽图 6-6 "演示浏览器"及"汽车刹车踏板"原始模型

（2）汽车刹车踏板的几何模型准备

为了区分设计空间和非设计空间，需要将原始模型的刹车踏板由一个零件拆分成 4 个零件（刹车板、连接 1、连接 2 和刹车杆），如图 6-7 所示。

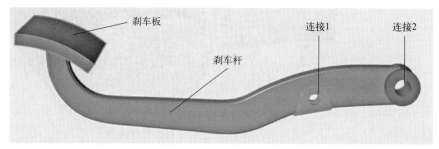

︽图 6-7　原始模型拆分

① 刹车板的拆分

a. 单击功能区"草图"模块选项卡，选择刹车板的侧面，自动投影形成刹车板侧面结构线，如图 6-8 所示。双击右键退出"投影"工具。

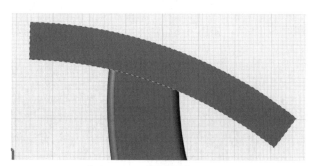

︽图 6-8　刹车板侧面结构线

b. 左键框选上述的刹车板侧面结构线，然后单击鼠标右键，选择"创建曲线"，如图 6-9 所示。双击右键退出"创建曲线"工具。

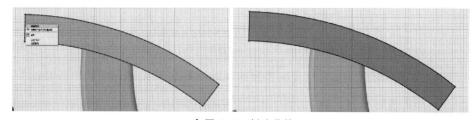

︽图 6-9　创建曲线

c. 单击功能区"几何"模块选项卡，单击图标上的"推拉面"命令，选择上述创建的草图。

d. 如图 6-10 所示，在弹出的"推/拉"对话框中输入"－130mm"，并选择"R"（替换零件）选项，按键盘 Enter 键确认。

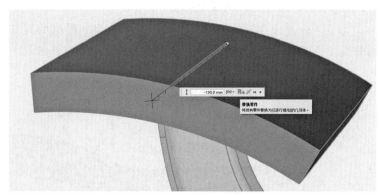

︽图 6-10　替换零件操作

e. 双击右键退出"推/拉"工具。

此时，在"模型浏览器"中出现名为"零件 1"的零件，右击选择"重命名"，重命名为"刹车板"。至此，刹车板零件拆分完成。

② 连接 1 的拆分。

a. 单击功能区"草图"模块选项卡📷，选择连接 1 的侧面，自动投影形成连接 1 侧面结构线，如图 6-11 所示。双击右键退出"投影"工具。

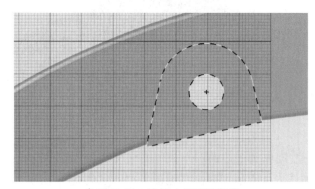

︽图 6-11　连接 1 侧面结构线

b. 左键框选上述的连接 1 侧面结构线，然后单击鼠标右键，选择"创建曲线"，然后双击右键退出"创建曲线"工具。

c. 单击功能区"几何"模块选项卡📦，单击图标上的"推拉面"命令，选择上述创建的草图 2。

d. 如图 6-12 所示，在弹出的"推/拉"对话框中输入"-25mm"，并选择创建新零件选项，按键盘 Enter 键确认。

e. 双击右键退出"推/拉"工具。此时，在"模型浏览器"中出现名为"零件 2"的零件。

f. 单击功能区"几何"模块选项卡➕，再单击"布尔运算"图标上二级图标"相交"命令。

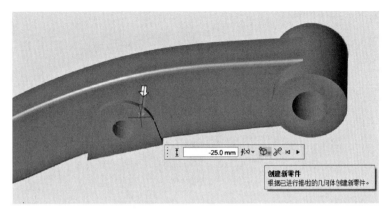

△图 6-12　创建新零件

g. 单击"目标"后,再单击原始刹车踏板"Brake Pedal ＿ BODY-4 ＿ 1";单击"工具"后,再单击"零件 2",并勾选"保留目标""删除印迹",如图 6-13 所示。

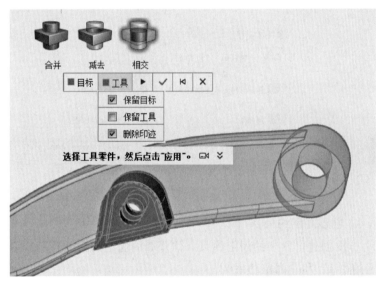

△图 6-13　布尔运算"相交"命令操作

h. 双击右键退出"布尔运算"工具。

此时,在"模型浏览器"中出现名为"零件 3"的零件,右击选择"重命名",重命名为"连接 1"。至此,连接 1 零件拆分完成。

③ 连接 2 的拆分。

a. 单击功能区"几何"模块选项卡 █ ,此时连接 2 的内侧面为红色显示。

b. 左击该面,在弹出的对话框中输入分割厚度"9mm",如图 6-14 所示。

c. 双击右键,退出"分割"工具,此时在"模型浏览器"中出现"零件 4",右击选择"重命名",重命名为"连接 2"。至此,连接 2 零件拆分完成。

至此,原始模型汽车刹车踏板已拆分成 4 个零件(刹车板、连接 1、连接 2和刹车杆),在"视图"下拉菜单,单击"自动填色"。

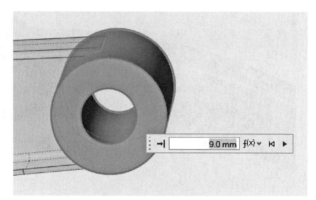

∧图 6-14　设置分割厚度

（3）设置材料

单击功能区"结构仿真"模块选项卡 🔩，弹出"零件和材料"对话框，下拉"零件"菜单，设置 4 个零件的材料为 ABS，如图 6-15 所示。

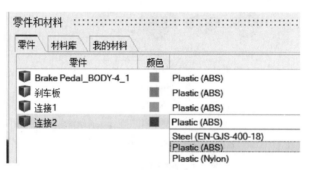

∧图 6-15　设置材料

（4）创建固定约束

① 创建位置 3 的固定约束。位置 3 的固定约束共有两个，分别命名为"固定约束 1"和"固定约束 2"。

a. 单击功能区"结构仿真"选项卡 🐘，选中"载荷"图标中的底部圆锥形的"施加约束"工具。

b. 单击零件"连接 1"内部圆孔面（即位置 3），在圆孔中心出现圆柱，然后单击此圆柱，出现透明状双箭头，如图 6-16 所示，单击该箭头后颜色变为绿色，即完成了该位置"固定约束 1"的设置。

c. 单击零件"连接 1"另一侧的圆孔内侧表面，重复上述操作，完成"固定约束 2"的设置。

d. 双击右键退出"施加约束"工具，完成位置 3 的另一个圆孔的固定约束设置，结果如图 6-17 所示。

② 创建位置 4 的固定约束。位置 4 的固定约束共计 1 个，命名为"固定约束 3"。

透明状箭头

❮❮图 6-16　位置 3 圆孔施加固定约束

a. 单击功能区"结构仿真"选项卡 ，选中"载荷"图标中的底部圆锥形的"施加约束"工具。

b. 单击零件"连接 2"内部圆孔面（即位置 4），在圆孔中心出现圆柱，如图 6-18 所示，双击右键退出"施加约束"工具，完成了该位置"固定约束 3"的设置。

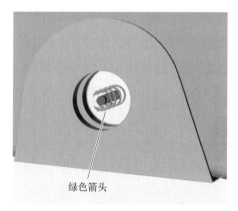

绿色箭头

❮❮图 6-17　位置 3 施加完固定约束　　❮❮图 6-18　位置 4 施加完固定约束

（5）创建力的载荷

根据模型说明可知，刹车踏板受到两个力的作用，且力与刹车踏板通过连接器连接。

① 创建力 1 的载荷。

a. 单击功能区"结构仿真"选项卡 ，选中刹车板上表面，出现连接器，鼠标在任意位置左击，出现如图 6-19 所示的连接器 1，在连接器 1 的属性编辑器"的"位置"分别输入力 1 作用点位置（111mm，0mm，63.2mm），结果如图 6-19 所示。

b. 双击右键退出"连接器"工具，完成了连接器 1 的设置。

c. 单击功能区"结构仿真"选项卡 ，选中"载荷"图标中的"力"图形，施加单向载荷。

d. 单击图 6-19 中连接器 1 顶点，出现如图 6-20 所示的"单向力"对话框。单击"单向力"对话框中的"Z"，然后输入 50N，即力 1 方向为 Z 轴负方向，大小为 50N，如图 6-20 所示。

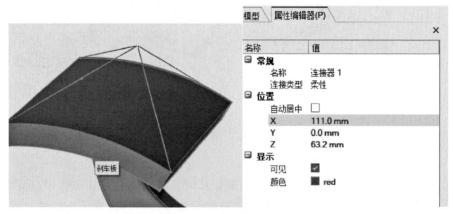

︽图 6-19　连接器 1 的设置

︽图 6-20　力 1 的设置

e. 双击右键退出"载荷"工具，完成了力 1 的设置。

② 创建力 2 的载荷。

a. 单击功能区"结构仿真"选项卡，选中刹车板侧表面，出现连接器，鼠标在任意位置左击，出现连接器 2，在连接器 2 的"属性编辑器"的"位置"，分别输入力 2 作用点位置（94mm，－73.6mm，34mm）。

b. 双击右键退出"连接器"工具，完成了连接器 2 的设置。

c. 单击功能区"结构仿真"选项卡，选中"载荷"图标中的"力"图形，施加单向载荷。

d. 单击连接器顶点，出现"单向力"对话框。单击"单向力"对话框中的"Y"，然后输入 50N，即力 2 方向为 Y 轴正方向，大小为 50N，结果如图 6-21所示。

e. 双击右键退出"载荷"工具，完成了力 2 的设置。

③ 创建载荷工况。根据模型说明可知，刹车踏板共有两个载荷工况。

载荷工况 1：固定约束 1、固定约束 2、固定约束 3、力 1；

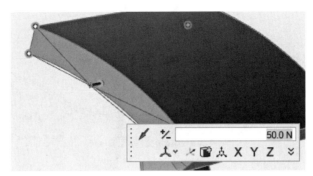

⋀图 6-21　力 2 的设置

载荷工况 2：固定约束 1、固定约束 2、固定约束 3、力 2。

具体设置方法如下：

a. 单击功能区"结构仿真"选项卡 ，选中"载荷"图标中"打开载荷工况"图形命令，弹出"载荷工况"对话框。

b. 单击"载荷工况"对话框中的"＋"号，增加"载荷工况 2"，并将"载荷工况 1"和"载荷工况 2"选择为如图 6-22 所示，即载荷工况 1 包括固定约束 1、固定约束 2、固定约束 3、力 1；载荷工况 2 包括固定约束 1、固定约束 2、固定约束 3、力 2。

c. 关闭"载荷工况"，完成"载荷工况 1"和"载荷工况 2"的设置。

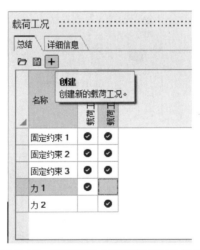

⋀图 6-22　载荷工况 1 和载荷工况 2 的设置

（6）设置重力方向

① 单击功能区"结构仿真"，选择"重力"工具 重力，在模型视图中，自动出现重力方向和大小，如图 6-23 所示。

② 双击右键退出"重力"工具，完成重力大小和方向的设置。

（7）运行力学性能分析

① 单击"结构仿真"功能区，选择"分析"图标 ，单击选择"运行

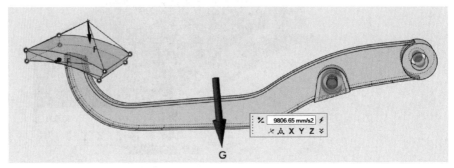
︽图 6-23　设置重力大小和方向

OptiStruct 分析"，此时会出现"运行 OptiStruct 分析"窗口，单击"单元尺寸"后方的"闪电图标"，然后更改"单元尺寸"为 5mm，如图 6-24 所示。

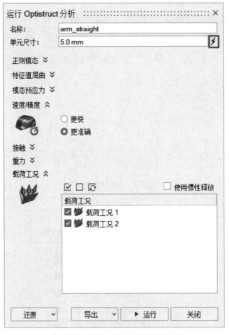
︽图 6-24　运行分析设置

② 单击"运行"，开始计算，并弹出"运行状态"框。分析完成后，"分析"图标上将显示绿色旗帜，"运行状态"框中的"状态"为 ，如图 6-25 所示为运行结束提示。

︽图 6-25　运行结束提示

（8）力学性能仿真设计结果查看

① 双击"运行状态"框的名称"arm_straight（1）"，进入结果查看，或者单击"arm_straight（1）"后单击"现在查看"，弹出"分析浏览器"，进入力学性能仿真设计结果界面。默认显示"位移"结果。

在"分析浏览器"中，选择"载荷工况"为"结果封套"，即选择两个载荷工况中危险的数据封装合并在"结果封套"中。单击"分析浏览器"下方的"数据明细"，选择"Min/Max"，如图 6-26 所示，最大位移为 12.41mm。

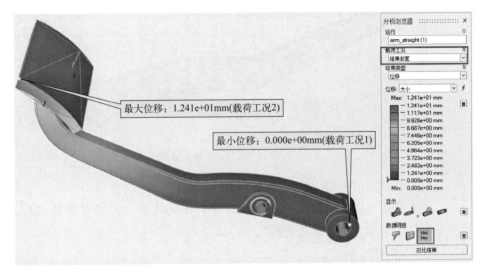

︽图 6-26　位移结果云图

② 查看力学性能其他结果类型。

安全系数：在"分析浏览器"的"结果类型"下拉菜单中选择"安全系数"。刹车踏板初始最小安全系数为 4.6，如图 6-27 所示。

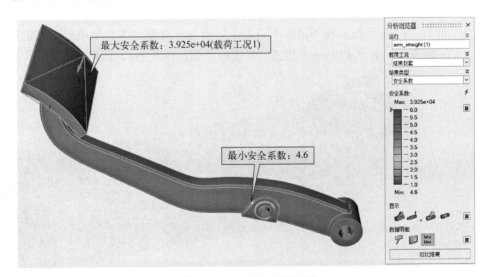

︽图 6-27　安全系数云图

米塞斯等效应力：在"分析浏览器"的"结果类型"下拉菜单中选择"米塞斯等效应力"。该零件初始最大米泽斯等效应力为 9.807MPa，如图 6-28 所示。

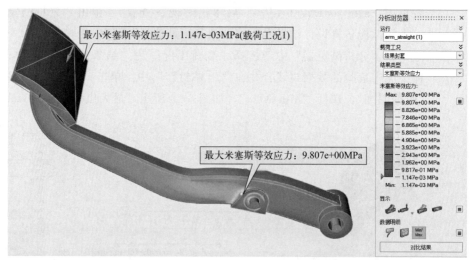

⋀图 6-28 米塞斯等效应力云图

③ 双击右键退出"分析浏览器"。

接下来进入结构优化环节，在进行优化之前，需要对零件进行"形状控制"设置和"定义设计空间"。

（9）形状控制

① 设置对称。

a. 在"结构仿真"模块的"形状控制"图标上选择"对称"工具 ，此时弹出二级功能区，默认选中的工具为"对称的" 。

b. 左击汽车刹车踏板的刹车板零件，此时显示三个红色对称平面，表明三个平面全部处于激活状态。

c. 由于汽车刹车踏板不满足上下和左右对称，因此使用鼠标单击这两个对称平面，使其处于关闭状态（平面即变成透明状态），如图 6-29 所示。

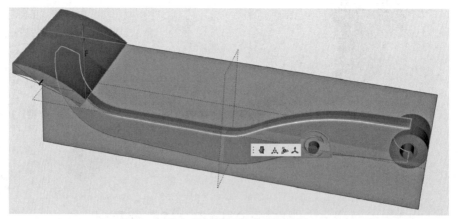

⋀图 6-29 设置对称形状控制

　　d. 双击右键退出"对称"工具，完成刹车踏板对称设置。

　　② 设置拔模方向。

　　a. 在"结构仿真"模块的"形状控制"图标上选择"拔模方向"工具 ，此时弹出"拔模方向"二级图标，默认选中的为"单向拔模"。

　　b. 单击"双向拔模"工具 ，然后再单击零件刹车板，弹出如图 6-30 所示的双向拔模面。

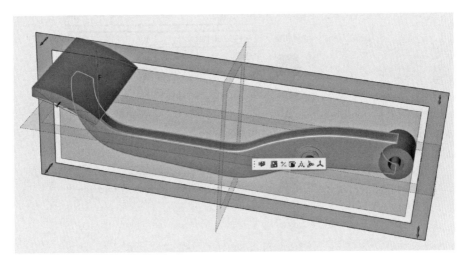

︿图 6-30　双向拔模设置

　　c. 双击右键退出"拔模方向"工具，完成刹车踏板"拔模方向"设置。

（10）定义设计空间

　　选择设计空间。在运行优化时，所有被定义为设计空间的零件都将生成一个新形状。

　　该项目中刹车板零件为设计空间。

　　① 右击刹车板零件。左击选中零件，右击弹出菜单，选中"设计空间"，该零件颜色变为咖啡色，见图 6-31。

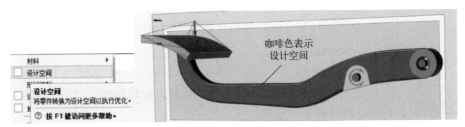

︿图 6-31　设置设计空间

　　② 双击右键退出"设计空间"工具，完成刹车踏板"设计空间"的设置。

（11）运行优化设计

　　① 在"结构仿真"模块的"优化"图标中选择"运行优化"工具 ，此

时会出现"运行优化"窗口，选择"最大化刚度"作为优化目标。

对于"质量目标"，请确保从下拉菜单中选中"设计空间总体积的％"，并且选择"30"，即生成占设计空间总体积的 30% 的形状。在"厚度约束"下，单击"闪电"图标，将"最小"更改为 9mm，如图 6-32 所示。

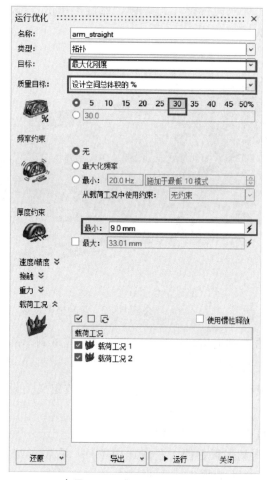

图 6-32 "运行优化"设置

② 单击"运行"按钮，开始优化计算。此时会弹出"运行状态"框，并显示此次运行状态的进度条。

③ 经过一段时间运算，运行成功完成后，进度条会变。

④ 双击"运行状态"框中的运行名称，生成的形状即会显示在模型视窗中，右侧会同时弹出"形状浏览器"。

⑤ 探索优化结果。通过移动"形状浏览器"中的"拓扑"滑块，可调整材料分布，如图 6-33 所示。单击并拖动"形状浏览器"中的"拓扑"滑块，增加或减少设计空间中的材料。

本案例中默认优化后结构不连续，这主要是由于该位置的结构尺寸小于一个单元尺寸，因此软件计算形成不连续结构。

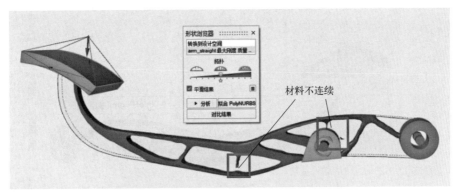

材料不连续

へ图 6-33　优化后的有材料不连续的默认结构

当然，这种不连续结构是不合理的，也是不符合实际的，为消除不连续结构，将"拓扑"滑块往右拖动，获得图 6-34 所示的结构。

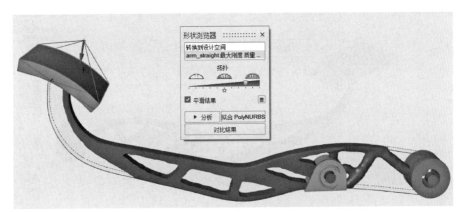

へ图 6-34　探索优化结构

（12）运行仿真设计

① 单击"形状浏览器"中的"分析"按钮，以便确认图 6-34 所示的仿真分析优化后的概念性结构满足力学性能要求。

② 出现"运行状态"框，需要注意的是，此次步骤与步骤（7）一致。

③ 运行结束后，双击"运行状态"框中名称"arm_straight 最大刚度质量 30%"，进入结果查看，或者单击"显示分析结果"图标，此时会弹出"分析浏览器"，"载荷工况"选择"结果封套"，"结果类型"选择"位移"，在"数据明细"中选择"Min/Max"，如图 6-35 所示，最大位移为 27.62mm。

④ 查看安全系数。在"分析浏览器"中，在"结果类型"下拉菜单中选择"安全系数"。该概念设计结构的安全系数最小为 2.6，如图 6-36 所示，初步满足强度要求。

⑤ 双击退出"分析浏览器"，完成刹车踏板概念设计模型的力学性能分析。

如果此处安全系数低于 1 或者低于设计目标值，则可以通过更改"形状浏览器"中的"拓扑"滑块，增加设计空间中的材料，多次迭代设计。

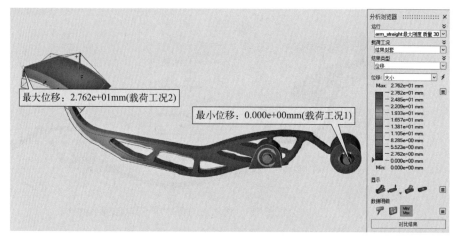

⌃图 6-35　概念设计结构的位移结果

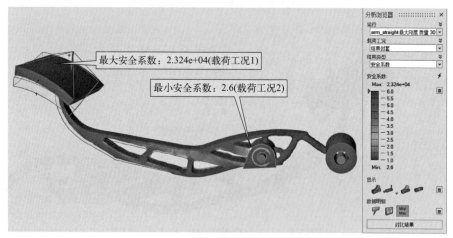

⌃图 6-36　概念设计结构的安全系数结果

（13）几何重构

拓扑优化生成的是粗糙的模型，需要对其进行平滑处理进而转换为平滑模型。此过程中可以采用 Poly NURBS 建模完成。

在"结构仿真"模块的"优化"图标中选择"显示优化结果"工具，弹出"形状浏览器"，单击"分析浏览器"中的"拟合 PolyNURBS"按钮，进行几何重构，几何重构后的模型如图 6-37 所示。

（14）强度校核

① 选择"视图"下拉菜单，单击"模型配置"命令，或者按 F5 键，然后在"模型浏览器"中将原始模型"Brake Pedal _ BODY-4 _ 1"取消选择，即模型不参与计算，如图 6-38 所示。

② 双击右键退出"优化结果"工具，完成模型配置。

③ 单击"形状浏览器"中的"分析"按钮，单击"运行 OptiStruct 分析"，以确认图 6-37 所示的几何重构后的结构满足力学性能要求。

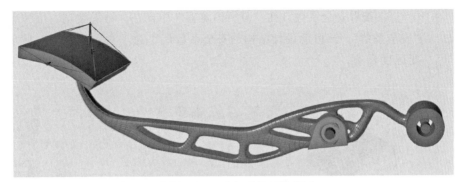

∧图 6-37 几何重构后的模型

∧图 6-38 "模型配置"设置

④ 出现"运行状态"框，需要注意的是，此次运行仿真的约束、力、载荷结果均与步骤（7）和步骤（12）一致。

⑤ 运行结束后，双击"运行状态"栏名称"模型（4）"，进入结果查看，或者单击"显示分析结果"图标，此时会弹出"分析浏览器"，"载荷工况"选择"结果封套"，"结果类型"选择"位移"，在"数据明细"中选择"Min/Max"，如图 6-39 所示，最大位移为 23.48mm。

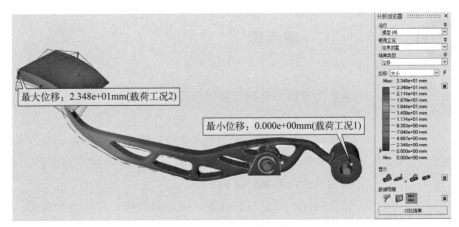

∧图 6-39 几何重构后的位移结果

⑥ 查看安全系数。在"分析浏览器"中，在"结果类型"下拉菜单中选择"安全系数"。该概念设计结构的安全系数最小为 1.6，如图 6-40 所示，初步满足强度要求。

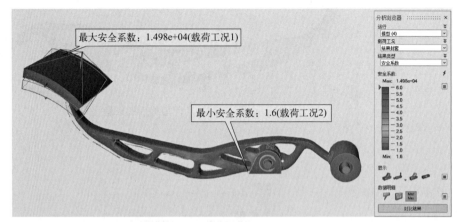

⤒图 6-40 几何重构后的安全系数结果

（15）模型导出

单击下拉菜单"文件"，选择"另存为"，可将优化重构后的模型导出，导出的格式包含了 *.stl 等格式，如图 6-41 所示。

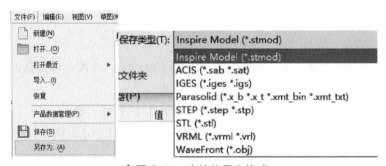

⤒图 6-41 支持的导出格式

 —————— 思考题

1. 某机构铰链力臂的拓扑优化设计

设计案例的要求：

某机构铰链力臂通过 4 个连接螺钉固定在基体上，悬臂受集中载荷，通过铰链力臂传力至基体结构，优化结构和传力路径，可以更高效地传递载荷和减轻结构质量。

优化目标：限定材料体积，优化结构使其承受载荷最大。

结构材料：材料属性见表 6-2，材料用量不高于 40mL。

表 6-2　光敏树脂材料力学性能及 3D 打印工艺特性

（光固化快速成型机 RS4500）

力学性能	密度	1.16g/cm³
	抗弯曲强度	47.2～47.6MPa
	抗断裂强度	33.8～40.2MPa
	断裂延伸率	6%～9%
	弯曲延伸率	3%
	弹性系数	2370～2650MPa
	泊松比	0.41
工艺特性	最小分层厚度	0.05mm
	成型精度	±0.1mm(L≤100mm)或 ±0.1%×(L>100mm)
	最小壁厚（建议）	≥0.5mm
	最小杆直径（建议）	≥1mm

尺寸要求：图 6-42 中的结构为初始参考结构，要求优化后的结构保证安装接口、加载接口和图中明确的尺寸，避开不可设计区域，其余均可自由设计。图 6-43 为设计要求参考。

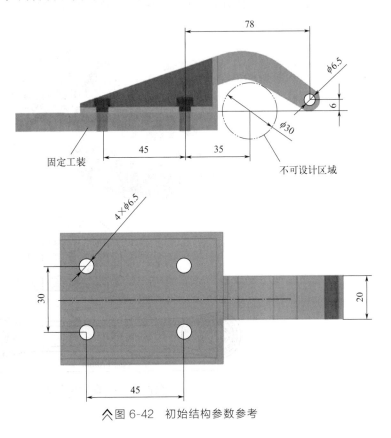

△ 图 6-42　初始结构参数参考

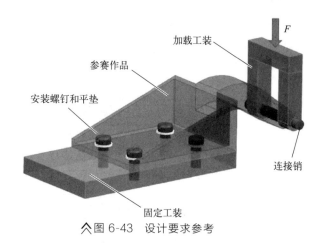

︽图 6-43　设计要求参考

加载试验：参赛作品通过 4 个 HB1-202 M6×14 螺钉和 4 个 HB1-521 6mm×10mm×0.8mm 平垫与固定工装对接，选手需保证作品可以和固定工装可靠连接。悬臂通过 φ6mm 通孔与加载工装穿销连接，加载方向竖直向下，直至结构破坏。空腔结构需预留排流出口，建议薄壁结构厚度不小于 0.5mm，若采用点阵结构，建议连杆直径不小于 1mm。

提示：拓扑优化分为 6 个过程，建立模型、设置材料、设定工况、优化计算、几何重建、性能分析。

2. 针对下面的问题进行面向增材制造的结构优化设计，写出详细的步骤（图 6-44）。

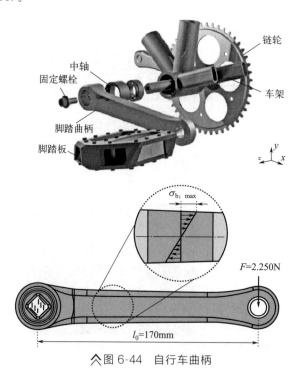

︽图 6-44　自行车曲柄

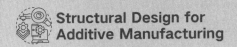
第7章

增材制造结构的无损检测评价

　　增材制造能够成型极其复杂的几何形状,如内部的复杂腔体、薄壁结构和自由曲面等。其产品在实际应用之前,需要进行全面、细致且科学合理的无损检测评价。然而,经优化设计的复杂形状使得物理信号的传播路径变得不规则,增加了传统无损检测的难度。此外,增材制造逐层堆积的成型方式,导致层与层之间可能存在未完全熔合、孔隙或微小裂纹等缺陷。这些缺陷在多层结构中的分布和形态复杂多样,使得无损检测需要具备更高的分辨率和穿透能力才能有效检测。逐层堆积的成型方式还可能导致材料在不同方向上的性能存在差异,这种各向异性会影响无损检测方法的有效性和准确性。通过本章的学习,我们将深入了解各种无损检测方法评估的原理,掌握其在实际应用中的技巧。同时,我们还要注重培养自己的创新意识和解决问题的能力,以便在未来的工作中能够更好地应对增材制造结构优化设计给无损检测带来的挑战。

7.1 无损检测技术概述

无损检测（non-destructive testing，NDT）是一种在不损害和破坏被检测对象的前提下，运用各种技术手段对其物理性质、机械性能、内部结构以及是否存在缺陷等方面进行检测和评估的方法。无损检测能够在产品制造和使用的各个阶段进行，有助于及早发现潜在问题，避免在后续环节中造成更大的损失。无损检测不会对被检测对象的性能和完整性产生负面影响，使其可以继续正常使用或进行后续加工。无损检测技术在保障产品质量、推动技术创新和行业发展等方面，具有不可替代的重要地位和作用。

无损检测涵盖了多种技术，每种技术都基于特定的物理原理，如目视检测（visual testing，VT）、超声波检测（ultrasonic testing，UT）、射线检测（radiographic testing，RT）、磁粉检测（magnetic particle testing，MT）、渗透检测（penetrant testing，PT）、涡流检测（eddy current testing，ET）等。每种技术都有其独特的适用范围和局限性，检测人员将根据具体的检测对象和要求选择合适的方法。

（1）目视检测（VT）

目视检测（VT）是一种用人眼直接观察或借助于光学仪器间接观察来评价物品的无损检测方法。这种方法主要用于检查诸如容器、金属结构和加工用材料、零件和部件的正确装配、表面状态或清洁度等。

依国际惯例，目视检测需率先进行，以确认不会对后续的检验产生影响，而后再开展四大常规检验（RT、UT、MT、PT）。目视检测直观、真实、可靠、重复性好。但是目视检测只能检测物体表面的情况，对于内部缺陷难以发现。此外，该方法存在主观性强、受环境影响大、难以检测微小缺陷、对于大面积或复杂结构的检测需要花费大量时间和精力等特点。

（2）超声波检测（UT）

超声波检测（UT）是一种应用广泛且极为有效的检测手段。如图 7-1 所示，其基本原理是利用高频声波在被检测材料内部传播。当声波遇到不同介质的界面，如材料中的缺陷、夹杂、气孔或不同材料的结合处时，部分声波会被反射回来。检测仪器接收这些反射波，并通过分析反射波的到达时间、幅度和波形等特征，来判断材料内部是否存在缺陷、缺陷的位置、大小和形状等。图 7-2 为典型的脉冲反射式超声波探伤仪。

超声波检测适用于大型压力容器、桥梁钢梁等厚壁构件或大型结构的检测，能检出材料内部较深处的缺陷。与射线检测等方法相比，不存在辐射危害。借助先进的设备和技术，能够实时生成检测部位的图像，使检测结果更加直观。不过，超声波检测结果的解读需要专业知识和丰富经验，对检测人员的

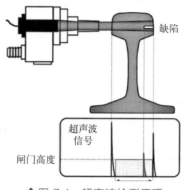

∧图 7-1　超声波检测原理

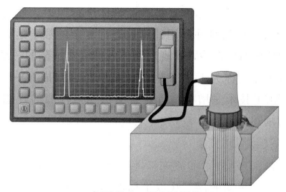

∧图 7-2　超声波设备

技术水平要求较高。对复杂形状或表面粗糙的工件检测难度较大；对近表面缺陷的检测能力相对较弱。

（3）射线检测（RT）

射线检测（RT）是利用 X 射线或 γ 射线穿透试件，以胶片作为记录信息的器材的无损检测方法。射线能穿透工件使胶片感光，不同密度的物质对射线的吸收系数不同，导致照射到胶片各处的射线强度产生差异，进而形成黑度差，用以判别加工过程中形成的各种缺陷。其原理和反应焊缝质量的胶片数据分别如图 7-3、图 7-4 所示。

射线检测能够提供清晰、直观的物体内部结构和缺陷图像，便于检测人员准确判断，对于体积型缺陷（如气孔、夹渣、疏松等）有较好的检测效果，适用于金属、非金属、复合材料等各种材料。然而，射线检测使用的 X 射线和 γ 射线对人体有一定的辐射危害，检测过程需要严格的防护措施。设备昂贵，且对检测场地有特殊要求、检测成本较高。对面积型缺陷（如裂纹）的检测灵敏度相对较低。检测过程相对复杂，成像和分析需要一定时间。

在实际应用中，射线检测常用于诸如压力容器、管道焊缝、航空航天零部件等对安全性要求较高的领域。例如，在核电站的设备检测中，射线检测可以帮助发现关键部件内部的缺陷，保障核电站的安全运行；在航空发动机的制造中，用于检测叶片等关键部件的内部质量。

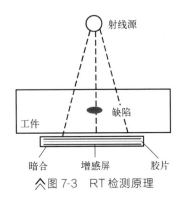

图7-3　RT检测原理

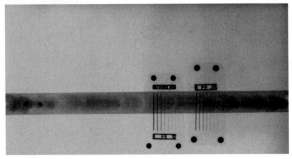

图7-4　RT检测案例

用X射线以多个角度对被检测物体进行照射，然后用探测器接收穿过物体后的X射线强度信息并利用计算机进行复杂的数学运算和图像重建，可以生成被检测物体的断层图像，实现对物体内部潜在缺陷的三维可视化和精确测量。此种射线检测方式称为工业X射线计算机断层扫描（X-ray computed tomography，XCT），XCT技术是增材制造复杂结构无损检测的理想选择，将在7.3.2小节进行专门阐述。

（4）磁粉检测（MT）

磁粉检测（MT）的原理是铁磁性材料和工件被磁化后，由于缺陷的存在，工件表面和近表面的磁力线发生局部畸变而产生漏磁场，吸附施加在工件表面的磁粉形成目视可见的磁痕，显示出缺陷的位置、形状和大小。其原理和典型检测案例分别如图7-5和图7-6所示。

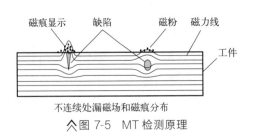

图7-5　MT检测原理

图7-6　MT检测案例

磁粉检测的灵敏度高，检出的不连续宽度可达到 $0.1\mu m$，能检测出非常细小的表面和近表面如发丝般细微的裂纹。但是磁粉检测只能用于检测铁磁性材料的表面或近表面的缺陷，对于非铁磁性材料，如不锈钢、铝合金等，无法使用该方法进行检测。

（5）渗透检测（PT）

渗透检测（PT）是利用毛细现象检查材料表面缺陷的一种无损检验方法。将含有荧光染料或着色染料的渗透剂涂到材料表面，渗透剂会渗入表面开口的缺陷中。去除表面多余的渗透剂，再施加显像剂，将缺陷中的渗透剂吸附出来并加以显示，可以检测出缺陷的存在及其形状、大小和分布情况。其原理和典型检测案例分别如图 7-7 和图 7-8 所示。

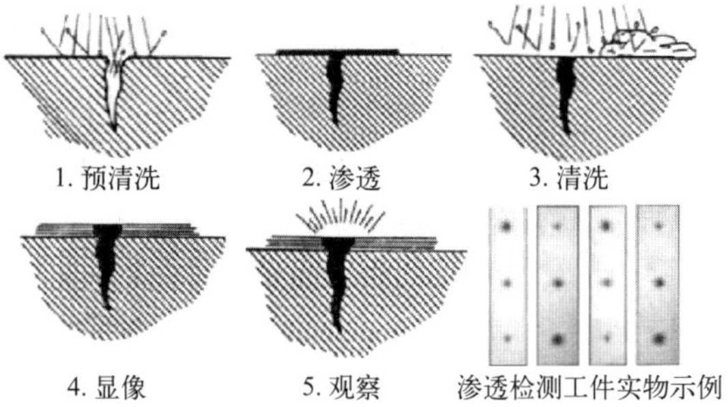
1. 预清洗
2. 渗透
3. 清洗
4. 显像
5. 观察
渗透检测工件实物示例
图 7-7　PT 检测原理

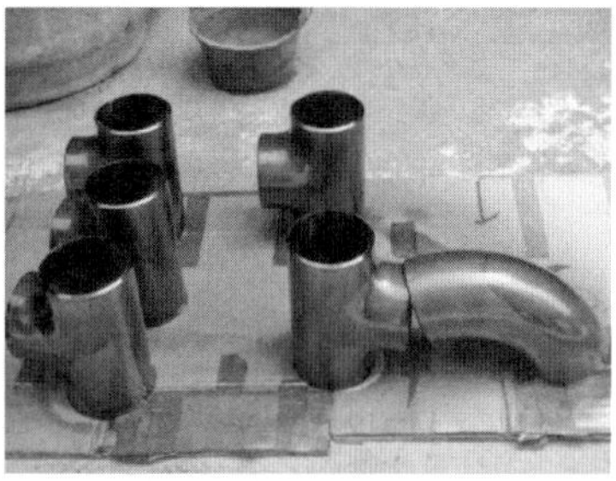
图 7-8　PT 检测案例

渗透探伤可用于检测各种金属和非金属材料，不受材料导电性、磁性等因素的限制。但是，只能检测表面开口缺陷，对于表面闭合的缺陷或内部缺陷无法检测。

（6）涡流检测（ET）

涡流检测（ET）是一种基于电磁感应原理的无损检测方法，特别适用于导电材料。当导体置于交变磁场中，会在导体内部产生感应电流，即涡流，如图 7-9 所示。涡流的大小和分布受导体电导率、磁导率、形状、尺寸和潜在缺陷等多种因素影响。通过测量涡流引起的磁场变化，可以推断出导体的性质、状态以及潜在缺陷的存在。

涡流检测不仅适用于金属板、金属管等导电材料，还适用于能感生涡流的非金属材料。由于涡流具有趋肤效应，因此该方法主要检测表面和近表面的缺陷。检测过程中，线圈无须直接接触工件，便于实现高速、高效率的自动化检测，特别适用于管、棒、线材等材料的检测（图 7-10）。此外，涡流检测还可在高温环境下进行，或检测工件的狭窄区域及深孔壁等难以触及的部位。

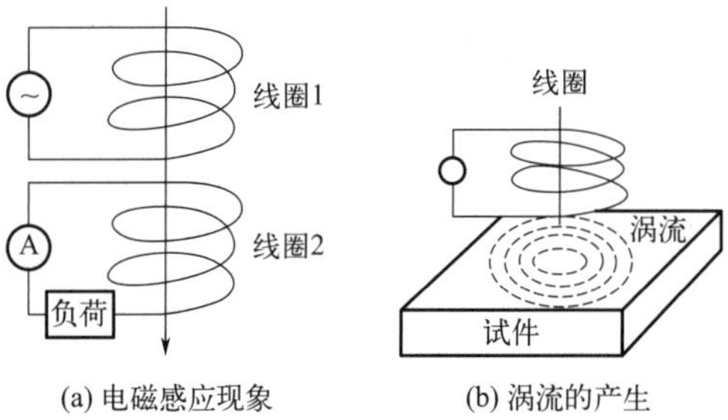
~
线圈1
A
线圈2
负荷
线圈
涡流
试件
(a) 电磁感应现象
(b) 涡流的产生
图 7-9　ET 检测原理

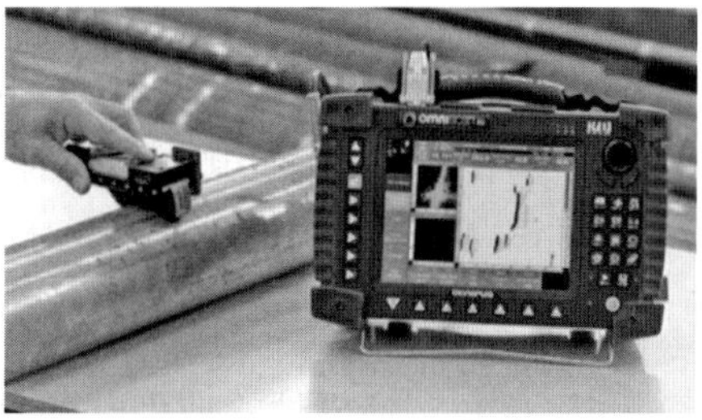
图 7-10　典型 ET 检测设备

以上六种典型无损检测方法各有优势和局限性，使用时通常需要结合制造产品的设计特征和工艺特点。目视检测（VT）常用于初步的外观检查和日常巡检，操作简便成本低，能快速发现明显缺陷；超声检测（UT）适用于金属材料内部缺陷检测，如压力容器和管道焊缝，检测深度大精度高；射线检测（RT）对重要设备的内部结构，如锅炉和核设施部件，能提供直观清晰的成像，但有辐射风险；磁粉检测（MT）专注于钢铁材料的表面和近表面缺陷，在机械制造和船舶领域保障零部件质量；渗透检测（PT）能有效检测多种材料表面开口缺陷，常见于航空航天和石油化工；涡流检测（ET）则在导电材料的快速表面缺陷检测中表现出色，如金属管材生产线。这些检测方法意义重大，确保了产品质量和设备运行安全，在工业生产、航空航天等众多领域发挥着不可或缺的作用。

7.2　增材制造与无损检测

基于增材制造强大的成型能力，增材制造结构设计的复杂程度亦不断攀升，可能包含复杂的内部空腔、精细的薄壁结构、梯度材料分布以及多种材料的复合结构等。这种复杂性使得传统无损检测方法在检测效果和准确性上受到限制，给无损检测评价带来了前所未有的挑战。

例如，超声波检测在面对复杂的几何形状时，声波的传播路径会变得难以预测，导致检测结果的不确定性增加；射线检测可能因为结构的复杂性而产生重叠和遮挡，使得缺陷难以清晰分辨。而且，一些微小的、隐藏在复杂结构内部的缺陷，如微小孔隙、层间未熔合等，可能难以被常规检测手段有效捕捉。此外，对于复杂的增材制造结构，无损检测数据的分析和解读也变得极为困难。大量的数据需要更先进的算法和专业知识来处理，以准确识别和评估缺陷。增材制造结构设计的复杂化迫切需要无损检测技术和评价方法的创新与突破，以适应这一发展趋势并保障产品质量。

从商业应用的角度来看，增材制造部件的评估认证和供应商的资格认证成为了制约其广泛应用的关键问题。传统认证途径的高成本和长时间限制了增材制造在关键结构部件中的应用。因此，开发可靠的检测和无损评价方法，对于验证和认证增材制造部件的完整性和质量具有重要意义。特别是在航空航天、国防和医疗等工业领域，对部件质量的要求极为严格，无损评价技术的重要性更加凸显。

7.2.1　增材制造零件的典型缺陷

本节将以当前主流的金属增材制造技术——激光粉末床熔融（laser powder bed fusion，LPBF）工艺为例，展示其制造过程中由于输入材料、能源类型、能量输出以及工艺参数的差异，而可能产生的多种类型的典型缺陷。这些缺陷或瑕疵的产生机制与所选工艺参数和加工条件紧密相关。理解缺陷的产生条

件，对于推动质量改进和满足广泛实施增材制造技术的需求至关重要。图 7-11
（a）和图 7-11(b) 分别展示了 LPBF 工艺分别在能量密度过低和过高时，其典
型缺陷产生的复杂性（其中一些也适用于 DED 技术）。

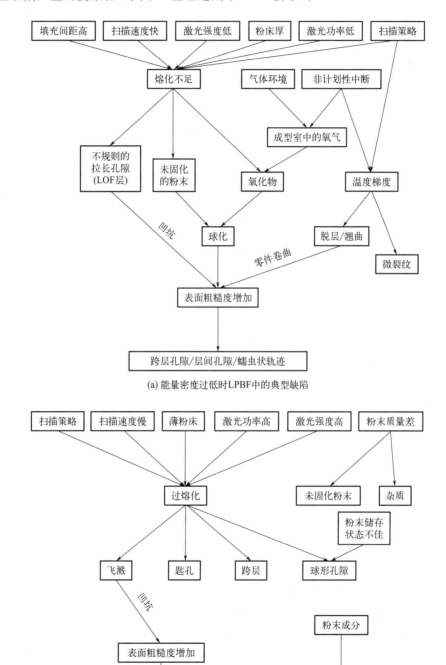

(a) 能量密度过低时LPBF中的典型缺陷

(b) 能量密度过高时LPBF中的典型缺陷

☆图 7-11　LPBF 工艺缺陷形成的复杂性

从图 7-11 中可以看出，一种缺陷的产生可能引发异常的加工条件，进而导致第二种缺陷的出现。例如，当使用较厚的粉末层或激光（或电子束）功率较低时，可能导致熔化不足，进而造成粉末未凝固。由于表面张力的作用，未凝固粉末的表面能降低，可能导致收缩和润湿性变差，进而产生球化现象，这又会引发凹坑、不平整的构建表面或表面纹理增加等问题。

不难看出，通过增材制造生产的部件可能存在的缺陷类型多种多样，包括但不限于孔隙率、层间（水平）未熔合、跨层（垂直）未熔合、夹粉、夹杂物、启停式缺陷、裂纹、残余应力和尺寸精度差等。这些缺陷不仅可能在生产过程中产生，还可能在后处理或资格测试阶段因操作不当或环境因素影响而引入。一旦部件投入使用，机械损伤、循环载荷、热循环、老化和环境效应等因素也可能导致进一步的损伤。

尽管增材制造技术存在一些特有的缺陷，但许多缺陷也存在于其他金属制造技术中，如焊接和铸造等传统工艺。因此，在解决增材制造过程中的缺陷问题时，可以借鉴这些传统工艺的经验和教训。同时，随着增材制造技术的不断发展和完善，相信未来将有更多有效的解决方案被提出，以进一步减少缺陷的产生并提高部件的质量和可靠性。

7.2.2　增材制造带来的无损检测挑战

增材制造过程中产生的缺陷类型多样，且部件往往具有几何复杂程度高、材料密集或体积较大的特点，使得传统的无损检测技术面临巨大的挑战。主要包括以下几个方面。

（1）复杂的内部结构

增材制造的产品通常具有复杂的内部几何形状和微观结构，这使得传统无损检测方法在检测某些类型的缺陷时变得困难。例如，细小且不规则分布的孔隙、复杂的层间结合区域等，可能会影响检测信号的传播和解释。

（2）材料的特殊性

增材制造中使用的一些新型材料，如特定的金属粉末或复合材料，其物理性能和声学特性可能与传统材料有所不同。这可能导致现有的无损检测技术在这些材料中的检测效果不佳，需要开发新的检测方法或对现有方法进行优化。

（3）缺陷的多样性和微小性

增材制造过程中可能产生多种类型的缺陷，如气孔、未熔合、微裂纹等，而且这些缺陷往往尺寸较小。这对无损检测技术的灵敏度和分辨率提出了很高的要求，以确保能够准确检测到这些微小缺陷。

（4）检测速度和效率

增材制造的生产速度相对较快，为了实现实时质量控制，无损检测需要具备快速检测的能力，能够在短时间内对大量的制造部件进行有效的检测，而不影响生产效率。

（5）数据解读和分析

无损检测产生的大量数据需要进行准确和高效的解读与分析。由于增材制造产品的复杂性，因此数据处理和分析可能会变得非常复杂，因此需要先进的算法和专业的技术人员来确保检测结果的准确性。

（6）标准和规范的缺乏

目前针对增材制造产品的无损检测还没有完善的标准和规范，使得检测结果的一致性和可比性受到影响，也给质量评估和验收带来了困难。

（7）原位检测的需求

传统无损检测面对增材制造的适用性受限，需要发展能够在增材制造过程中进行原位无损检测的技术，实时监测制造过程中的缺陷形成，及时调整工艺参数，但目前原位检测技术还不够成熟。

其中，几何复杂性是决定能否对增材制造部件进行无损检测的最关键因素。形状简单的增材制造部件，传统的无损检测技术可能适用。然而，如图 7-12 所示，具有复杂设计的增材制造部件则无法采用传统无损检测方法进行有效检查。这些类型的增材制造部件需要在未来的发展中开发专门的无损检测技术。

⋀图 7-12　增材制造的复杂形状和粗糙表面使部件无损检测受限的示例

7.2.3　面向增材制造的无损检测方法

表 7-1 概括了设计复杂性对无损检测方法选择的影响。表 7-2 概括了当前面向增材制造部件的无损检测方法。这些表格提供了关于不同无损检测方法的适用范围、优缺点以及检测能力的详细信息。通过综合分析这些信息，可以选择最适合特定增材制造部件和检测需求的无损检测方法。

表 7-1　增材制造设计复杂性分类

组别	设计类型	描述
1	简单部件	这类部件设计简单且成熟,尚未充分利用增材制造的独特优势。可沿用传统无损检测程序对其进行检定评价
2	优化标准部件	这类部件虽然基于传统设计,但经过了一定程度的轻量化和整体化设计,未优化的区域可沿用传统无损检测程序对其进行检定评价

续表

组别	设计类型	描述
3	嵌入式特征部件	附加的嵌入式特征为部件增添了复杂性,进而降低了无损检测的可行性。由于内部检查表面的信号收发受限,检测变得更加困难
4	受限设计部件	这类部件没有直线或平行表面,增加了检测表面的数量,而且大部分结构都是复杂且嵌入式的,极大地降低了无损检测的可行性
5	格栅结构	这类部件具有出色的强度与质量比、更大的表面积以及定制化的刚度和损伤容限。目前无法对这类结构进行无损检测

从表 7-2 可知,尽管目前多种无损检测方法已被尝试用于增材制造部件的检测,但每种方法均有其局限性和适用范围。对于高度复杂的几何形状,X 射线计算机断层扫描(XCT)是首选的无损检测方式。不过,XCT 也存在一些缺陷,诸如设备成本高昂、扫描耗时较长以及穿透能力有限而导致检测部件尺寸有所限制等。除了 XCT 扫描之外,目视检测(VT)、射线检测(RT)、超声波检测(UT)、涡流检测(ET)、渗透检测(PT)、磁粉检测(MT)等无损检测,也具备一定的检测能力。通常来说,这些方法需要依据部件的特性和检测需求进行组合运用,以达成全面且有效的检测效果。但是,现有的无损检测方法无法全然满足增材制造部件的全部检测要求。因此,对于增材制造的部件而言,无损检测仍然是一个需要不断探索和完善的领域。

表 7-2　面向增材制造的无损检测方法

无损检测方法	检测的材料和缺陷类型	表面或内部缺陷敏感性	全局筛查或检测位置
X 射线计算机断层扫描(XCT,常规)	适用于任何固体材料;检测影响 X 射线吸收的任何条件和/或缺陷;但无法量化机械性能降低的程度	表面和次表面;分辨率大于 $200\mu m$	检测和成像缺陷位置;视野由检测器大小和测试物品与成像平面之间的距离决定
X 射线计算机断层扫描(XCT,微聚焦)	适用于任何固体材料;检测影响 X 射线吸收的任何条件和/或缺陷;但无法量化机械性能降低的程度	表面和次表面;通常对于 $10\sim200mm$ 厚的部件,分辨率为 $10\sim200\mu m$	检测和成像缺陷位置;视野最小化;焦点可能为了分辨率而优化,但会牺牲扫描速度

无损检测方法	检测的材料和缺陷类型	表面或内部缺陷敏感性	全局筛查或检测位置
X 射线计算机断层扫描（XCT，同步加速器）	适用于任何固体材料；检测影响硬 X 射线和软 X 射线吸收的任何条件和/或缺陷；但无法量化机械性能降低的程度	表面、次表面和整体；在 42mm 厚度材料上，对 10mm 视野内可实现 $5\mu m$ 分辨率	检测和成像缺陷位置；视野最小化；焦点可能为了分辨率而优化，但会牺牲扫描速度
中子衍射计算机断层扫描（NDCT）	适用于任何固体材料；检测影响中子传输的任何条件和/或缺陷；但无法量化机械性能降低的程度	表面、次表面和整体；通常在 42mm 厚时分辨率为 $10\mu m$。一般来说，视野大小除以 2000 即为分辨率，其他所有因素均为最优	检测和成像缺陷位置；分辨率影响扫描时间。中子对大多数金属（例如，铝、钛、镍）的穿透力更强，并且对同位素敏感（轻元素）
涡流检测（ET）	用于导电和/或磁性材料中的局部缺陷（例如，裂纹）和分布性缺陷（例如，孔隙）	表面和近次表面	检测和成像缺陷位置
目视检测（VT）	在任何固体材料中；任何影响可见光、结构光和激光反射的条件和/或缺陷	表面	检测和成像缺陷位置
过程补偿共振测试技术（PCRT）	任何固体材料；任何缺陷或条件	表面和次表面	全局筛查
渗透检测（PT）	任何固体材料；不连续体——裂纹、气孔、缺口等	开放性表面	检测和识别缺陷位置
热成像检测（TT）	在任何固体材料中；任何影响热传导的条件和缺陷	开放性表面和潜在的次表面	检测和成像缺陷位置，但在金属中穿透力有限
超声波检测（UT）	在任何固体材料中；任何影响声衰减、传播、声速和/或传感器与部件位置关系的条件和/或缺陷	表面和次表面	缺陷和位置

7.2.4 无损检测方法的适用性与局限性

图 7-13 直观地展示了增材制造缺陷与无损检测方法检测能力之间的关系。对于几何形状相对简单、外表面不特别复杂的部件，如超声检测（UT）这样的接触式无损检测方法，通常表现出良好的缺陷检测能力。特别是当零件经过机械加工后，不仅能提升 UT 的检测精度，还能为其他无损检测方法如渗透检测（PT）创造条件，使其能够准确识别表面破损缺陷。

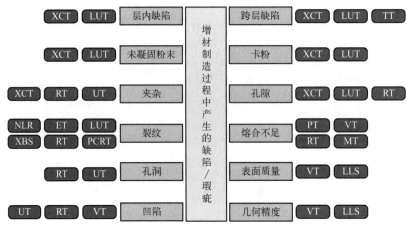

△图 7-13   无损检测方法与增材制造过程中缺陷可检测性之间的关系

LLS—激光光散射；LUT—激光超声检测；NLR—非线性共振测试；

TT—热成像；PCRT—过程补偿共振测试

XCT 以其非接触式和高分辨率的特性，以及能够穿透复杂结构并生成内部结构的三维图像，在检测增材制造部件的内部缺陷时具有显著优势。而声学和超声波共振方法则通过测量声波在材料中的传播特性来检测缺陷，对于某些特定类型的缺陷，如裂纹或空隙，这些技术仍然能够提供有效的检测。

值得注意的是，每种无损检测方法都有其特定的适用范围和局限性。例如，虽然 X 射线 CT 在内部结构检测方面表现出色，但其应用可能受到材料密度、厚度以及射线源等因素的影响。同样，声学和超声波方法在某些情况下可能受到材料性质、表面条件或操作环境的限制。因此，在选择无损检测方法时，必须综合考虑部件的几何形状、材料特性、缺陷类型以及具体的检测要求。

7.3   增材制造的合格性检定

7.3.1 增材制造的无损检测标准

无损检测是确保部件制造完整性及可靠性的关键技术手段。随着增材制造技术的日新月异，对无损检测技术的要求也在不断提升。因此，建立全面且统一的无损检测标准显得尤为重要，这不仅有助于规范无损检测的操作流程，更为产品质量评估和认证提供了坚实的依据。

如表 7-3 所示，国际标准化组织（ISO）及我国相关机构面向增材制造制定了一些无损检测标准，涵盖了基本原理到具体应用的各个方面。这些标准不仅为无损检测提供了明确的操作指南，更为行业内的技术创新和质量提升奠定了坚实的基础。

表 7-3　与增材制造以及无损检测相关的国际和中国标准

标准编号	标准名称
ASTM E3166-20	《金属增材制造—航空航天零件—无损检验的标准指南》
ASTM F3637-23	《金属增材制造标准指南—成品零件性能—相对密度测量方法》
ISO/ASTM 52900	《增材制造—主要特性和测试方法—术语》
ISO/ASTM DTR 52905	《金属增材制造—无损检测与评价—零件缺陷检测》
prEN ISO/ASTM 52948	《金属增材制造—无损检测与评价—PBF 零件缺陷分类》
GB/T 35351—2017	《增材制造　术语》
GB/T 35021—2018	《增材制造　工艺分类及原材料》
T/GAMA 22—2021	《增材制造　金属构件表面缺陷的无损检测　激光红外热成像法》
完成编制，待发布	《增材制造金属制件孔隙率工业计算机层析成像(CT)检测方法》

然而，相比锻造、铸造、焊接等传统加工行业的各类标准，与增材制造相关的各类标准数量仍然偏少，涵盖面也较窄；面向增材制造的无损检测标准则更少，显然并不能满足当前发展的需求。因此，制定新的无损检测标准或对现有标准进行修订和更新，以适应增材制造技术的最新发展，成为当前的重要任务。在新的无损检测标准制定过程中，我们必须充分考虑增材制造技术和无损检测技术的发展趋势，确保标准的实用性和前瞻性。

在传统制造流程中，质量保证和质量控制的检测方式涉及多个标准化术语，这些术语的定义涵盖了五个与产品制造相关的所有测量背景，分别为：过程中检测、机上检测、在线检测、原位检测和离线检测。如表 7-4 所归纳，每个主题都有其特定的含义和应用场景。

表 7-4　制造流程中不同检测方式的含义和应用场景

检测方式	检测时间	检测环境	实时性	对生产影响
过程中检测	生产流程中特定阶段	生产现场	一般	较小
机上检测	设备运行时	设备内部	高	较小
在线检测	对象正常运行时	工作现场	高	小
原位检测	对象所在原始位置	原始环境	一般	极小
离线检测	对象停止运行或取出	实验室	低	较大

为了讨论的方便，本书以打印过程的结束为分界点，将面向增材制造部件的检测方式以符合其生产特点的逻辑归类为过程后检测和过程中监测，分别对应打印完成和正在打印零件的无损检测。

7.3.2　增材制造的过程后检测

表 7-5 给出了增材制造过程后检测方法及其与传统制造检测方法对照一览表。由表可知，当检定的增材制造缺陷的形成机理与传统铸造、焊接加工技术同根同源时，可沿用其无损检测方法。这类过程后检测技术主要包含：目视检测（VT）、超声波检测（UT）、射线检测（RT）。但是，UT 会因为增材制造结构优化设计引起的复杂几何形状而导致检测的有效性急剧降低；RT 则会因为增材制造逐层堆叠引入的各向异性而影响其有效性和准确性。

当检定的目标缺陷具有独特的增材制造形成机理时，其过程后检测则几乎只有 X 射线计算机断层扫描（XCT）方法有望实现标准化检定。

表 7-5　增材制造过程后检测方法及其与传统制造检测方法对照一览表

序号	增材制造打印完成后部件中的缺陷	对应传统焊接或铸造部件中的缺陷	加工状态	检测方法	是否适用于 AM 缺陷
1	空洞	空洞	制造完成	RT	是
			机加工后	RT UT	是 适用于简单几何形状,复杂几何形状受限
2	气孔	气孔	制造完成	RT	是
			机加工后	RT UT	是 适用于简单几何形状,复杂几何形状受限
3	表面缺陷裂纹、凹坑、空洞	表面缺陷裂纹、空洞、夹杂物、咬边、重叠、飞溅、未熔透、根部过量焊接金属等	制造完成	VT	是
			机加工后	VT PT MPT	是 是 适用于铁磁材料
4	未熔合（仅适用于 DED）	非均匀的焊缝珠和熔合特性	制造完成	VT RT	仅适用于外部缺陷 是
			机加工后	VT RT UT	仅适用于外部缺陷 在 DED 中,射线方向很重要 适用于简单几何形状,复杂几何形状受限

续表

序号	增材制造打印完成后部件中的缺陷	对应传统焊接或铸造部件中的缺陷	加工状态	检测方法	是否适用于AM缺陷
5	部件中的夹杂物（来自原材料污染）	夹杂物（炉渣、焊剂、氧化物和金属夹杂物）	制造完成	RT	与部件密度相同的夹杂物难以检测
				UT	由于表面粗糙度而不适用
			机加工后	RT	与部件密度相同的夹杂物难以检测
				UT	适用于简单几何形状，复杂几何形状受限
6	非均匀的焊缝珠和熔合特性	非均匀的焊缝珠	制造完成	VT RT	仅适用于外部缺陷 X射线束的方向对于缺陷的覆盖很重要
			机加工后	VT RT	仅适用于外部缺陷 X射线束的方向对于缺陷的覆盖很重要
				UT	适用于简单几何形状，复杂几何形状受限
7	未固化的粉末	无对应项	制造完成	XCT有望标准化地检定这些缺陷	待定
8	跨层缺陷（不同层之间出现的不连续、错位）				
9	层内缺陷（同一层内层厚度不均匀、孔洞或夹杂）		机加工后		
10	截留的粉末				

注：MPT 表示磁粉检测。

　　XCT 技术是一种基于 X 射线穿透物质并与物质相互作用原理的无损检测技术。其基本原理是：利用 X 射线源发射出扇形或锥形 X 射线束，通过待检测物体后，不同部位的材料对 X 射线的吸收和散射程度不同，使得穿透物体的 X 射线强度发生衰减；这些衰减后的 X 射线被位于对侧的探测器接收，并转化为电信号，进而通过计算机处理，重建出物体内部的三维结构图像。

　　作为无损检测领域的重要分支，XCT 已在金属增材制造中展现出广泛的应用前景。自 20 世纪 80 年代起，XCT 技术便开始在无损检测和材料分析领域崭露头角，进入 2000 年代后，其在尺寸计量学中的应用更是日益凸显。如今，计量 XCT 系统不仅能够精准地测量尺寸和几何特性，更成为产品验证的必备工具，同时也在产品开发和过程优化中发挥着不可替代的作用。

XCT 技术的核心优势在于其能够以非破坏性和非接触的方式，对可接近和不可接近的几何形状与特征进行精确测量。这一点使得 XCT 技术能够应对那些常规测量设备（如触觉和光学坐标测量系统）难以甚至无法完成的测量任务。特别是当配备微焦点或纳米焦点 X 射线源时，XCT 系统能够实现高空间分辨率，从而精细捕捉微观细节，为材料特性的深入分析提供了可能。

图 7-14 展示了 X 射线计算机断层扫描的一个实例。图中左侧的铝合金试样由电弧熔丝增材（WAAM）制备，经 XCT 扫描可以发现其内部具有大量大小不一的微孔缺陷（蓝色）。通过"轧制＋热处理"，WAAM 铝合金中的孔洞数量明显减少，证明了该后处理方法在提高 WAAM 铝合金的力学性能方面具有较大潜力。

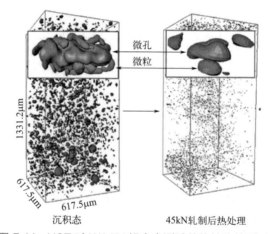

∧图 7-14   XCT 对 WAAM 铝合金测试件的缺陷检测对比图

图 7-15 展示了一个按需滴注（DOD）增材工艺制备的 Ag 晶格结构试样在烧结前后的 XCT 数据对比。结果表明样品中孔隙的体积分数不受烧结处理的影响（两种条件下的平均孔隙率约为 8%）。然而，孔隙的形态发生了显著变化，由细长形演变为球形和圆形。该研究结果可以指导液滴冲击的动力学研究，有助于优化实现最大液滴堆积的沉积策略，获得高密度 DOD 零件。

图 7-16 展示了一个钛合金测试件的 XCT 分析结果。结果表明该钛合金测试件中尺寸在 $100\mu m$ 以上的孔洞和裂纹缺陷（黑色箭头所指绿色区域）可被完全检出。然而，通过与右侧光学显微图进行细致比较，可知 XCT 在检测小于 $50\mu m$ 的缺陷（右图红色区域）时存在分辨率限制。为应对这一局限性，XCT 的当前发展趋势为配备聚焦的微焦点或纳米焦点 X 射线源，如此可获得更高的空间分辨率。

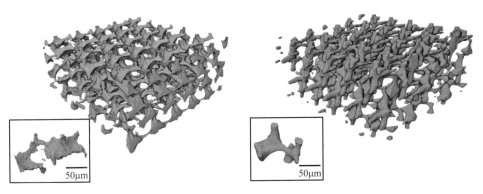

(a) 成型后Ag晶格结构的XCT结果　　　　　　(b) 烧结后Ag晶格结构的XCT结果

⌃图 7-15　XCT 对银合金测试件的三维重构图

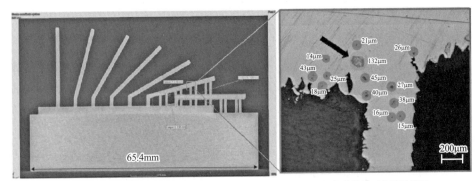

(a) 钛合金制品的计算机断层扫描图　　　　　　(b) 相应的横截面光学显微图

⌃图 7-16　XCT 对钛合金测试件的缺陷检测图

7.3.3　增材制造的过程中监测

如前文所述，在面对增材制造部件结构设计得特别复杂的情景时，各项无损检测技术的过程后检测均遇到了适用性受限的问题。因此，对于实在难以进行过程后检测的增材制造部件，一种替代方案是在逐层成型过程中寻找一种有效的实时监测技术，该项技术能够在每一层的成型过程中进行实时的合格性判定，及时纠正可能存在的问题并优化制造工艺。采用过程中监测来控制增材成型质量的主体思想可概括为：过程中监测的每一层合格，所有层集合组成的零件即可判定为合格；若遇某层不合格，在下一层成型时调整工艺参数进行纠正，使之最终合格。

就我们最关心的金属增材制造而言，激光粉末床熔融（LPBF）和定向能量沉积（DED）等增材制造过程通常在高温环境下进行，利用其逐层构建的特点，在构建一层或几层后立即进行零件质量的验证，成为了一个理想的质量控制点。在这个控制节点开发一种非接触式的无损检测技术对成型过程进行实时监测，不仅可以减少或消除完全构建或加工后进行检验的需要，更能够确保制造过程中的质量问题得到及时发现和处理。

综上所述，相较于零件打印完成的过程后检验，过程中的实时监测具有显著的优势。过程中监测能够于零件制造进程中实时开展质量验证工作，进而保障制造过程的顺畅施行。但是，传统的无损检测技术通常难以有效处理增材制造过程中所产生的复杂几何形状以及层间精细特征。所以，大多数无损检测方式依旧被限制于零件或组件构建完成之后的过程后检测，这致使存在缺陷的零件在制造过程结束时才得以被发现，极大地增加了制造成本与时间。

为了解决上述矛盾，增材制造行业迫切需要一种能够在制造过程中进行实时监测的无损检测技术。这种技术应具备逐层成型过程中检测缺陷的能力，从而允许对制造过程进行闭环精细控制和校正。就目前来看，激光超声层析成像（laser ultrasonic testing，LUT）和红外（infrared，IR）热成像熔池监测是为数不多的满足上述条件的无损检测技术。尽管这两项技术仍处于发展阶段，但它们为增材制造部件的无损检测提供了新的可能性。本节将对这两种技术进行简要介绍。

（1）激光超声层析成像（LUT）

激光超声层析成像是一种非接触、高分辨率的超声成像技术，它结合了激光技术和超声技术的优点，能够对物体浅表层及次表层的结构和缺陷进行三维成像和检测。LUT 技术已经成功应用于检测直径为 $400\mu m$ 的次表层缺陷以及 LPBF 表层上产生的最小尺寸为 $200\mu m$ 的空洞缺陷。

其基本原理是利用激光脉冲在物体表面激发超声波，然后通过接收和分析超声波的传播和散射特性，来重建物体内部的结构图像。具体来说，激光超声层析成像系统通常由激光器、超声探测器、数据采集系统和图像处理软件等组成。激光器产生短脉冲激光，照射到物体表面，激发超声波。超声探测器接收超声波，并将其转换为电信号。数据采集系统采集超声探测器输出的电信号，并将其传输到计算机中进行处理和分析。图像处理软件对采集到的数据进行处理和分析，重建物体内部的结构图像。其系统构架如图 7-17 所示。

（2）红外（IR）热成像熔池监测

在选区激光熔融或激光定向能量沉积等增材制造技术形成熔池时，熔池会产生红外辐射、紫外光和可见光、声信号等信息，熔池监测通过传感器采集这些信息，监测熔池的温度、尺寸、冷却速率等，并通过数据分析建立熔池的行为和成型件的缺陷（如气孔、未熔合孔洞等）之间的关系，从而为工艺开发、优化以及成型质量评估控制提供重要依据（图 7-18）。

增材制造引入上述过程中监测的终极目的是实现精确闭环控制。在增材制造中，闭环控制意味着在制造过程中实时监测关键参数，如温度、沉积速度、粉末流量、激光功率等，并将这些实际测量值与预设的理想值进行比较。如果测量值偏离了理想值，控制系统会自动调整相关的制造参数，以确保制造过程按照预期进行，从而获得高质量、高精度的零件。

要实现有效的闭环控制，需要先进的传感器技术来准确获取实时数据，强

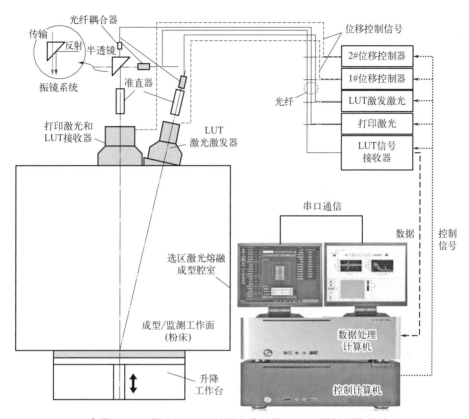

⌂图 7-17 集成了 LUT 过程中监控的 LPBF 增材制造系统

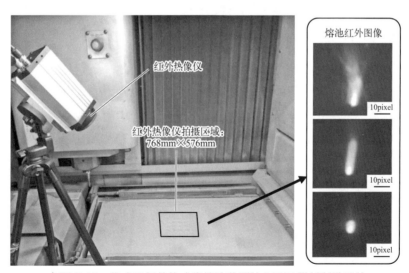

⌂图 7-18 集成了红外热成像熔池监测的 LPBF 增材制造系统

大的计算能力和算法来快速处理和分析数据，以及精确的执行机构来实现参数调整。增材制造闭环控制是增材制造技术不断发展和完善的重要方向，对于推动增材制造在更多领域的广泛应用具有重要意义。

————————思考题

1. 典型的无损检测方法有哪些？原理分别是什么？
2. 以金属增材制造为例，制造过程中可能引入的缺陷有哪些？
3. 增材制造独特的成型特点和多样化的缺陷给无损检测带来了哪些挑战？
4. 适合增材制造无损检测的离线检测和在线监测方法有哪些？
5. 论述建立面向增材制造专用的无损检测作业流程以及相关标准的重要性。
6. 论述 XCT 技术在增材制造中的应用。

参考文献

［1］ 杨永强，宋长辉. 面向增材制造的创新设计 ［M］. 北京：国防工业出版社，2021.

［2］ Diegel O，Nordin A，Motte Damien. A Practical Guide to Design for Additive Manufacturing ［M］. Springer，2020.

［3］ Godec D，Gonzalez-Gutierrez J，Nordin A，et al. A Guide to Additive Manufacturing ［M］. Springer，2022.

［4］ Leach R，Carmignato S. Precision Metal Additive Manufacturing ［M］. CRC Press，2021.

［5］ Leary M. Design for Additive Manufacturing ［M］. Elsevier，2020.

［6］ Lachmayer R，Ehlers T，Lippert RB. Design for Additive Manufacturing ［M］. Springer，2024.

［7］ 潘露，王迪，马越峰. 增材制造结构优化设计与工艺仿真 ［M］. 北京：化学工业出版社，2023.

［8］ 刘书田，李取浩，陈文炯，等. 拓扑优化与增材制造结合：一种设计与制造一体化方法 ［J］. 航空制造技术，2017（10）：26-31.

［9］ 迪格尔，诺丁. 增材制造设计（DfAM）指南 ［M］. 安世亚太科技股份有限公司，译. 北京：机械工业出版社，2021.

［10］ 吴超群，孙琴. 增材制造技术 ［M］. 北京：机械工业出版社，2020.

［11］ Zeng Q L，Zhao Z A，Lei H S，et al. A deep learning approach for inverse design of gradient mechanical metamaterials ［J］. International Journal of Mechanical Sciences，2023，240：107920.

［12］ 白清顺，孙靖民，梁迎春. 机械优化设计 ［M］. 北京：机械工业出版社，2017.

［13］ Zong H Z，Zhang J H，Jiang L，et al. Bionic lightweight design of limb leg units for hydraulic quadruped robots by additive manufacturing and topology optimization ［J］. Bio-Design and Manufacturing，2024，7：1-13.

［14］ 张健. 基于可移动变形组件法的机构拓扑优化研究 ［D］. 大连：大连理工大学，2016.

［15］ Zuo Z H，Xie Y M. A simple and compact Python code for complex 3D topology optimization ［J］. Advances in Engineering Software，2015，85：1-11.

［16］ Ren L，Wang Z G，Ren L Q，et al. Graded biological materials and additive manufacturing technologies for producing bioinspired graded materials：An overview ［J］. Composites Part B，2022，242：110086.

［17］ Andreassen E，Clausen A，Schevenels M，et al. Efficient topology optimization in MATLAB using 88 lines of code ［J］. Structural and Multidisciplinary Optimization，2011，43：1-16.

［18］ Plessis A D，Broeckhoven C，Yadroitsave I，et al. Beautiful and Functional：A Review of Biomimetic Design in Additive Manufacturing ［J］. Additive Manufacturing，2019，27：408-427.

［19］ Guo X，Zhou J H，Zhang W S，et al. Self-supporting structure design in additive manufacturing through explicit topology optimization ［J］. Computer Methods in Applied Mechanics and Engineering，2017，323：27-63.

［20］ 李湘勤，吴伟辉，黄长征. 免组装滚动轴承的激光选区熔化增材制造研究 ［J］. 制造技术与机床，2016，（8）：124-128.

［21］ 李家雨，付宇彤，李元庆，等. 增材制造仿生结构的力学性能优化及其功能设计研究进展 ［J］. 复合材料学报，2024，41（9）：4435-4456.

［22］ 李佳，宋梅利，冯君，等. 面向激光增材制造的仿生薄壁结构抗冲击研究 ［J］. 工程设计学报，2024，31（1）：67-73.